工业和信息化**精品系列**教材

Photoshop CC Design and Application Task Tutorial
2nd Edition

Photoshop CC
设计与应用
任务教程

第2版

U0233633

黑马程序员 编著

人民邮电出版社
北　京

图书在版编目（CIP）数据

Photoshop CC设计与应用任务教程 / 黑马程序员编
著. -- 2版. -- 北京 : 人民邮电出版社，2021.9
工业和信息化精品系列教材
ISBN 978-7-115-56908-0

Ⅰ. ①P… Ⅱ. ①黑… Ⅲ. ①图像处理软件—高等学
校—教材 Ⅳ. ①TP391.413

中国版本图书馆CIP数据核字(2021)第133654号

内 容 提 要

本书共 9 章，系统讲解 Photoshop CC 2019 的基本工具和操作，并精选了 19 个有代表性的任务。每章的任务完成后均有相应的课后练习，以帮助读者全面、快速吸收所学知识。其中，第 1 章介绍了图像处理的基础知识，包括计算机世界的数字图像、图像的色彩、Photoshop CC 2019 的基础知识；第 2~8 章通过精彩的任务演示 Photoshop 在不同设计领域的应用，涉及网站 logo 设计、网页设计、书籍装帧、UI 设计、海报设计、包装设计、数码后期，每章均包含 2~4 个任务，有助于读者掌握多种设计技巧；第 9 章通过一个实战项目来巩固第 2~8 章的知识，为读者日后的工作奠定理论和实践基础。

本书附有配套视频、素材、习题、教学 PPT 等资源，作者还提供了在线答疑，希望可以帮助更多读者。

本书既可作为高等教育本、专科院校相关专业的教材，也可作为 Photoshop 的培训教材，是一本适合网页制作、广告宣传品制作、三维动画辅助制作等人员阅读的参考图书。

◆ 编　著　黑马程序员
　　责任编辑　范博涛
　　责任印制　彭志环

◆ 人民邮电出版社出版发行　　北京市丰台区成寿寺路 11 号
　　邮编　100164　　电子邮件　315@ptpress.com.cn
　　网址　http://www.ptpress.com.cn
　　保定市中画美凯印刷有限公司印刷

◆ 开本：787×1092　1/16
　　印张：19.25　　　　　　　　2021 年 9 月第 2 版
　　字数：477 千字　　　　　　2024 年 12 月河北第 10 次印刷

定价：59.80 元

读者服务热线：(010)81055256　印装质量热线：(010)81055316
反盗版热线：(010)81055315
广告经营许可证：京东市监广登字 20170147 号

FOREWORD

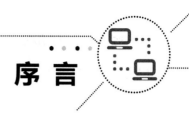

序言

　　本书的创作公司——江苏传智播客教育科技股份有限公司（简称"传智教育"）作为我国第一个实现 A 股 IPO 上市的教育企业，是一家培养高精尖数字化专业人才的公司，主要培养人工智能、大数据、智能制造、软件开发、区块链、数据分析、网络营销、新媒体等领域的人才。传智教育自成立以来贯彻国家科技发展战略，讲授的内容涵盖了各种前沿技术，已向我国高科技企业输送数十万名技术人员，为企业数字化转型、升级提供了强有力的人才支撑。

　　传智教育的教师团队由一批来自互联网企业或研究机构，且拥有 10 年以上开发经验的 IT 从业人员组成，他们负责研究、开发教学模式和课程内容。传智教育具有完善的课程研发体系，一直走在整个行业的前列，在行业内树立了良好的口碑。传智教育在教育领域有 2 个子品牌：黑马程序员和院校邦。

一、黑马程序员——高端 IT 教育品牌

　　黑马程序员的学员多为大学毕业后想从事 IT 行业，但各方面的条件还达不到岗位要求的年轻人。黑马程序员的学员筛选制度非常严格，包括了严格的技术测试、自学能力测试、性格测试、压力测试、品德测试等。严格的筛选制度确保了学员质量，可在一定程度上降低企业的用人风险。

　　自黑马程序员成立以来，教学研发团队一直致力于打造精品课程资源，不断在产、学、研 3 个层面创新自己的执教理念与教学方针，并集中黑马程序员的优势力量，有针对性地出版了计算机系列教材百余种，制作教学视频数百套，发表各类技术文章数千篇。

二、院校邦——院校服务品牌

　　院校邦以"协万千院校育人、助天下英才圆梦"为核心理念，立足于中国职业教育改革，为高校提供健全的校企合作解决方案，通过原创教材、高校教辅平台、师资培训、院校公开课、实习实训、协同育人、专业共建、"传智杯"大赛等，形成了系统的高校合作模式。院校邦旨在帮助高校深化教学改革，实现高校人才培养与企业发展的合作共赢。

（一）为学生提供的配套服务

1. 请同学们登录"传智高校学习平台"，免费获取海量学习资源。该平台可以帮助同学们解决各类学习问题。

2. 针对学习过程中存在的压力过大等问题，院校邦为同学们量身打造了 IT 学习小助手——邦小苑，可为同学们提供教材配套学习资源。同学们快来关注"邦小苑"微信公众号。

（二）为教师提供的配套服务

1. 院校邦为其所有教材精心设计了"教案+授课资源+考试系统+题库+教学辅助案例"的系列教学资源。教师可登录"传智高校教辅平台"免费使用。

2. 针对教学过程中存在的授课压力过大等问题，教师可添加"码大牛"QQ（2770814393），或者添加"码大牛"微信（18910502673），获取最新的教学辅助资源。

本书在编写的过程中，结合党的二十大精神进教材、进课堂、进头脑的要求，将知识教育与思想政治教育相结合，通过案例加深学生对知识的认识与理解，注重培养学生的创新精神、实践能力和社会责任感。案例设计从现实需求出发，激发学生的学习兴趣和动手思考的能力，充分发挥学生的主动性和积极性，增强学习信心和学习欲望。在知识和案例中融入了素质教育的相关内容，引导学生树立正确的世界观、人生观和价值观，进一步提升学生的职业素养，落实德才兼备的高素质卓越工程师和高技能人才的培养要求。此外，编者依据书中的内容提供了线上学习的视频资源，体现现代信息技术与教育教学的深度融合，进一步推动教育数字化发展。

Photoshop 因其强大的图像处理功能，已经成为非常流行的图像处理软件之一，备受设计者的青睐。虽然 Adobe 旗下媒体、图像处理软件众多，但 Photoshop 依旧是 Adobe 的主流产品，不论对于设计人员还是图像处理爱好者来说，Photoshop 都是不可或缺的工具，具有广阔的发展空间。

本书在《Photoshop CC 设计与应用任务教程》的基础上，做了三大改善。首先，将使用版本提升至 Photoshop CC 2019 版，介绍了 Photoshop CC 2019 的新增功能和调整功能；其次，整合了冗余的知识点、优化了全书的知识架构、提升了任务的质量，并在最后以一个大型的实战项目对相关知识点进行巩固；最后，增加了时间轴、动作、3D 等工具类知识。

◆ 为什么要学习本书

本书继续使用第 1 版的体系，摒弃了传统 Photoshop 书籍讲菜单、讲工具的教学方式，采用了理论联系实际的"案例驱动"方式，将基础知识点、工具的操作技巧，以及设计应用型知识点融入任务中，使读者在实现任务的同时，掌握 Photoshop 基础工具的操作，真正做到寓学于乐，并能够了解 Photoshop 在不同领域的设计应用。

为确保本书内容通俗易懂，在本书编写的过程中，我们邀请了 600 多名初学者参与试读，对初学者反馈的难懂内容均做了修改。

◆ 如何使用本书

本书共分 9 章，提供了 19 个任务案例，以及 1 个实战项目，具体内容如下。

• 第 1 章介绍了图像处理的基础知识，以及 Photoshop CC 2019 的工作界面、新增功能和调整功能、基本操作等知识。

• 第 2 章介绍了网站 logo 设计的相关知识，主要包括网站 logo 的表现形式、设计流程和规范，并通过图层和椭圆工具等相关知识制作了 2 个不同类型的网站 logo。

• 第 3 章介绍了网页设计的相关知识，主要包括网页设计的基本结构和规范，并通过文字、形状、选区、路径等工具制作了 3 个网页中的不同模块。

• 第 4 章介绍了书籍装帧的相关知识，主要包括书籍装帧的构成要素、基本原则和设计流程，并通过画笔、橡皮擦等工具，以及自由变换、选区编辑等相关命令制作了 3 个书籍装帧要素。

• 第 5 章介绍了 UI 设计的相关知识，主要包括 UI 设计的应用范围和原则，并通过帧、蒙版、图层样式等功能制作了 3 个不同的 UI 元素。

- 第 6 章介绍了海报设计的相关知识，主要包括海报的分类、构成要素和设计要求，并通过 3D 命令和修补工具等制作了 2 款不同类型的海报。
- 第 7 章介绍了包装设计的相关知识，主要包括包装设计的类型、构成要素和基本原则，并通过一系列滤镜制作了 2 款不同的包装。
- 第 8 章介绍了数码后期的相关知识，主要包括构图调整、曝光调节、色彩调节和瑕疵修复，并通过修复工具、调色命令和"动作"面板完成了 4 个任务。
- 第 9 章为实战项目，结合前面学习的知识，带领读者进行一个真实的项目实战。

在学习过程中，读者一定要亲自实践教材中的任务案例。如果不能完全理解书中所讲知识，读者可以登录博学谷平台，通过平台中的教学视频进行深入学习。学习完一个知识点后，要及时在博学谷平台上进行测试，以巩固学习内容。如果在实践的过程中遇到一些难以实现的效果，读者也可以参阅相应的案例源文件，查看图层文件并仔细阅读教材的相关步骤。教师在使用本书时，可以结合教学设计、采用任务式的教学模式，通过不同类型的任务，提升学生对软件操作的熟练程度和对知识点的掌握和理解。

◆ 致谢

本书的编写和整理工作由江苏传智播客教育科技股份有限公司高教产品研发部完成，主要参与人员有王哲、乔婷婷、张鹏、李凤辉、孟方思等，全体人员在近一年的编写过程中付出了辛勤的汗水，在此一并表示衷心的感谢。

◆ 意见反馈

尽管我们尽了最大的努力，但教材中难免会有不妥之处，欢迎各界专家和读者朋友们来信给予宝贵意见，我们将不胜感激。您在阅读本书时，如发现任何问题或有不认同之处可以通过电子邮件与我们取得联系。请发送电子邮件至 itcast_book@vip.sina.com。

黑马程序员

2023 年 5 月于北京

目 录
CONTENTS

第 1 章

Photoshop CC入门

拓展阅读

　　Photoshop 是 Adobe 公司旗下著名的图像处理软件之一。它提供了灵活便捷的图像制作工具和强大的像素编辑功能，被广泛运用于数码照片后期处理、平面设计、网页设计及 UI 设计等领域。本章将带领读者了解计算机世界的数字图像、图像的色彩等知识，并掌握 Photoshop CC 2019 的基本操作。

1.1　计算机世界的数字图像

　　在使用 Photoshop CC 2019（以下简称 Photoshop）进行图像绘制与处理之前，需要了解一些与图像相关的知识，以便快速、准确地处理图像。本节将针对位图与矢量图、像素、分辨率、常用的图像格式等基础知识进行讲解。

1.1.1　位图与矢量图

　　计算机图像主要分为两类，一类是位图图像，另一类是矢量图形。Photoshop 虽然是典型的位图软件，但也包含一些矢量功能。下面对位图图像和矢量图形进行讲解。

1. 位图图像

　　位图图像（Bitmap images）也称"点阵图"，它是由许多点组成的，这些点称为像素（在后面小节会进行讲解）。许多不同颜色的点组合在一起，便构成了一幅完整的图像。

　　位图图像的优点是可以记录每一个点的数据信息，从而精确地制作色彩和色调变化丰富的图像，并能够逼真地表现自然界的各类事物。位图图像也有一定的缺点：第一，位图图像越清晰，表示颜色信息越多，从而占用的空间越大；第二，当放大图像时，像素也随着放大，因为每个像素中的颜色是单一的，所以在位图图像放大到一定程度后，图像会失真，边缘会出现锯齿。位图图像原图和局部放大对比如图 1-1 所示。

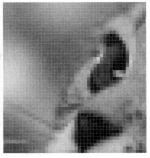

图1-1   位图图像原图和局部放大对比

2. 矢量图形

矢量图形也称"向量式图形"，它是用数学的矢量方式来记录图像内容，以线条和色块为主。矢量图形最大的优点是无论放大、缩小或旋转都不会失真；最大的缺点是无法表现丰富的颜色变化和细腻的色彩过渡。以图 1-2 的矢量图形为例，将其放大至 600% 后，局部效果如图 1-3 所示。

图1-2   矢量图形   图1-3   放大至600%后的局部效果

通过图 1-3 可以看到，放大后的矢量图形依然光滑、清晰。另外，矢量图占用的空间比位图小很多。

1.1.2   像素

像素（Pixel）的全称为图像元素，英文缩写为 px，是用来计算数码影像的一种单位，如同拍摄的照片一样，数码影像也具有连续性的浓淡阶调。若把影像放大数倍，则会发现这些连续色调其实是由许多色彩相近的小方点组成的，这些小方点就是构成数码影像的最小单位，即像素。像素如图 1-4 所示。

图1-4   像素

1.1.3　分辨率

通常情况下，分辨率可以分为显示分辨率与图像分辨率两类。对这两种分辨率的具体解释如下。

1. 显示分辨率

显示分辨率体现的是屏幕图像的精密度，是指显示屏所能显示的像素有多少。因为屏幕上的点、线和面都是由像素组成的，所以显示屏显示的像素越多，画面越精细，屏幕区域内能显示的信息就越多。由此可见，显示分辨率是显示屏的非常重要的性能指标之一。

例如 iPhone XS 的显示分辨率为 1125 像素 × 2436 像素，就是说 iPhone XS 的屏幕是由 1125 列和 2436 行的像素排列组成的。在相同屏幕尺寸中，如果像素很小，那画面就会清晰，我们称之为高分辨率；如果像素很大，那画面就会粗糙，我们称之为低分辨率。图 1-5 所示为 iPhone XS 和 iPhone 8 的显示分辨率对比图示例。

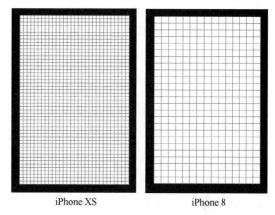

图1-5　iPhone XS和iPhone 8的显示分辨率对比图示例

2. 图像分辨率

图像分辨率是指每英寸图像内有多少个像素，通常被用在 Photoshop 中。图像分辨率越高，图像越清晰。但是图像分辨率过高会导致图像过大，因此，在软件中设置分辨率时，需要考虑图像的用途。通常情况下，网页上图像的分辨率使用 72 像素/英寸；彩色印刷图像的分辨率则应设置为 300 像素/英寸。在 Photoshop 中，默认的图像分辨率是 72 像素/英寸。

1.1.4　常用的图像格式

常用的图像格式有很多种，不同的图像格式有各自的优缺点。Photoshop 支持 20 多种图像格式，下面针对其中常用的几种图像格式进行具体讲解。

1. PSD 格式

PSD 格式是 Photoshop 专用的默认格式，也是支持所有颜色模式的文档格式。因为 PSD 格式可以保存图像中的图层、通道、辅助线和路径等信息，所以编辑起来较为方便。

2. JPEG 格式

JPEG 格式是一种有损压缩的图像格式，不支持透明。最大的特点是 JPEG 格式保存的文档比较小，可以进行高倍率的压缩，因而在注重文件大小的领域应用广泛。例如，网页中的横幅广告（Banner）、商品图像、较大的插图等，都可以使用 JPEG 格式。

3. GIF 格式

GIF 格式是一种通用的图像格式，最大的特点是支持动画。另外，GIF 格式保存的文档不会占用太多的磁盘空间，非常适合网络传输。

4. PNG 格式

PNG 格式是一种无损压缩的图像格式，最大的特点是支持透明。例如图标、logo 等元素都可以保存为 PNG 格式。

5. AI 格式

AI 格式是 Illustrator 软件所特有的矢量图形存储格式。在 Photoshop 中可以将图像保存为 AI 格式，然后在 Illustrator 和 CorelDRAW 等矢量图形软件中直接打开并进行修改和编辑。

6. TIFF 格式

TIFF 格式可以保存图像的图层、路径等信息，用于在不同的应用程序及其不同版本之间进行交换。它是一种通用的文档格式，几乎所有的绘画、图像编辑和页面版式应用程序均支持该文档格式。

1.2　图像的色彩

在使用 Photoshop 进行图像绘制与处理时，不可避免地需要接触色彩。人对色彩是敏感的，一幅图像中，最先吸引注意力的就是该图像的色彩，因此了解色彩是非常重要的。本节将带领大家了解三原色、色彩属性、颜色模式等知识。

1.2.1　三原色

三原色是指色彩中不能再分解的三种基本颜色，我们通常说的三原色，是黄色、青色（是青不是蓝，蓝是品红和青混合的颜色）和洋红色，但在 Photoshop 中通常将三原色分为"色光三原色（RGB）"和"印刷三原色（CMY）"两类，具体介绍如下。

1. 色光三原色

色光三原色是指红色（Red）、绿色（Green）和蓝色（Blue），也就是 RGB，这三种颜色经过不同比例的混合几乎可以表现出自然界中所有的颜色，因此计算机、电子屏幕中的颜色都用 R、G、B 这三种颜色的数值大小来表示。由于光线是越加越亮的，因此将这三种颜色两两混合可得到更亮的中间色。色光三原色如图 1-6 所示。

2. 印刷三原色

印刷三原色是指黄色（Yellow）、青色（Cyan）和洋红色（Magenta），但是这三种颜色不能混合出真正的黑色，因此在彩色印刷中，除了使用三原色外还要增加一版黑色，才能得出深重的颜色。印刷三原色如图 1-7 所示。

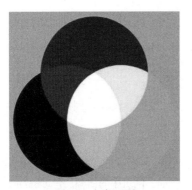
图1-6　色光三原色

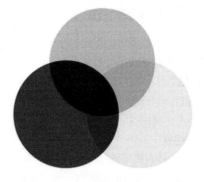
图1-7　印刷三原色

1.2.2　色彩属性

色彩属性指的是色相、饱和度和明度。任何一种颜色均具备这三个属性，下面对这三个属性做具体介绍。

1. 色相

色相是色彩的首要特征，是区别各种色彩的最准确的标准。在不同波长的光的照射下，人眼会感觉到不同的颜色，例如蓝色、红色、黄色等，我们把这些色彩的外在表现特征称为色相。色相如图 1-8 所示。

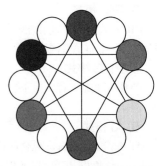
图1-8　色相

2. 饱和度

饱和度也称为"纯度"，是指色彩的鲜艳度。饱和度越高，代表颜色越纯，色彩越鲜艳。高饱和度的颜色与其他颜色进行混合，饱和度就会下降，色彩会变暗、变淡。色彩饱和度降到最低就会失去色相，变为无彩色（黑、白、灰）。饱和度的变化如图 1-9 所示。

图1-9　饱和度的变化

3. 明度

明度指的是色彩光亮的程度，所有颜色都有不同程度的光亮。图 1-10 所示的是明度变化。

图1-10　明度变化

在图 1-10 的明度变化中，最左侧的红色明度高，最右侧的红色明度低。在无彩色（黑、白、灰）中，明度最高的是白色，中间是灰色，最暗的是黑色。需要注意的是，色彩明度的变化往往会影响到饱和度，例如红色加入白色后，明度提高了，饱和度却降低了。

1.2.3　颜色模式

图像的颜色模式决定了显示和打印图像颜色的方式，常用的颜色模式有 RGB 颜色模式、CMYK 颜色模式、灰度模式、位图模式、索引颜色模式等。

1. RGB 颜色模式

RGB 颜色被称为"真彩色"，是 Photoshop 中默认使用的颜色，也是最常用的一种颜色模式。RGB 颜色模式的图像由 3 个通道组成，分别为红色（Red）、绿色（Green）和蓝色（Blue）。每种通道颜色的取值范围是 0～255，这 3 个通道组合可以产生 1670 万余种不同的颜色。

另外，在 RGB 颜色模式中，用户可以使用 Photoshop 中所有的命令和滤镜，而且 RGB 颜色模式的图像文档比 CMYK 颜色模式的图像文档要小得多，可以节省存储空间。不论是扫描输入的图像还是绘制图像，一般都采用 RGB 颜色模式存储。

2. CMYK 颜色模式

CMYK 颜色模式是一种彩色印刷模式。在 Photoshop 中，CMYK 颜色模式的图像由 4 个通道组成，分别是青色（Cyan）、洋红色（Magenta）、黄色（Yellow）和黑色（Black）。每种通道颜色的取值范围是 0%～100%。CMYK 颜色模式本质上与 RGB 颜色模式没有什么区别，只是产生色彩的原理不同。

在 CMYK 模式中，C、M、Y 这三种颜色混合可以产生深灰色。但是，由于印刷时含有杂质，因此不能产生真正的黑色与灰色，只有与 K（黑色）混合才能产生真正的黑色和灰色。在 Photoshop 中处理图像时，一般不采用 CMYK 颜色模式，因为这种模式的图像文档不仅占用的存储空间较大，而且只支持部分滤镜。所以，一般在需要彩色印刷时才将图像转换成 CMYK 模式。

3. 灰度模式

灰度模式的图像是黑白图像，但它可以表现出丰富的色调。灰度模式的图像能够表现出 256 种色调。这256 种色调可以使图像过渡得更加平滑，从而使黑白图像表现得更完美。灰度模式的图像只有明度，没有色相和饱和度这两种色彩属性。使用黑白打印机和灰度扫描仪产生的图像常以灰度模式显示。

4. 位图模式

位图模式的图像也是黑白图像，它用黑、白两种颜色值来表示图像中的像素。与灰度模式的图像不同，在位图模式下，设计者只能制作出黑、白颜色对比强烈的图像。

位图模式的图像占用的存储空间较小，因此它要求的磁盘空间最少。如果需要将一幅彩色图像转换成黑白颜色的图像，必须先将其转换成灰度模式的图像，再转换成位图模式的图像。

5. 索引颜色模式

索引颜色模式的图像中含有一个颜色表。当彩色图像转换为索引颜色的图像后，Photoshop 会构建一个颜色表来存放索引图像中的颜色，但最多不超过 256 种。如果原图像中的某种颜色没有出现在颜色表中，则系统将选取现有颜色中最接近的一种，或使用现有颜色模拟该颜色。索引颜色模式的图像占用的存储空间较小，但是在索引颜色模式下设计者只能进行有限的编辑，若要进一步编辑，可以临时将索引颜色模式转换为 RGB 颜色模式。索引颜色模式是网上和动画中常用的图像模式。

1.3　认识 Photoshop CC 2019

软件的更新往往会增加一些新功能、修复一些漏洞，界面也会更加美观，因此越来越多的人追求最新版本。及时更新软件的版本可以有效地避免各版本文档之间的兼容性问题。本节将为大家介绍 Photoshop CC 2019 的界面、新增和调整的功能及其基本操作。

1.3.1　Photoshop CC 2019 的工作界面

双击桌面的 Photoshop CC 2019 图标即可启动软件。图 1-11 是 Photoshop CC 2019 的启动界面截图。

启动软件后，即可看到"主页"，如图 1-12 所示。

图1-11　Photoshop CC 2019的启动界面截图

图1-12　主页

在"主页"中可以新建项目、打开项目。若不是第一次使用 Photoshop CC 2019，"主页"的右侧则会显示近期作品的列表，如图 1-13 所示。

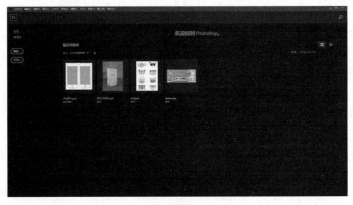

图1-13　近期作品的列表

单击近期作品列表中的一个作品，会打开对应的图像文档。此时就进入 Photoshop CC 2019（后面章节均简称 Photoshop）的工作界面，如图 1–14 所示。

菜单栏
选项栏
工具栏
图像
编辑区
控制面板

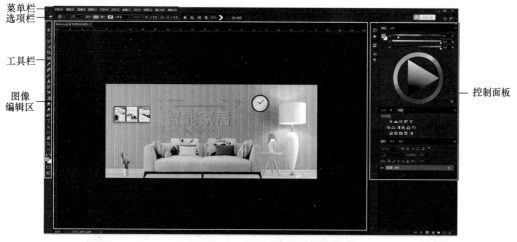

图1–14 Photoshop CC 2019的工作界面

在图 1–14 中包含菜单栏、工具栏、选项栏、控制面板和图像编辑区五个区域，下面对这五个区域逐一进行讲解。

1. 菜单栏

菜单栏作为一款操作软件中必不可少的组成部分，主要用于为大多数命令提供功能入口。下面将针对 Photoshop 的菜单分类和如何打开菜单、执行菜单栏中的命令进行讲解。

（1）菜单分类

Photoshop 的菜单栏依次为“文件”菜单、“编辑”菜单、“图像”菜单、“图层”菜单、“文字”菜单、“选择”菜单、“滤镜”菜单、“3D”菜单、“视图”菜单、“窗口”菜单和“帮助”菜单。Photoshop 的菜单栏如图 1–15 所示。

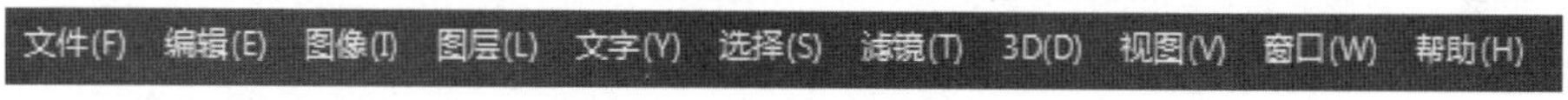

文件(F) 编辑(E) 图像(I) 图层(L) 文字(Y) 选择(S) 滤镜(T) 3D(D) 视图(V) 窗口(W) 帮助(H)

图1–15 Photoshop的菜单栏

各菜单对应的具体命令如下。

- “文件”菜单：包含各种操作文档的命令。
- “编辑”菜单：包含各种编辑文档的操作命令。
- “图像”菜单：包含各种改变图像的大小、颜色的操作命令。
- “图层”菜单：包含各种调整图层的操作命令。
- “文字”菜单：包含各种编辑文字的操作命令。
- “选择”菜单：包含各种编辑选区的操作命令。
- “滤镜”菜单：包含各种添加不同滤镜的操作命令。
- “3D”菜单：包含各种与 3D 相关的操作命令。
- “视图”菜单：包含各种设置视图的操作命令。
- “窗口”菜单：包含各种显示或隐藏控制面板的操作命令。
- “帮助”菜单：包含各种帮助信息。

（2）打开菜单

在菜单栏中单击其中一个菜单即可打开对应的菜单下拉列表，在菜单下拉列表中选择一个命令可执行该命令或打开该命令下的子菜单。例如，执行"图层→新建"命令，可打开"新建"命令的子菜单，如图1-16所示。

在图1-16中，我们可以发现：第一，"新建"命令的右侧带有 ▶ 标记，说明该命令包含子菜单；第二，在菜单下拉列表中，不同功能的命令之间会采用分割线隔开；第三，菜单中的某些命令显示为灰色，表示它们在当前状态下不能使用；第四，菜单中的某些命令后存在"（D）"和"Shift+Ctrl+'"等字样，这些字符是该命令的快捷键。

图1-16　"新建"命令的子菜单

值得一提的是，"复制图层"命令的名称右侧有"..."符号，这个符号表示执行该命令时会弹出一个对话框。

（3）执行菜单中的命令

选择菜单下拉列表中的一个命令即可执行该命令。如果命令后面有快捷键，那么直接按快捷键可快速执行该命令。例如，按【Ctrl+A】组合键可执行"选择→全部"命令，如图1-17所示。

有些命令只提供了一个字母，若要通过快捷键方式执行这样的命令，那么首先按【Alt】键，然后按主菜单括号内的字母打开主菜单，最后再按命令后面的字母执行该命令。例如，依次按【Alt】→【L】→【D】键可执行"图层→复制图层"命令，如图1-18所示。

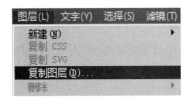

图1-17　执行"选择→全部"命令　　　　图1-18　执行"图层→复制图层"命令

2. 工具栏

工具栏是 Photoshop 工作界面的重要组成部分，主要包括"选择工具""渐变工具""画笔工具""钢笔工具"等。Photoshop 的工具栏如图1-19所示。

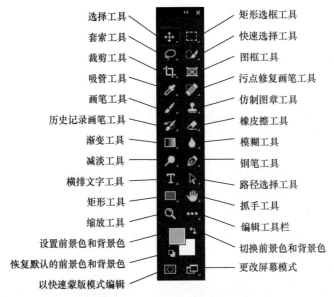

图1-19　Photoshop的工具栏

　　工具栏的操作包括移动工具栏、显示工具的名称和快捷键、选择和显示工具、编辑工具栏，下面对这些操作进行具体讲解。

　　（1）移动工具栏

　　默认情况下，工具栏停放在窗口最左侧。将光标放在工具栏顶部，按住鼠标左键向右拖动鼠标，可以将工具栏拖出，松开鼠标即可将工具栏放在窗口中的任意位置。如果想将工具栏恢复到原来的位置，那么将工具栏移动至软件边缘，当有蓝色渐变条出现时，松开鼠标即可恢复工具栏的位置，如图 1-20 所示。

图1-20　恢复工具栏的位置

　　（2）显示工具的名称和快捷键

　　初学者若需要查看工具的名称和快捷键，则可以将光标放置在工具图标的上方停留片刻。此时会出现一个区域，在区域中会看到工具的名称和快捷键（名称后面括号中的字母即为快捷键），同时也会看到工具的作用和使用方法的动画。工具的名称和快捷键如图 1-21 所示。

　　只要在键盘上按下快捷键所对应的字母，就可以快速切换到相应的工具上。需要注意的是，只有输入法在英文的状态下，才能成功使用快捷键。

　　（3）选择和显示工具

　　若要使用某个工具对图像进行编辑，那么就需要选中这个工具。将光标移动至工具图标上，单击，即可选择工具。但是由于 Photoshop 提供的工具比较多，工具栏中并不能显示所有工具，有些工具被隐藏在相应的子菜单中。在工具栏的某些工具图标上可以看到一个小三角符号，表示该工具下还有隐藏的工具，在这个小三角符号图标上右击，就会弹出隐藏的工具选项，如图 1-22 所示。

　　将光标移动到隐藏的工具上，单击，即可选择隐藏的工具，如图 1-23 所示。

图1-21　工具的名称和快捷键

图1-22　隐藏的工具选项

图1-23　选择隐藏的工具

　　（4）编辑工具栏

　　编辑工具栏就是将工具栏进行整理。在实际应用中，由于 Photoshop 的工具繁多，我们在选择工具的时候有些不方便，这时就需要我们编辑工具栏。在“编辑工具栏”图标上右击，会弹出“编辑工具栏”选项，如图 1-24 所示。

　　选中“编辑工具栏”选项，会打开“自定义工具栏”对话框，如图 1-25 所示。

图1-24　“编辑工具栏”选项

　　在“自定义工具栏”对话框中，将左侧“工具栏”区域中自己不太常用的工具拖动到右侧“附加工具”区域中，单击“完成”按钮，关闭该对话框，这些工具会被添加到工作界面底部的槽位中，如图 1-26 所示。

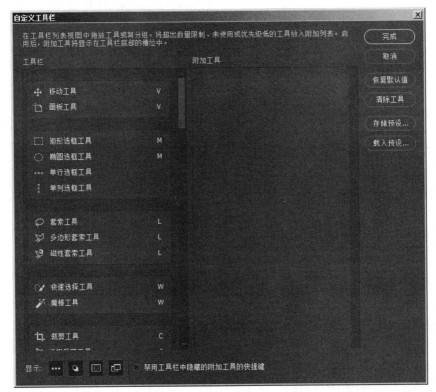

图1-25   "自定义工具栏"对话框

若想一键将所有的工具都放置到"附加工具"区域中，可单击
"自定义工具栏"对话框中"清除工具"按钮。另外，在"自定义
工具栏"对话框中还可以隐藏"编辑工具栏"、前景色、背景色等
按钮。

若要恢复软件默认的工具栏显示，那么单击"自定义工具栏"
对话框中的"恢复默认值"按钮，即可将工具栏恢复至默认的显示
状态。

图1-26   工具会被添加到底部的槽位中

3. 选项栏

选项栏是工具栏中各个工具的功能扩展，设计者可以通过选项栏对工具进行进一步的设置。当选择某个
工具后，Photoshop 工作界面的上方将出现对应工具的选项栏。例如，选择"矩形选框工具" ▓ 时，其选项
栏如图 1-27 所示。

图1-27   "矩形选框工具"的选项栏

在图 1-27 所示的选项栏中，设计者可以通过各个选项对"矩形选框工具"进一步设置。

4. 控制面板

控制面板是 Photoshop 处理图像时不可或缺的部分。设计者通过它可以完成对图像的处理和相关参数的
设置。例如，显示信息、选择颜色、编辑图层等。Photoshop 工作界面为用户提供了多个控制面板组，分别
停放在不同的面板窗口中。"字符"面板组和"颜色"面板组如图 1-28 和图 1-29 所示。

若要使用控制面板，需要先了解控制面板的相关操作，包括选择面板、折叠/展开面板、移动面板、打
开面板菜单和关闭/调出面板。下面针对这些操作进行具体讲解。

图1-28　"字符"面板组

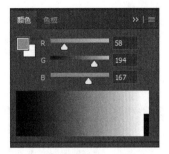

图1-29　"颜色"面板组

（1）选择面板

面板通常以选项卡的形式成组出现。在面板选项卡中，单击一个面板的名称，即可显示该面板。例如，单击"色板"时会显示"色板"面板，如图 1-30 所示。

（2）折叠/展开面板

面板是可以自由折叠和展开的。单击面板组右上角的双箭头按钮，可以将面板进行折叠。例如，"色板"面板折叠后的面板效果如图 1-31 所示。

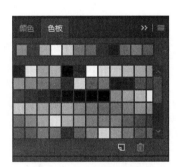

图1-30　显示"色板"面板

图1-31　折叠后的面板效果

折叠后，单击相应的图标又可以展开该面板。

（3）移动面板

面板在工作界面中的位置是可以移动的。将光标放在面板的名称上，单击并向外拖动到窗口的空白处，即可将该面板从面板组中分离出来，如图 1-32 所示。

将面板分离出来后，它就会独立成为一个浮动面板，如图 1-33 所示。

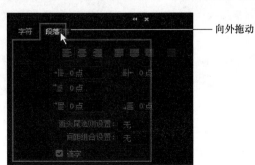

—— 向外拖动

图1-32　从面板组中分离出来

图1-33　独立成为一个浮动面板

拖动浮动面板的名称，可以将浮动面板放在窗口中的任意位置。

（4）打开面板菜单

面板菜单中包含了与当前面板有关的各种命令。例如，单击"历史记录"面板右上角的 ▤ 按钮，可以打开"历史记录"的面板菜单，在面板菜单中包含了针对该面板的相关操作，如图 1-34 所示。

（5）关闭/调出面板

在一个面板的标题栏上右击，可以显示快捷菜单，如图 1-35 所示。

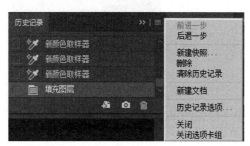

图1-34 "历史记录"的面板菜单　　　　　　　图1-35 快捷菜单

选择"关闭"命令，可以关闭该面板。选择"关闭选项卡组"命令，可以关闭该面板组。对于浮动面板，单击右上角的 ✖ 按钮即可将其关闭。

如果意外将面板关闭，那么在菜单栏中单击"窗口"，会弹出"窗口"的菜单，如图 1-36 所示。单击红框内对应的面板名称，即可调出该面板。

5. 图像编辑区

图像编辑区中包含了 3 个区域，分别是选项卡、画布和一个不可见区域。图像编辑区的组成结构如图 1-37 所示。

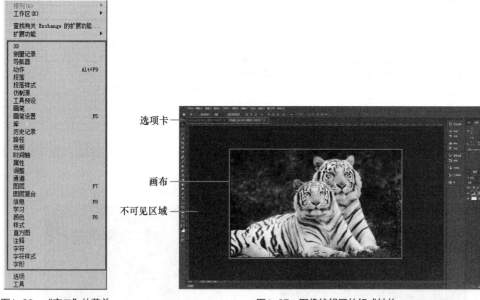

图1-36 "窗口"的菜单　　　　　　　　　　图1-37 图像编辑区的组成结构

在 Photoshop 中，如果打开一个图像，则会自动创建一个画布。如果打开了多个图像，则它们会停放到选项卡中。单击其中一个图像文档的名称，即可将其设置为当前操作的窗口，如图 1-38 所示。

图1-38　当前操作的窗口

　　另外，按【Ctrl+Tab】组合键，可以按照前后顺序切换画布；按【Ctrl+Shift+Tab】组合键，可以按照相反的顺序切换画布。单击一个画布的标题栏并将其从选项卡中拖出，它便成为可以任意移动位置的浮动窗口，如图 1-39 所示。

图1-39　可以任意移动位置的浮动窗口

拖动浮动窗口的一角，可以调整窗口的大小，如图 1-40 所示。

图1-40　调整窗口的大小

将一个浮动窗口的标题栏拖动到选项卡中，当图像编辑区出现蓝色方框时释放鼠标，可以将浮动窗口重新停放到选项卡中。

1.3.2　Photoshop CC 2019 新增和调整的功能

软件的每一次更新都会有一定的改变，Photoshop CC 2019 也不例外，在这个版本中，有一部分新增的功能，也有一部分调整的功能，下面对这些功能进行讲解。

1. 新增功能

Photoshop CC 2019 版本新增了很多工具和功能，例如"图框工具"和自动提交、锁定工作区等命令。下面对一些新增工具和功能进行简单介绍。

（1）图框工具

使用"图框工具" 🔳 时，系统会自动在"图层"面板中创建蒙版。在画布中绘制矩形或椭圆形图框，将图像拖放到图框中，图像会自动缩放以适应大小需求。"图框工具"的使用如图 1-41 所示。

（2）自动提交

在 Photoshop CC 2019 版本中，我们进行裁剪、变换、置入、输入文本等操作时，不再需要按【Enter】键或"提交"按钮，执行下面几个操作即可自动提交更改：

图1-41　"图框工具"的使用

- 选择一个新工具；
- 单击某个图层（这个操作可以实现自动提交，但是会选择其他图层）；
- 在图像编辑区中单击空白区域或不可见区域。

（3）锁定工作区

锁定工作区可以将现有工作区中的面板固定在默认的位置，防止其被意外移动。执行"窗口→工作区→锁定工作区"命令，工作区就会被锁定。

（4）使用色轮选色

该版本新增色轮功能，将色谱直观地显示，使我们能够更轻松地选择邻近色或互补色。在"颜色"面板中单击 ▤ ，会弹出菜单，在菜单中选择"色轮"选项，如图 1-42 所示。

此时，"颜色"面板中就会出现色轮，如图 1-43 所示。

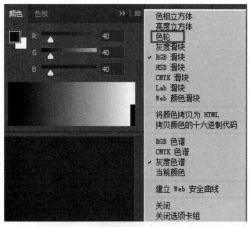

图1-42　选择"色轮"选项

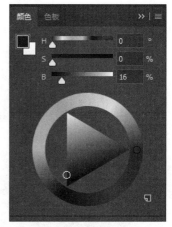

图1-43　色轮

（5）对称模式

对称模式可以帮助我们绘制对称的图案，当选择画笔、铅笔、橡皮擦等工具时，选项栏中会有一个 🔳 图标，单击该图标，会弹出"对称"下拉菜单，如图 1-44 所示。

在菜单中可以选择对称的类型，例如垂直、水平等，选择某个类型的选项之后会在画布上出现一条对应的路径，使用工具进行绘制时，绘出的图形即为对称样式。例如，选择"铅笔工具"  ，在其选项栏中单击 图标，在下拉菜单中选择"曼陀罗"选项，此时会弹出"曼陀罗对称"对话框，在对话框中设置"段计数"为 7，如图 1-45 所示。

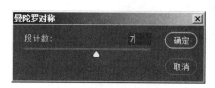

图1-44　"对称"下拉菜单　　　　　图1-45　设置"段计数"为7

单击"确定"按钮后，画布上会出现对应的路径，如图 1-46 所示。

此时，使用"铅笔工具"  ，在画布上进行绘制，即可快速出现对称的曼陀罗图案，如图 1-47 所示。

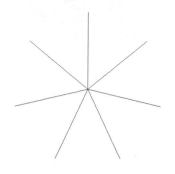

图1-46　对应的路径　　　　　　　图1-47　对称的曼陀罗图案

（6）分布间距

该版本在"对齐与分布"功能中新增了"分布间距"功能，如图 1-48 所示。

在"分布间距"中包含"垂直分布"和"水平分布"两个选项，都是根据图像之间的距离进行平均分布。图 1-49 描述的是水平分布的结果。

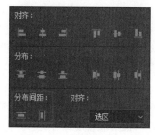

图1-48　"分布间距"功能　　　　　图1-49　水平分布的结果

（7）数学运算

该版本增加了数学运算的功能。在能够输入数值的输入框中，输入简单的加、减、乘、除公式，如 100/2、28×3 等，系统会按照最终结果执行。

（8）匹配字体

这个功能有助于我们快速找到与图像中字体相似的字体。将带有文字的图像拖动至画布中，使用文字工具输入相关文本后，执行"字体→匹配字体"命令，会出现一个可调整的选框，并弹出"匹配字体"对话框，可调整的选框和"匹配字体"对话框如图 1-50 和图 1-51 所示。

图1-50　可调整的选框

图1-51　"匹配字体"对话框

将选框大小调整至需要匹配的文字大小，系统会自动在计算机中搜索与图像中文字相似的字体，如图 1-52 所示。

选中一个字体，可预览文本效果。另外，我们也可以在"匹配字体"对话框中，设置"文字选项"，如罗马、日语等。

2. 调整功能

新版本的 Photoshop 除了新增一些功能外，还对之前版本的部分功能做了调整，例如多次撤销、变形操作等。下面对这几个调整功能进行介绍。

（1）多次撤销

在以前的版本中单次撤销的快捷键是【Ctrl+Z】组合键，如果需要连续多次撤销，则需按【Ctrl+Alt+Z】组合键。在 Photoshop CC 2019 版本中连续按【Ctrl+Z】组合键即可进行多次撤销操作。相对应地，前进一步和后

图1-52　搜索与图像中文字相似的字体

退一步命令均已从"编辑"菜单中移除，若想进行相关命令的操作，可以在"历史记录"面板中进行操作。

（2）变形操作

在 Photoshop CC 2019 版本中，不需要按住【Shift】键即可进行等比缩放，若想更改图像的原有比例，则需按住【Shift】键实现图像的任意缩放。值得注意的是，矢量形状在默认情况下仍需要按住【Shift】键才能等比缩放。

（3）实时混合模式预览

在 Photoshop CC 2019 以前的版本中，若将两个图层进行混合模式操作，需要单击某个混合模式选项才能看到外观效果。在 Photoshop CC 2019 版本中，当在"图层"面板中选中"图层混合模式"，在其列表中，移动鼠标查看不同的混合模式选项时，系统将在画布上显示混合模式的实时预览效果。

（4）双击编辑文本

在之前的版本中，需要选择"文字工具"对原有的文本进行编辑。在 Photoshop CC 2019 版本中，使用"移动工具"双击原有文本，即可对文本进行编辑，这样能够节省我们编辑文本的时间。

（5）内容识别填充

在以前的版本中，绘制选区后，执行"编辑→填充"命令，或在选区上右击，在弹出的菜单中选择"填充"选项，会弹出"填充"对话框，在对话框中设置"内容"为"内容识别"，单击"确定"按钮后，系统会自动根据选区的周围像素填充选区中的内容。

在 Photoshop CC 2019 版本中，"内容识别填充"变成了一个命令，执行"编辑→内容识别填充"命令即可智能填充选区，且可以对内容识别填充的结果进行手动调整，例如设置周围像素的不透明度、镜像等。

1.3.3　Photoshop CC 2019 的基础操作

Photoshop 的基础操作包括新建文档、打开文档、保存文档等，下面对这些基础操作进行讲解。

1. 新建文档

在 Photoshop 中，我们不仅可以编辑已有的图像，还可以新建一个空白文档，在空白文档上进行设计、绘制。执行"文件→新建"命令（或按【Ctrl+N】组合键）打开"新建文档"对话框，如图 1-53 所示。

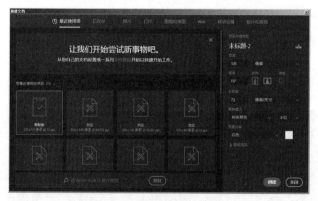

图1-53　"新建文档"对话框

在图 1-53 所示的"新建文档"对话框中，共有 3 个区域，分别是文档预设、最近使用项和参数设置。其中，文档预设区域提供了多种文档的预设选项，例如照片、打印、图稿和插图等，设计者可以根据需要进行选择；在最近使用项区域中，我们可以快速地再次创建近期新建的文档类型；参数设置区域提供了多个参数以便设计者进行设置，例如预设详细信息、宽度/高度、分辨率等，具体介绍如下。

● 预设详细信息：此处可以设置文档的名称，新建文档后会显示在图像编辑窗口的选项卡中。保存文档时，文档名会自动显示在存储文档的对话框内。

● 宽度/高度：此处可以设置文档的尺寸大小，在对应的输入框中输入数值即可。另外，我们还可以选择尺寸单位，例如"像素""英寸""厘米"等。

● 分辨率：在此输入文档的分辨率，可以选择分辨率的单位，例如"像素/英寸""像素/厘米"等。

● 颜色模式：用于选择文档的颜色模式，例如"位图""灰度""RGB 颜色""CMYK 颜色"等。

● 背景内容：用于选择文档的背景内容，包括"白色""背景色""透明"，还可以单击后面的颜色块，自定义背景颜色。颜色块如图 1-54 所示。

单击颜色块后，会弹出"拾色器"对话框，在对话框中的颜色区域单击选择自己所需的颜色，如图 1-55 所示。

图1-54 颜色块   图1-55 选择自己所需的颜色

单击"确定"按钮后，"背景内容"的颜色便成功设置成"自定义"，在"新建文档"对话框中单击"创建"按钮，可完成画布的创建。

多学一招：使用旧版"新建文档"界面

使用旧版的"新建文档"界面，可以去掉繁冗的细节，例如最近使用项。执行"编辑→首选项→常规"命令，打开"首选项"对话框，在对话框中勾选"使用旧版'新建文档'界面"选项，如图 1-56 所示。

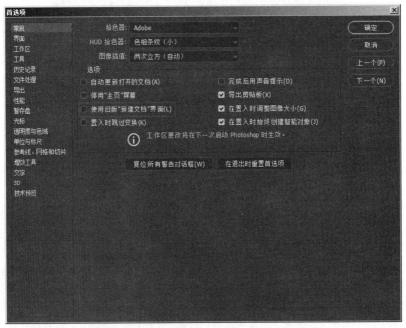

图1-56 勾选"使用旧版'新建文档'界面"选项

单击"确定"按钮，设置完成后，再次新建文档时，就会弹出旧版的"新建"对话框，如图 1-57 所示。

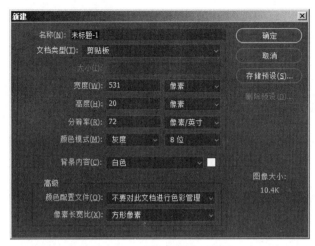

图1-57　旧版的"新建"对话框

2. 打开文档

当需要在 Photoshop 中编辑已有的文档时，需要先将其打开，执行"文件→打开"命令（或按【Ctrl+O】组合键），会弹出"打开"对话框，如图 1-58 所示。

图1-58　"打开"对话框

在图 1-58 所示的对话框中选择一个文档，单击"打开"按钮（或双击文档）即可将选中的文档打开。如果要选择多个文档，可以按住【Ctrl】键单击想要打开的文档，也可以进行框选，再单击"打开"按钮。

另外，在没有运行 Photoshop 的情况下，双击扩展名为".psd"的文档即可用 Photoshop 打开该文档；或将文档拖动到 Photoshop 的启动图标上，当图标变为选中状态时，松开鼠标即可打开文档。如果 Photoshop 为运行的状态，那么将文档拖动到软件中，系统就会打开文档；如果 Photoshop 中存在其他文档，那么将文档拖动到 Photoshop 的文档中，可置入文档。

3. 保存文档

新建文档或者对打开的文档进行编辑之后，应及时保存文档。Photoshop 提供了几个用于保存文档的命令，下面对常见的几种命令进行介绍。

（1）存储

在 Photoshop 中，执行"文件→存储"命令（或按【Ctrl+S】组合键），图像会按照默认的 PSD 格式进行存储。

（2）存储为

若想将文档存储成其他格式，例如 PNG、JPG 等，执行"文件→存储为"命令（或按【Ctrl+Shift+S】组合键），弹出"另存为"对话框，如图 1-59 所示。

图1-59　"另存为"对话框

在图 1-59 所示的对话框中可以设置文档的名称、文档的格式等参数，单击"保存"按钮即可完成存储。

（3）存储为 Web 所用格式

存储为 Web 所用格式可以减小图像的大小，执行"文件→导出→存储为 Web 所用格式（旧版）"命令（或按【Ctrl+Shift+Alt+S】组合键）打开"存储为 Web 所用格式"对话框，如图 1-60 所示。

图1-60　"存储为Web所用格式"对话框

在"存储为 Web 所用格式"对话框中，可以优化文档格式，例如 GIF 格式、JPEG 格式、PNG-8 格式、PNG-24 格式及 WBMP 格式，如图 1-61 所示。

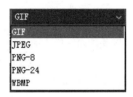

图1-61　优化文档格式

当选择 GIF、PNG-8 和 PNG-24 时，可设置"透明度"，确保导出的图像背景是透明的。

4. 设置快捷键

快捷键是软件为了提高绘图速度而定义的快捷方式，但是由于 Photoshop CC 2019 对一些快捷键进行了调整，导致很多用户不习惯，此时，可以对快捷键进行设置。执行"编辑→键盘快捷键"命令（或按【Alt+Shift+Ctrl+K】组合键），会弹出"键盘快捷键和菜单"对话框，如图 1-62 所示。

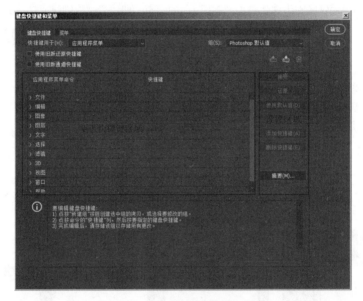

图1-62　"键盘快捷键和菜单"对话框

图 1-62 所示的对话框可分为两个区域，分别是"更改快捷键区域"和"设置区域"。下面对这两个区域作简单介绍。

（1）更改快捷键区域

在"更改快捷键区域"中，我们可以更改各个命令的快捷键，例如更改"编辑"菜单中的"还原"快捷键时，首先要单击主菜单前方的图标展开菜单中的命令，然后单击后面的快捷键，使快捷键处于编辑状态，如图 1-63 所示。

此时，在键盘上按对应的组合键，例如【Ctrl+Alt+Z】组合键，单击"设置区域"中的"接受"按钮（或按【Enter】键）完成更改。当然，在"键盘快捷键和菜单"对话框中勾选"使用旧版还原快捷键"可快速将"还原""重做"和"切换最终状态"的快捷键还原至旧版，如图 1-64 所示。

图1-63　快捷键处于编辑状态

图1-64　还原至旧版

（2）设置区域

"设置区域"可以对快捷键进行快速设置，当多次更改某个命令的快捷键后，可单击"还原"按钮将其还原至上一个快捷键，还可以单击"使用默认值"按钮将其还原至默认状态。

5. 设置画板

在 Photoshop 中，一个图像编辑区只能包含一个画布，但可以包含多个画板。这样，设计者就可以在一个图像编辑区中完成不同页面的设计，并同时预览多个页面效果，这极大地简化了设计过程。我们可将画板视为特殊的图层组，这个特殊的图层组可以包含多个图层组和图层，但不能包含其他画板。画板和画板内容如图 1-65 所示。

画板的设置包含创建/添加画板、选择/缩放画板、删除画板、隐藏/显示画板和重命名画板，下面对这些设置进行介绍。

（1）创建/添加画板

在新建文档时，在"新建文档"对话框中勾选"画板"复选框，如图 1-66 所示。

完成创建后，图像编辑区中出现名称为"画板 1"的画布，即代表画板创建成功，如图 1-67 所示。

<table>
<tr><td>图1-65　画板和画板内容</td><td>图1-66　勾选"画板"复选框</td><td>图1-67　画板创建成功</td></tr>
</table>

另外，在工具栏中选择"画板工具" ，在图像编辑区内单击并拖动鼠标，也可创建画板。

若图像编辑区中存在画板，那么单击画板名称（例如"画板 1"），画板的四周会出现 图标，如图 1-68 所示。单击 图标，可以在对应的位置添加画板，如图 1-69 所示。

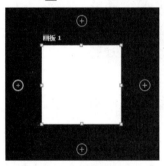

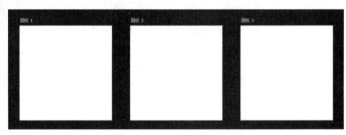

图1-68　四周出现 图标　　　　　　图1-69　添加画板

（2）选择/缩放画板

若要选择某个画板（例如"画板 1"），只要在画板名称上单击，即可选中该画板，如图 1-70 所示。

从图 1-70 可以发现，选中画板后，画板四周会带有 样式的锚点，将光标放置在锚点上，当光标变成 样式时，拖动鼠标，即可对画板进行缩放，如图 1-71 所示。

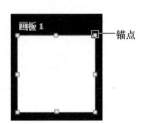

图1-70　选中画板　　　　　　图1-71　对画板进行缩放

（3）删除画板

若想删除多余的画板，那么设计者选中画板后，按【Delete】键即可同时删除画板和画板中的内容。若只想删除画板，保留画板中的内容，需要在"图层"面板中选中面板，右击，在弹出的菜单中选择"删除画板"选项，此时会弹出提示框，如图 1-72 所示。

图1-72　提示框

在提示框中有"画板和内容""仅限画板"和"取消"三个选项。其中，选择"画板和内容"时，代表系统在删除画板的同时，会将画板中的内容一并删除；选择"仅限画板"时，代表只删除画板；选择"取消"时，表示不删除画板也不删除内容，只是关闭提示框。设计者单击"仅限画板"按钮即可删除画板，保留画板中的内容。

▌**注意：**

① 当文档中只有一个画板且画板外无任何内容时，不可删除画板。

② 当画板中无任何内容时，不会弹出图 1-72 所示的提示框。

（4）隐藏/显示画板

隐藏/显示画板可以在不删除画板的前提下，浏览其他画板中的内容。在"图层"面板中，单击画板前方的 ◉ 图标，即可将其隐藏，被隐藏画板前方的 ◉ 图标会变成 ▉。若想再次显示被隐藏的画板，单击 ▉ 图标即可。

（5）重命名画板

当图像编辑区中的画板过多时，为画板重命名可以使我们更快速地找到所需要的画板。选中画板，执行"图层→重命名画板"命令，画板的名称会处于编辑状态，如图 1-73 所示。

在输入框中输入新名称，按【Enter】键即可完成画板的重命名，此时，图像编辑区中的画板名称也会随之改变，如图 1-74 所示。

图1-73　画板的名称处于编辑状态　　　　图1-74　画板名称随之改变

6. 关闭主页

若想跳过主页，直接进入工作界面，则需要执行"编辑→首选项→常规"命令，打开"首选项"对话框，如图 1-75 所示。

图1-75 "首选项"对话框

在图 1-75 所示的对话框中勾选"停用'主页'屏幕"选项，以后再打开 Photoshop 软件时，会直接进入软件的工作界面。

7. 初始化 Photoshop

为了使初学者更好地认识 Photoshop 工具，需要对 Photoshop 进行初始化设置，具体介绍如下。

（1）工作区布局设置

Photoshop 工具的工作区布局主要分为"基本功能（默认）""3D""图形和 Web""动感""绘画"等类别。其中"基本功能（默认）"是 Photoshop 默认的工作区布局，大多数 Photoshop 的学习者可以直接使用这一工作区布局。如果需要更改布局，可以选择菜单栏里的"窗口→工作区"命令，会弹出图 1-76 所示的工作区布局菜单，选择其中的选项，即可完成工作区布局的更改。

在图 1-76 所示的工作区布局菜单栏中设计者还可以对工作区进行复位、新建、删除等操作。

（2）单位设置

在 Photoshop 工具中，默认的单位是厘米，也就是说我们在 Photoshop 中使用的图像尺寸、文字等都是以厘米为单位的，如图 1-77 所示。

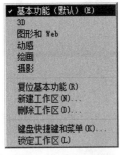

图1-76 工作区布局菜单

图1-77 以厘米为单位的图像尺寸

但是，当我们制作 UI 等一些数码图像时，就会使用"像素"这一单位。这时，要将默认的厘米单位设置为像素单位。选择菜单栏里的"编辑→首选项→单位与标尺"命令打开"首选项"对话框，在对话框中设置"标尺"单位为"像素"，如图 1-78 所示。

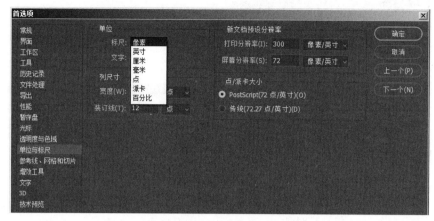

图1-78　设置"标尺"单位为"像素"

8. 修改图像尺寸和画布尺寸

画布尺寸是指我们在图像编辑区中的可见区域的大小，Photoshop 的初学者可以将其看作"画纸"。图像尺寸是指图像的大小。

在修改图像尺寸时，可同时更改画布尺寸；而修改画布尺寸时不会更改图像尺寸，只是对画布进行裁剪。下面对修改图像尺寸和画布尺寸进行说明。

（1）修改图像尺寸

使用"图像大小"命令可以调整图像的像素大小，执行"图像→图像大小"命令（或按【Ctrl+Alt+I】组合键）即可弹出"图像大小"对话框，如图 1-79 所示。

例如，单击图 1-79 中的"不约束长宽比"按钮 ，取消比例约束，然后将图像大小的宽度改为 300 像素，高不变，图像就会被横向压缩，如图 1-80 所示。若不想让图像的长宽比例发生变化，再次单击"不约束长宽比"按钮即可。

图1-79　"图像大小"对话框

图1-80　横向压缩图像

（2）修改画布尺寸

执行"图像→画布大小"命令（或按【Ctrl+Alt+C】组合键），即可弹出"画布大小"对话框，如图 1-81 所示。

修改画布尺寸后，单击"确定"按钮完成修改。若更改的尺寸比原来画布的尺寸小，那么系统将对画布进行一些裁剪，在裁剪之前会弹出一个提示框，如图 1-82 所示。

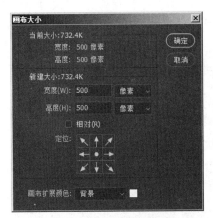

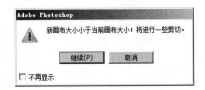

图1-81   "画布大小"对话框   图1-82   提示框

在图 1-82 中单击"继续"按钮可确认画布尺寸的更改，单击"取消"按钮可取消画布的更改。调整画布大小的前后对比如图 1-83 和图 1-84 所示。

图1-83   调整画布大小前   图1-84   调整画布大小后

███▌ 注意 :

若在"画布大小"对话框中勾选了"相对"选项，那么"宽度"和"高度"选项中的数值不再是整个画布的大小，而是实际增加或减少的区域的大小。

1.4   本章小结

本章首先介绍了图像处理的相关知识，例如位图与矢量图、像素、分辨率等；然后介绍了 Photoshop CC 2019 的相关知识，例如它的工作界面、新增与调整的功能等。通过本章的学习，读者能够对图像处理的相关知识有一定的理解，能够熟练地对 Photoshop CC 2019 进行简单的操作，例如新建文档、打开文档等。

1.5   课后练习

请打开 Photoshop，新建一个 500 像素 × 500 像素、"分辨率"为 72 像素/英寸、"颜色模式"为 RGB 的透明文档，并将其命名为"空白文档"。

第 2 章

网站logo设计

学习目标

★ 掌握网站 logo 设计的基础知识，能够独立完成网站 logo 的设计。

★ 掌握图层的基本操作，学会新建、删除、复制、显示和隐藏图层。

★ 掌握形状工具的使用，可以绘制形状。

拓展阅读

通过对第 1 章的学习，相信读者对 Photoshop 这款功能强大的软件已经有了一个基本的了解。在 Photoshop 中，"图层"是核心的模块之一，几乎承载了所有图像的编辑和操作；一系列形状工具用来绘制一些矢量图形。本章将通过任务式案例的形式对图层和形状工具进行详细讲解。

2.1 网站 logo 简介

网站 logo 是通过图形、文字、颜色等元素的搭配运用，直接反映网站的特色和内涵，且便于用户识别的一种标识符号，它有利于企业传递网站的定位和经营理念。在设计者设计 logo 之前，要对 logo 的相关知识进行了解，包括网站 logo 的表现形式、设计流程和设计规范三个方面，本节将对 logo 的相关知识进行详细讲解。

2.1.1 网站 logo 的表现形式

网站 logo 一般分为特定图案、特定文字和图文结合三种表现形式，下面对这三种表现形式进行说明。

1. 特定图案

特定图案这一表现形式是使用特定的图案作为 logo。使用特定图案作为 logo 的优点是容易被用户记忆，具有鲜明的辨识度；缺点是用户对它的认知过程相对曲折。可是用户一旦将图案与企业品牌建立联系，印象就会比较深刻。图 2-1 为腾讯 QQ 的 logo。

2. 特定文字

特定文字这一表现形式是将文字适当变形为一种统一的形态作为 logo。特定文字这一表现形式的 logo 含义明确、直接，个性特征针对主题而言更为突显，进而更易于用户认知和理解；但它的缺点是文字具有相似性，很容易造成用户的记忆模糊。例如，唯品会

图2-1 腾讯QQ的logo

和淘宝网的 logo 就是特定文字类型的 logo。唯品会和好利来的 logo 如图 2-2 所示。

图2-2   唯品会和淘宝网的logo

3. 图文结合

图文结合这一表现形式的 logo 是将图案与文字相结合作为 logo。其优点是 logo 的信息传达得更为快速，更易于用户理解；缺点是它很容易被设计得烦琐、花哨。

在设计图文结合的 logo 时，并不是将图形和文字进行简单的拼凑、组合，而是要充分考虑图案和文字的组合类型。例如，图 2-3 所示的某游戏类网站 logo 就是一个经典的图文结合类型。

图2-3   某游戏类网站logo

2.1.2   网站 logo 的设计流程

网站 logo 的设计流程，通常包含调研分析、挖掘要素、设计 logo、修正 logo 四个环节，具体介绍如下。

1. 调研分析

调研分析是网站 logo 设计流程的第一步，设计者往往会依据企业的经营理念和所处行业的特点为企业设计 logo。调研分析是对企业的相关信息做全面、深入的了解，包括企业的经营战略、企业愿景、领导诉求、竞争对手，以及企业的用户群等。通过调研分析，设计者可以很好地掌握企业的背景资料，为设计 logo 做好铺垫。

2. 挖掘要素

掌握企业的背景资料后，设计者需要对这些背景资料进行研究、筛选，将相关的关键词和信息提炼出来，这个过程就是挖掘要素。在这个过程中，设计者通常可以提炼出 logo 的表现形式、色调，以及图形元素等。

3. 设计 logo

设计 logo 就是在计算机软件中对 logo 进行制作。确定了 logo 的表现形式、色调和图形元素，设计者要充分发挥想象，设计出 1~3 种不同方案的 logo，然后将这些 logo 提交给客户，供客户选择。

4. 修正 logo

将 logo 提交给客户，设计者通常会与客户进行沟通、讨论，在这个过程中，设计者可以得到客户的反馈信息，并按照客户反馈的信息对 logo 进行修改，直到设计出最终的 logo。

2.1.3   网站 logo 的设计规范

在设计 logo 时，遵循一定的设计规范可以使 logo 更美观，网站 logo 的设计规范通常包括尺寸规范、颜色规范和字体规范。下面对这些规范进行讲解。

1. 尺寸规范

一般情况下，企业的 logo 没有既定的尺寸规范，但网站 logo 有既定的尺寸规范，具体的网站 logo 尺寸规范如表 2-1 所示。

表 2-1　具体的网站 logo 尺寸规范

尺寸	描述
88 像素×31 像素	互联网上最普遍的 logo 规格
120 像素×60 像素	用于一般大小的 logo
120 像素×90 像素	用于大型 logo

为了方便使用，在使用 Photoshop 设计时，可以做一个大尺寸的 logo，最后将大尺寸的 logo 与对应网站进行适配，更改尺寸即可。

2. 颜色规范

颜色规范包括颜色模式规范和色调规范，下面依次进行说明。

- 颜色模式规范：设计网站 logo 之前，要将 Photoshop 中的颜色模式设置为 RGB 颜色模式。在 Photoshop 中执行"图像→模式→RGB 颜色"命令即可更换为 RGB 颜色模式。
- 色调规范：若设计者需要设计多颜色的 logo，那么通常情况下颜色的色调不会超过 3 种，这样才能使 logo 呈现清晰、整洁的效果。

3. 字体规范

如果设计的是图文结合表现形式的 logo，那么通常情况下字体选择不超过 3 种。图 2-4 为觅知网 logo。

由图 2-4 我们可以发现，文字部分的字体仅选择了一种。

图2-4　觅知网logo

2.2　【任务 1】简狐家居网站 logo 设计

通过对 2.1 节的学习，读者认识了网站 logo 的表现形式、设计流程和设计规范。下面将设计一款家居网站的 logo，正式开启学习 Photoshop 的序幕。通过本任务的学习，读者可以掌握图层的基本概念和操作，以及其他基础工具的操作。

2.2.1　任务描述

现代家居的流行风格以简单、前卫、不拘一格和个性化为主。简狐家居是一个现代家居风格设计的工作室，要求运用已有素材，设计一款时尚、风格化强烈的网站 logo，以确定产品的整体定位和风格。简狐家居网站 logo 设计效果如图 2-5 所示。

图2-5　简狐家居网站logo设计效果

2.2.2　知识点讲解

1. 图层的概念和分类

使用 Photoshop 制作图像时，通常将图像的不同部分分层存放，这个层被称作图层。这些图层按顺序堆叠，便可组合成复合图像。图 2-6 为多个图层组成的复合图像。

复合图像的最大优点是可以单独处理某个图层，而不会影响其他图层。例如，可以随意移动图 2-6 中的"楼宇"图层，而图像中的其他图层不会受到任何影响。

仔细观察图 2-6，不难看出其中各图层缩览图的显示状态不同，例如"楼宇"所在的图层为透明状态，"科技引领未来"所在的图层显示为 ■。这是因为在 Photoshop 中可以创建多种类型的图层，这些图层的显示状态和功能各不相同，具体解释如下。

图2-6　多个图层组成的复合图像

（1）背景图层

当用户创建一个新的不透明图像文档时，会自动生成背景图层。默认情况下，背景图层位于所有图层之下，为锁定状态，不可调节图层顺序和设置图层样式。双击背景图层时，可将其转换为普通图层。在 Photoshop 中，背景图层的显示状态为 □ 。

（2）普通图层

普通图层是位图图层，可以通过复制现有图层或者创建新图层来得到。在普通图层中可以进行任何与图层相关的操作。在 Photoshop 中，新建的普通图层的显示状态为 □ 。

（3）文字图层

通过使用 "文字工具" 可以创建文字图层，文字图层不可直接设置滤镜效果。在 Photoshop 中文字图层的显示状态为 T 。

（4）形状图层

形状图层是矢量图层，通过使用 "形状工具" 和 "钢笔工具" 可以创建形状图层。在 Photoshop 中，形状图层的显示状态为 □ 。

2．"图层" 面板

"图层" 面板用于存放图层、图层组、图层效果，以及一系列创建、编辑图层的命令和工具按钮。"图层" 面板如图 2-7 所示。

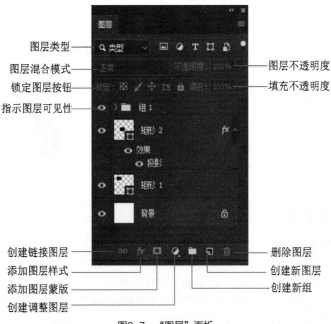

图2-7　"图层" 面板

对"图层"面板中命令和工具按钮讲解如下。

● 图层类型：用于筛选图层类型。通过类型的筛选，使"图层"面板只显示此类型图层，隐藏其他类型的图层。

● 图层混合模式：用于设置选中图层与下面图像的混合模式，默认为"正常"模式。

● 图层不透明度：用于设置当前图层的不透明度（范围为 0%～100%），使当前图层呈现不同的透明状态，以显示下面图层的图像内容。

● 填充不透明度：用于设置当前图层填充的不透明度（范围为 0%～100%），该选项与图层不透明度类似，但不会影响图层样式的不透明度（图层样式将在后面章节进行讲解）。

● 锁定图层按钮：用于锁定图层，该区域中包含 5 个锁定图层的按钮，可以锁定图层的透明像素、图像像素、位置、画板与内容的嵌套，以及锁定全部。

● 指示图层可见性 👁：用于显示或隐藏图层。显示 👁 的图层为可见图层，单击 👁 图标可隐藏图层。

● 创建链接图层 🔗：用于链接图层。链接图层后，将其中某一个图层的位置、大小等进行改变时，其余图层也会跟着改变。

● 添加图层样式 🅵🆇：用于为选中的图层或图层组添加图层样式。

● 添加图层蒙版 ▣：用于为选中的图层或图层组添加图层蒙版。

● 创建调整图层 ◑：用于在不影响图层本身效果的前提下，为选中的图层或图层组添加填充或调整图层。

● 创建新组 📁：用于创建一个新的图层组。

● 创建新图层 🗏：用于创建一个新的普通图层。

● 删除图层 🗑：用于删除选中的图层或图层组。

3. 移动工具

"移动工具" ✥（或按【V】键）主要用于选择、移动图像，是调整图像位置的重要工具。选中图层后，选择"移动工具"，按住鼠标左键不放，在画布上拖动，即可将该图层移动到画布中的任何位置，如图 2-8 所示。

图2-8　移动到画布中的任何位置

使用"移动工具"时，有一些实用的小技巧，具体如下。

● 按住【Shift】键的同时移动图像，可使图像沿水平、垂直或 45° 的方向移动。

● 按住【Ctrl】键不放，在画布中单击某个图像，可快速选中该图像所在的图层。在编辑复杂的图像时，使用此方法可快速选择图像所在的图层。值得注意的是，在勾选"移动工具"选项栏中"自动选择"选项的情况下，可直接对图像进行选择。

● 若想选择图像的一个部分进行移动操作，可先建立选区再使用"移动工具"。

● 在背景图层中建立选区并使用"移动工具"移动时，选区原来的位置将被背景色自动填充。

▌▌多学一招：对图像进行小幅度移动

使用"移动工具"时，每按一下方向键【→】、【←】、【↑】或【↓】，便可以将选中的图像移动 1 像素的距离；如果按住【Shift】键的同时再按方向键，则图像每次可以移动 10 像素的距离。

4. 图层的基本操作

在 Photoshop 中，用户可以根据需要对图层进行操作，例如创建图层、选择图层、删除图层、显示与隐藏图层等，下面对图层的基本操作进行讲解。

（1）创建图层

用户在创建和编辑图像时，所创建的图层都是普通图层，执行"图层→新建→图层"命令（或按【Ctrl+Shift+Alt+N】组合键）可在当前图层的上方创建一个新图层。另外，单击"图层"面板下方的"创建新图层"按钮 🖼，也可创建一个普通图层，如图 2-9 所示。

（2）选择图层

制作图像时，若要对图层进行编辑，就必须选择图层。选择图层的方法有多种，下面对选择图层的方法进行讲解。

- 选择一个图层：在"图层"面板中单击需要选择的图层。
- 选择多个连续图层：单击第一个需要选择的图层，然后按住【Shift】键的同时单击最后一个需要选择的图层，那么这两个图层和位于这两个图层中间的所有图层均会被选中。
- 选择多个不连续图层：按住【Ctrl】键的同时单击需要选择的图层。
- 取消选择某个图层：按住【Ctrl】键的同时单击已经选择的图层。
- 取消选择所有图层：在"图层"面板最下方的空白处单击即可取消所有被选择的图层，如图 2-10 所示。

图2-9　创建一个普通图层

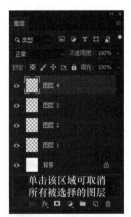

图2-10　取消所有被选择的图层

注意：

按住【Ctrl】键进行选择时，应单击图层缩览图以外的区域。如果单击缩览图，则会将图层中的图像载入选区。

（3）删除图层

为了尽可能地降低图像文件的大小，可以删除一些不需要的图层。选择需要删除的图层，将其拖动到"图层"面板下方的"删除图层"按钮 🗑 上，即可完成图层的删除，如图 2-11 所示。

另外，按【Delete】或【Backspace】键也可删除被选择的图层。当"图层"面板中存在多个空图层时，执行"文件→脚本→删除所有空图层"命令，可将所有空图层删除；若想删除"图层"面板中的多个隐藏图层，可执行"图层→删除→隐藏图层"命令。

（4）显示与隐藏图层

在编辑图像时，为了随时查看图像的效果，经常需要显示/隐藏一些图层。单击图层缩览图前的"指示图层可见性"图标 ，即可隐藏或显示相应图层。例如，显示和隐藏"绿植"图层如图 2-12 所示。

图2-11　完成图层的删除　　　　　　　　　图2-12　显示和隐藏"绿植"图层

另外，选中图层，将光标移动到"指示图层可见性"图标 上，右击，在弹出的菜单中选择"显示/隐藏所有其他图层"选项，如图 2-13 所示，可显示/隐藏"图层"面板中除了选中图层以外的所有图层。

（5）排列图层

在"图层"面板中，图层是按照创建的先后顺序堆叠排列的。将一个图层拖动到另外一个图层的上面（或下面），即可调整图层的堆叠顺序。改变图层的排列顺序会影响图层的显示效果。图 2-14 和图 2-15 展示的是"吸管"在"椰汁"上面和"椰汁"在"吸管"上面的不同效果。

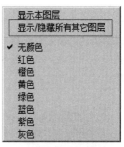

图2-13　选择"显示/隐藏所有其他图层"选项

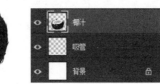

图2-14　"吸管"在"椰汁"上面　　　　　　　图2-15　"椰汁"在"吸管"上面

当"图层"面板中图层较少时，使用直接拖动的方法是非常简便的。但是，在实际工作中，"图层"面板中会包含无数个图层，这时，通过直接拖动图层调整图层的堆叠顺序就显得麻烦。执行"图层→排列"命令，会弹出"排列"命令的子菜单，如图 2-16 所示。

在子菜单中选择其中一个命令即可进行对应的操作，具体介绍如下。

● "置为顶层"命令（或按【Shift+Ctrl+】组合键）是将所选图层调整到顶层。

● "前移一层"命令（或按【Ctrl+】组合键）是将所选图层向上移动一层。

● "后移一层"命令（或按【Ctrl+[】组合键）是将所选图层向下移动一层。

● "置为底层"命令（或按【Shift+Ctrl+[】组合键）为将所选图层调整到底层。

（6）锁定图层

将图层锁定可以避免对不需要编辑的图层误操作。在"图层"面板中，包括"锁定透明像素""锁定图像像素""锁定图像位置""锁定画板嵌套""锁定全部"五个按钮，如图 2-17 所示。

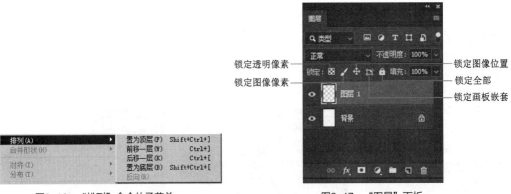

锁定透明像素
锁定图像像素
锁定图像位置
锁定全部
锁定画板嵌套

图2-16　"排列"命令的子菜单　　　　　　图2-17　"图层"面板

单击不同按钮即可锁定图层的不同状态，具体介绍如下。

● 锁定透明像素⬚：在使用绘图工具（例如填充、画笔等）时，透明区域不被操作。当我们想对一个普通图层进行操作而不影响到透明背景时，单击该按钮即可锁定透明像素，使透明背景不被操作。例如，利用"椭圆选区工具"在图层中绘制一个黑色的椭圆，然后取消选区，再将黑色填充为绿色，此时整个图层都会被填充为绿色；单击"锁定透明像素"按钮⬚，再填充颜色，透明的区域就不会被填充，图 2-18 为锁定图层透明像素前后的填充效果。

黑色的椭圆　　　　　　锁定图层透明像素前　　　　　　锁定图层透明像素后

图2-18　锁定图层透明像素前后的填充效果

● 锁定图像像素🖉：绘图工具无法对普通图层进行相应的操作。选中图层，在"图层"面板上方单击"锁定图像像素"按钮🖉，此时，画笔、渐变等工具将不作用于该图层。值得注意的是，锁定图像像素后的图层，可以改变其位置和大小。

● 锁定图像位置✛：用于锁定图像的位置。选中图层，单击"锁定图像位置"按钮✛后，"移动工具"和"自由变换"命令等均不起作用。值得注意的是，锁定图像位置后虽然不能改变图层中图像的位置和大小，但可以进行其他操作，例如填充图层、添加图层样式等。

● 锁定画板嵌套▣：用于锁定图层与画板的嵌套关系。选中图层，单击"锁定画板嵌套"按钮▣后，会将画板中的内容指定给画板。否则，当画板中的图层或图层组移出画板边缘时，图层或图层组会脱离画板。图 2-19 描述的是形状图层脱离画板前后的状态。

形状图层脱离画板前的状态　　　　　　形状图层脱离画板后的状态

图2-19　形状图层脱离画板前后的状态

● 锁定全部🔒：任何操作或命令都不能使普通图层发生变化。也就是说，单击该按钮后既锁定了透明像素、图像像素、位置，还锁定了图层与画板的嵌套关系。

▌▌**注意:**

当图层中的元素是矢量形状时,"锁定透明像素"和"锁定图像像素"按钮不可使用。

(7)重命名图层

在 Photoshop 中,新建图层的默认名称为"图层 1""图层 2""图层 3"……用户可以对图层进行重命名,从而更加直观地操作和管理各个图层,提高工作效率。

执行"图层→重命名图层"命令,图层名称栏会进入可编辑状态,如图 2-20 所示,此时输入需要的名称即可,重命名后的图层名如图 2-21 所示。

图2-20　图层名称栏进入可编辑状态

图2-21　重命名后的图层名

另外,在"图层"面板中,直接双击图层名称,也可以对图层进行重命名。

(8)复制图层

在设计、制作图像时,一个图像中经常会包含两个或多个完全相同的元素,在 Photoshop 中可以对图层进行复制来得到相同的元素。复制图层的方法有多种,具体如下。

● 在"图层"面板中,将需要复制的图层拖动到"创建新图层"按钮 ▣ 上,即可复制该图层,复制图层前和复制图层后的"图层"面板如图 2-22 和图 2-23 所示。

图2-22　复制图层前的"图层"面板

图2-23　复制图层后的"图层"面板

● 选中要复制的图层,按【Ctrl+J】组合键,可复制当前图层。

● 在选中"移动工具" ✛ 的状态下,按住【Alt】键不放,在画布中选中需要复制的图层并拖动即可复制当前图层。

● 在"图层"面板中,选择一个图层并右击,在弹出的快捷菜单中选择"复制图层"选项,弹出"复制图层"对话框,单击"确定"按钮,即可复制该图层。

5. 缩放工具

编辑图像时,为了查看图像中的细节,经常需要对图像进行放大或缩小,这时就需要用到"缩放工具" 🔍。

打开素材 "猕猴桃.jpg"，如图 2-24 所示。

选择 "缩放工具"（或按【Z】键），当光标变为 🔍 形状时，在图像窗口中单击，即可放大图像到下一个预设百分比，连续单击，可得到图 2-25 所示的放大图像的效果。

按住【Alt】键，当光标变为 🔍 时单击，可以缩小图像到下一个预设百分比，连续单击，可得到图 2-26 所示的缩小图像的效果。

图2-24　素材 "猕猴桃.jpg"　　　图2-25　放大图像的效果　　　图2-26　缩小图像的效果

在 Photoshop 中编辑图像时，有一些缩放图像的小技巧，具体如下。

- 按【Ctrl+ +】组合键，能以一定的比例快速放大图像。
- 按【Ctrl+ –】组合键，能以一定的比例快速缩小图像。
- 按【Ctrl+1】组合键，能以实际像素（即 100% 的比例）显示图像。
- 按【Ctrl+0】组合键，能以适合屏幕的尺寸显示图像。

选择 "缩放工具" 后，按住鼠标左键不放，在图像窗口中拖动，可以将选中区域局部放大。

6. 抓手工具

当图像编辑区中不能显示全部图像时，窗口中将自动出现垂直或水平滚动条。如果要查看图像的隐藏区域，使用滚动条既不准确又比较麻烦。这时，可以使用 "抓手工具" ✋ 对画面进行移动。

选择 "抓手工具"（或按【H】键），当光标变成 ✋ 时，在画面中按住鼠标左键不放并拖动，可以平移图像在图像编辑区中的显示内容，以观察图像窗口中无法显示的内容，平移图像前后对比效果如图 2-27 所示。

图2-27　平移图像前后对比效果

▌▌▌ 注意：

在使用其他工具时，按住【空格】键不放，当光标变成 ✋ 时，可快速切换到抓手工具，拖动查看画面。释放【空格】键，可切换回原工具的使用状态。

7. 智能对象

智能对象是一个嵌入到当前文档中的文件，它可以是图像，也可以是在 Adobe Illustrator 中创建的矢量图形。智能对象与普通图层的区别在于，智能对象可以进行非破坏性变换，即能够保留对象的所有原始特征，在 Photoshop 中对其进行放大、缩小和旋转时，图像不会丢失原始图像数据或降低图像的品质。

在 "图层" 面板中选择一个或多个普通图层（图 2-28 所示为选择多个普通图层），右击，在弹出的菜单中选择 "转换为智能对象" 选项，可以将一个或多个普通图层拼合为一个智能对象，如图 2-29 所示。

图2-28　选择多个普通图层　　　　　　　　　图2-29　拼合为一个智能对象

值得一提的是，智能对象虽然有很多优势，但是在某些情况下却无法直接对其编辑，例如使用选区工具删除智能对象时，将会弹出报错对话框，如图 2-30 所示。

这时就需要将智能对象转换为普通图层。选择智能对象所在的图层，右击，在弹出的菜单中选择"栅格化图层"选项，可以将智能对象转换为普通图层，原图层缩览图上的智能对象图标会消失，如图 2-31 所示。

图2-30　弹出报错对话框　　　　　　　　　图2-31　智能对象图标会消失

2.2.3　任务分析

深灰色在设计中可以给人沉稳、高雅的感觉，但整体灰色又难免会让人感觉压抑，因此使用黄色进行点缀，可以更突出高贵。为了保证 logo 的使用率，本案例将制作一个 500 像素 × 180 像素的大尺寸的 logo。

2.2.4　任务制作

将任务进行分析后，下面我们根据本节所学的知识点来制作任务。在制作时，可将任务拆解为 3 个大步骤，依次是置入素材、调整素材和调整 logo 细节。详细步骤如下。

1. 置入素材

【Step1】在 Photoshop 中执行"文件→新建"命令（或按【Ctrl+N】组合键），在弹出的"新建文档"对话框中设置画布的参数，如图 2-32 所示。单击"创建"按钮，完成画布的创建。

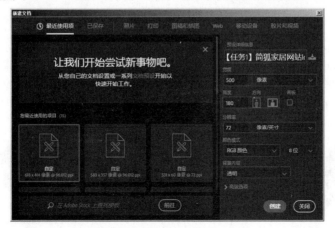

图2-32　设置【任务1】画布参数

【Step2】打开素材所在的文件夹，按【Ctrl+A】组合键选择全部素材，如图 2-33 所示。

【Step3】将选中的素材拖动至 "PS 图标" 处（注意：不要释放鼠标），当弹出工作界面后，移动鼠标到画布中并释放鼠标，将所选全部素材置入画布，效果如图 2-34 所示。

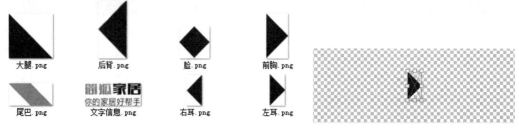

图2-33　选择全部素材　　　　　　　　　图2-34　将所选素材置入画布

【Step4】连续按【Enter】键，确认置入。此时，在 "图层" 面板中生成与每一张素材对应的 "智能对象" 图层，如图 2-35 所示。

图2-35　每一张素材对应的 "智能对象" 图层

【Step5】在 "脸" 所在图层的 "指示图层可见性" 图标👁️上右击，在弹出的菜单中选择 "显示/隐藏所有其他图层" 选项，隐藏所有其他图层，如图 2-36 所示。

2. 调整素材

【Step1】单击选择 "脸" 图层。在工具栏中选择 "移动工具"，按住鼠标左键在画布中拖动，将 "脸" 图层向左移动，如图 2-37 所示。

图2-36　隐藏所有其他图层　　　　　　　　图2-37　将 "脸" 图层向左移动

【Step2】在 "图层" 面板中，单击 "左耳" 图层的 "指示图层可见性" 图标👁️，显示 "左耳" 图层。

【Step3】选择 "左耳" 图层，在画布中移动至图 2-38 所示的位置。

【Step4】在 "图层" 面板中，显示并选择 "右耳" 图层，在画布中移动至图 2-39 所示的位置。

【Step5】按照 Step4 的方法，依次显示并移动 "前胸" "后背" "大腿" "尾巴" 图层，调整对应的图形位置，如图 2-40 所示。

图2-38　移动 "左耳" 位置　　图2-39　移动 "右耳" 位置　　图2-40　调整对应的图形位置

【Step6】在"图层"面板中，显示并选择"文字信息"图层，将其移动至右侧合适位置，如图 2-41 所示。

图2-41 移动"文字信息"图层

【Step7】在"图层"面板中，单击选择顶层图层，按住【Shift】键的同时，再单击最后一个图层，即选中所有图层，如图 2-42 所示。

【Step8】选择"移动工具"，将选中的图层整体向右移动，如图 2-43 所示。

图2-42 选中所有图层

图2-43 将选中的图层整体向右移动

3. 调整 logo 细节

【Step1】按【Ctrl+0】组合键，使画布充满屏幕，如图 2-44 所示。

图2-44 使画布充满屏幕

【Step2】在"图层"面板中，选择对应的图层，选择"移动工具"，按方向键【→】、【←】、【↑】、【↓】调整位置，使每个身体部分之间位置匀称。

【Step3】执行"文件→存储"命令（或按【Ctrl+S】组合键），将文件保存在指定文件夹。

至此，简狐家居网站 logo 制作完成，最终效果如图 2-5 所示。

2.3 【任务 2】能源企业网站 logo 设计

通过对 2.2 节的学习，读者应该已经掌握了"图层""移动工具"和一些基本工具的相关操作。本节将设计一款能源企业的网站 logo，带领读者学习形状工具和形状的布尔运算等基本操作。

2.3.1　任务描述

本任务是设计一款能源企业的网站 logo——阿雷诺能源。客户要求 logo 的设计简洁易识别，且能够通过简单的图形体现企业的经营性质与和谐、环保、安全、清洁的企业经营理念。图 2-45 为能源企业网站 logo 设计效果图。

图2-45　能源企业网站logo设计效果图

2.3.2　知识点讲解

1. 椭圆工具

"椭圆工具" ◎ 作为形状工具组的基础工具之一，常用来绘制正圆或椭圆。右击"矩形工具" ▣，右侧会弹出形状工具组，在工具组中选择"椭圆工具"，如图 2-46 所示。

选中"椭圆工具"后，按住鼠标左键在画布中拖动，即可创建一个椭圆，如图 2-47 所示。

使用"椭圆工具"创建形状时，有一些实用的小技巧，具体如下。

- 按住【Shift】键的同时拖动鼠标左键，可创建一个正圆。
- 按住【Alt】键的同时拖动鼠标左键，可创建一个以单击点为中心的椭圆。
- 按住【Alt+Shift】组合键的同时拖动鼠标左键，可以创建一个以单击点为中心的正圆。
- 使用【Shift+U】组合键可以快速切换形状工具组里的工具。
- 选中"椭圆工具"后，在画布中单击鼠标左键，会自动弹出"创建椭圆"对话框，可自定义宽度和高度的具体数值，如图 2-48 所示。

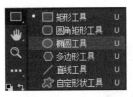

图2-46　选择"椭圆工具"

图2-47　创建一个椭圆

图2-48　"创建椭圆"对话框

2. "椭圆工具"选项栏

熟悉了"椭圆工具" ◎ 的基本操作，接下来看一下它的选项栏，具体如图 2-49 所示。

图2-49　"椭圆工具"选项栏

下面对"椭圆工具"选项栏中的一些常用选项进行讲解。

- 选择工具模式 形状 ∨：用于设置绘制元素的类型。单击"形状"右侧的 ∨ 按钮，会弹出工具模式的下拉列表，包含形状、路径和像素 3 个选项。工具模式的下拉列表如图 2-50 所示。

图2-50　工具模式的下拉列表

设置形状填充类型 填充： ▦：用于设置填充颜色。单击该按钮，会弹出填充类型下拉面板，如图 2-51 所示。

在图 2-51 中，设计者可以设置对象的填充颜色，顶部的按钮可分别将所绘制的形状设置为无颜色、纯色、渐变色和图案。

- 设置形状描边类型 描边: ▨：用于设置描边颜色。单击该按钮，在弹出的下拉面板中，可以设置描边颜色，具体选项和设置填充颜色面板类似。
- 设置形状描边宽度 1像素▾：用于设置描边的宽度，在输入框中输入数值即可更改描边的宽度。
- 描边预设 ─── ▾：用于设置描边选项。在选项栏中，单击该按钮，在弹出的下拉面板中可以设置描边、端点和角点的类型，如图 2-52 所示。单击"更多选项"按钮，可以更详细地设置虚线并进行存储。

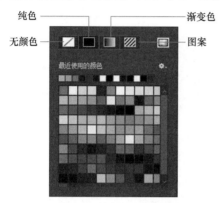

图2-51　填充类型下拉面板

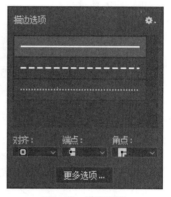

图2-52　描边选项

- 设置形状宽度 W: 164像：用于设置椭圆的水平直径。
- 链接形状的宽度和高度 ⌗：保持椭圆的长宽比，单击此按钮，可按当前元素的比例进行缩放。
- 设置形状高度 H: 173像：用于设置椭圆的垂直直径。
- 路径操作 ▣：用于形状的布尔运算。单击该按钮，弹出路径的布尔运算下拉列表，可进行布尔运算操作。

3. 路径选择工具

"路径选择工具" ▶ 用于选择路径。绘制形状后，在形状的周围会出现一条蓝色的线，这条线被称为"路径"（"路径"将在后面章节进行详细讲解）。在使用"移动工具" ✛ 选择形状时，不能单独选择其路径。若需要单独对路径进行操作（例如布尔运算），就需要使用"路径选择工具"单独选择路径。选择"路径选择工具" ▶，将鼠标移动至形状上，单击，即可选中路径，如图 2-53 所示。

图2-53　选中路径

4. 形状的布尔运算

在数学中，可以通过加减乘除来进行数字的运算。同样，形状中也存在类似的运算，我们称之为"布尔运算"。布尔运算是在画布中存在形状的情况下，在创建形状时，新形状与现形状产生的关系。通过形状的布尔运算，使形状与形状之间进行相加、相减或相交，从而形成新的形状。

单击形状工具组选项栏中的"路径操作"按钮 ▣，在弹出的下拉列表中选择相应的布尔运算方式即可，如图 2-54 所示。

值得一提的是，若想将两个或多个已经存在的形状进行布尔运算，首先，需要将其合并；然后，使用"路径选择工具" ▶ 选中处在上方的路径；最后，执行对应的路径操作。布尔运算的过程如图 2-55 所示。

图2-54　选择相应的布尔运算方式

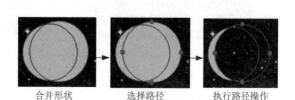

合并形状　　选择路径　　执行路径操作

图2-55　布尔运算的过程

5. 图层的合并

合并图层不仅可以节约磁盘空间、提高操作速度，还可以使设计者更方便地管理图层。图层的合并主要包括"合并图层""合并可见图层"和"盖印图层"。

（1）合并图层

选中需要合并的图层，执行"图层→合并图层"命令（或按【Ctrl+E】组合键），即可将选中的图层合并为一个图层，如图 2-56 所示。

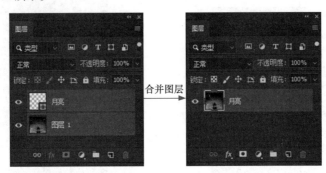

图2-56　将选中的图层合并为一个图层

> **注意：**
>
> 　　如果合并的图层均为位图元素，那么，选中一个位图元素，执行"图层→向下合并"命令（或按【Ctrl+E】组合键），可向下合并一个图层。

（2）合并可见图层

合并可见图层可以合并"图层"面板中所有没有被隐藏的图层。选中一个显示的图层后，执行"图层→合并可见图层"命令（或按【Shift+Ctrl+E】组合键），即可将所有可见图层合并到选中的图层中，如图 2-57 所示。

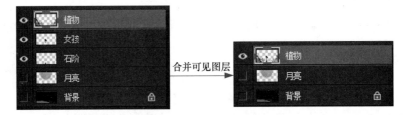

图2-57　将所有可见图层合并到选中的图层中

如果选中的图层中包含"背景"层，那么所有可见图层将会合并到背景图层中，如图 2-58 所示。

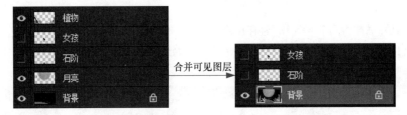

图2-58　所有可见图层将会合并到背景图层中

（3）盖印图层

"盖印图层"可以将多个图层内容合并为一个目标图层，同时使原图层保持完好。按【Shift+Ctrl+Alt+E】组合键可以盖印所有可见的图层，如图 2-59 所示。

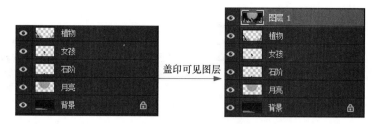

图2-59　盖印所有可见的图层

另外，选择需合并的图层，按【Ctrl+Alt+E】组合键可以盖印选中图层，原图层保持不变，如图 2-60 所示。

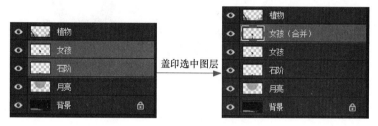

图2-60　盖印选中图层

如果选中的图层中包含背景图层，那么选中的图层将会盖印到背景图层中。

6. 图层的对齐和分布

为了使图像或图形之间有序地排列，经常需要对齐图层或调整图层的分布，具体方法如下。

（1）图层的对齐

选择需要对齐的图层（两个或两个以上），执行"图层→对齐"命令，可弹出"对齐"的子菜单，如图 2-61 所示。

在弹出的"对齐"子菜单中选择相应的对齐命令，即可按指定的方式对齐图层。对于图 2-61 中的对齐命令，具体解释如下。

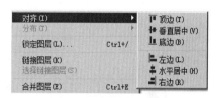

图2-61　"对齐"的子菜单

● 顶边：所选图层对象将以位于最上方的对象为基准，进行顶部对齐，如图 2-62 所示。

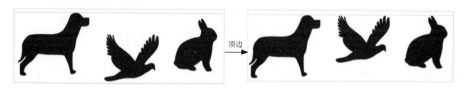

图2-62　顶部对齐

● 垂直居中：将每个图层对象的垂直方向的中心线（红线）进行居中对齐，如图 2-63 所示。

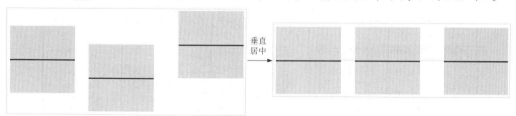

图2-63　将每个图层对象的垂直方向的中心线（红线）进行居中对齐

● 底边：所选图层对象将以位于最下方的对象为基准，进行底部对齐，如图 2-64 所示。

图2-64　底部对齐

● 左边 ▣：所选图层对象将以位于最左侧的对象为基准，进行左对齐，如图 2-65 所示。

图2-65　左对齐

● 水平居中 ▦：将每个图层对象的水平方向的中心线（黄线）进行居中对齐，如图 2-66 所示。

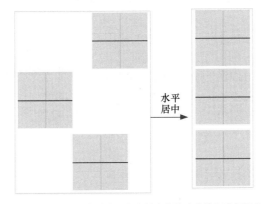

图2-66　将每个图层对象的水平方向的中心线（黄线）进行居中对齐

● 右边 ▣：与"左边"相反，所选图层对象将以位于最右侧的对象为基准，进行右对齐。

（2）图层的分布

图层的分布是以两端的图层对象为基准进行分布。选择需要分布的图层（三个或三个以上），执行"图层→分布"命令，可弹出"分布"的子菜单，如图 2-67 所示。

在弹出的"分布"子菜单中选择相应的分布命令，即可按指定的方式分布图层。对于图 2-67 中的分布命令，具体解释如下。

● 顶边 ▦：以每个图层对象最上方的边缘像素为基准点，等距离垂直分布，如图 2-68 所示。

图2-67　"分布"的子菜单

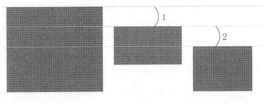

图2-68　顶边分布

在图2-68中，各个图层对象顶端像素的距离是一致的，即1和2的取值相等。

- 垂直居中 📊：以图层对象垂直方向的中心线为基准点，等距离进行分布，如图2-69所示。

在图2-69中，各个图层对象垂直中线的距离一致，即1和2之间的距离是相等的。

- 底边 📊：与"顶边"相反，是以每个被选中图层对象最下方的边缘像素为基准点，等距离垂直分布。

- 左边 📊：以图层对象最左侧的边缘像素为基准，等距离进行分布，如图2-70所示。

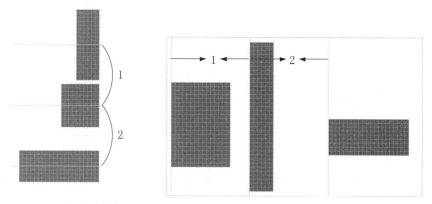

图2-69　垂直居中分布　　　　　　　图2-70　左边分布

在图2-70中，各个图层对象左侧与左侧之间的距离一致，即1和2之间的距离是相等的。

- 水平居中 📊：以图层对象水平方向的中心线为基准点，等距离进行分布，如图2-71所示。

在图2-71中，各个图层对象垂直中线的距离一致，即1和2之间的距离是相等的。

- 右边 📊：与"左边"相反，是以图层对象最右侧的边缘像素为基准，等距离进行分布。

- 水平 📊：以图层对象的水平间距为基准点，水平平均分布，如图2-72所示。

图2-71　水平居中分布　　　　　　　图2-72　水平分布

在图2-72中，1和2的取值相等。

- 垂直 📊：以图层对象垂直的间距为基准点，垂直平均分布，如图2-73所示。

在图2-73中，1和2的取值相等。

选中多个图层对象后，在"移动工具"选项栏中，单击对应的对齐、分布按钮，也可对图层对象进行对齐和分布。

7. 撤销操作

在绘制和编辑图像的过程中，设计者经常会出现失误或对创作效果不满意。若想恢复到前一步或原来的图像效果，可以使用一系列的撤销操作命令。在 Photoshop 中，撤销命令主要包含还原命令、重做命令和切换最终状态命令。在菜单栏中单击"编辑"菜单，会弹出下拉菜单，列出的撤销操作命令如图 2-74 所示。

由图 2-74 可见，菜单在"还原"和"重做"命令后面显示了将要还原的步骤名称（例如，图 2-74 中的"还原椭圆工具"）。下面对这几个撤销命令进行逐一讲解。

（1）还原命令

执行"编辑→还原"命令（或按【Ctrl+Z】组合键），可向后执行一步，即可以还原一步。多次执行该命令可向后执行多个步骤。

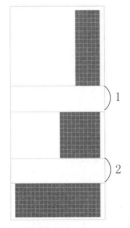

图2-73　垂直分布

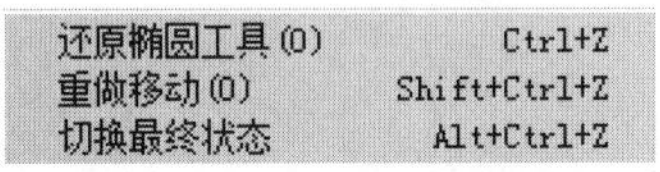

图2-74　撤销操作命令

（2）重做命令

执行"编辑→重做"命令（或按【Shift+Ctrl+Z】组合键），可向前执行一步，即取消"还原"操作。多次执行命令可取消多个"还原"操作。

（3）切换最终状态命令

执行"编辑→切换最终状态"命令（或按【Alt+Ctrl+Z】组合键），可还原对图像所做的最后一次修改，将其还原到上一步操作，若想取消还原操作，再次按【Alt+Ctrl+Z】组合键即可。

值得一提的是，在 Photoshop 中还可以选择性地快速撤销到操作过程中的任意步骤。设计者可以在"历史记录"面板中将图像恢复到任何一步操作时的状态（系统默认前 20 步）。执行"窗口→历史记录"命令，将会弹出"历史记录"面板，如图 2-75 所示。

在"历史记录"面板中可以看到曾经对图像的一系列操作，选择任何一步操作，图像即恢复到该操作时的状态。在"历史记录"面板的右下方有 3 个按钮，分别是"从当前状态创建新文档" 、"创建新快照" 和"删除当前状态" ，对它们的具体解释如下。

● "从当前状态创建新文档" ：单击该按钮，系统会创建新文档，并将当前的图像状态复制到新的文档中作为源图像，如图 2-76 所示。

● "创建新快照" ：单击该按钮，系统会复制当前的图像状态作为快照。简单地说就是将图像当前的状态有效地保留下来。创建新快照如图 2-77 所示。单击新创建的快照即可快速恢复到快照中的图像状态。

图2-75　"历史记录"面板

图2-76　从当前状态创建新文档

图2-77　创建新快照

● "删除当前状态" 🗑：单击该按钮，可删除选中步骤和后面一系列步骤。

8. 自由变换操作

"自由变换"是集合了移动、旋转、缩放等一系列变换的命令。选中需要变换的图像，执行"编辑→自由变换"命令（或按【Ctrl+T】组合键），对象的四周会出现定界框，如图 2-78 所示。

定界框 4 个角上的点被称为"定界框角点"，4 条边中间的点被称为"定界框边点"，中间的靶心被称为"中心点"。定界框组成如图 2-79 所示。

图2-78　定界框

□ 角点
○ 边点
✛ 中心点

图2-79　定界框组成

设计者可以根据需要，对图像进行等比例缩放、自由缩放、中心点等比例缩放、旋转等操作。对这些操作的具体讲解如下。

（1）等比例缩放

将光标移动至"定界框边点"或"定界框角点"处，待光标变为 ↕ 状，按住鼠标左键不放，拖动鼠标即可按照图像原有比例调整图层对象的大小。等比例缩放前后对比如图 2-80 所示。

等比例缩放前　　　　　　　　　　等比例缩放后

图2-80　等比例缩放前后对比

注意：

当图层为形状图层时，需要按住【Shift】键不放，同时拖动鼠标，才能实现等比例缩放。

（2）自由缩放

按住【Shift】键不放，拖动"定界框边点"或"定界框角点"，即可对图像进行自由缩放，如图 2-81 所示。

（3）中心点等比例缩放

正常缩放的情况下，拖动定界框中的哪个点，就会从哪个位置开始进行缩放。中心点等比例缩放是指以中心点为原点进行等比例缩放，如图 2-82 所示。

按住【Alt】键不放，拖动"定界框角点"，可按中心点进行等比例缩放图像。未按中心点等比例缩放与按中心点等比例缩放对比如图 2-83 所示。

图2-81　自由缩放

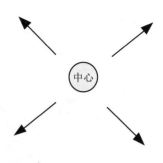

图2-82　以中心点为原点进行等比例缩放

 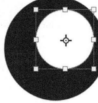 

原图像　　　　未按中心点等比例缩放　　按中心点等比例缩放

图2-83　未按中心点等比例缩放与按中心点等比例缩放对比

（4）旋转

将光标移动至"定界框角点"处，待光标变为 ↰ 状，按住鼠标左键不放，拖动鼠标，对图像进行旋转，如图 2-84 所示。

移动中心点的位置可以改变图层对象的旋转效果，即以中心点为圆心进行旋转，如图 2-85 所示。

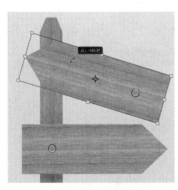

图2-84　对图像进行旋转

图2-85　以中心点为圆心进行旋转

另外，在"自由变换"选项栏中，可以设置旋转角度，如图 2-86 所示。

设置旋转角度

图2-86　设置旋转角度

设置旋转角度的数值为-180°～180°。

在旋转时，按住【Shift】键的同时按住鼠标左键不放，拖动鼠标，图像会以-15°或15°的倍数为单位进行旋转。

▌▌**多学一招：如何显示中心点**

在 Photoshop CC 2019 版本中，"中心点"并不是默认显示，若要显示"中心点"，设计者可执行"编辑→首选项→工具"命令，在弹出的"首选项"对话框中勾选"在使用'变换'时显示参考点"选项，如图 2-87 所示。

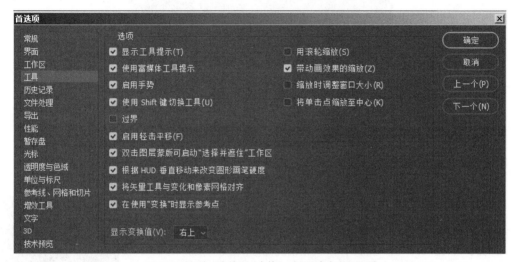

图2-87　勾选"在使用'变换'时显示参考点"选项

9. 前景色和背景色

在 Photoshop 工具栏的底部有一组设置前景色和背景色的图标，如图 2-88 所示。

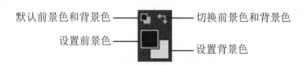

图2-88　设置前景色和背景色的图标

该图标组用于设置前景色和背景色，以便于对图像进行快速填充。通过图 2-88 容易看出，该图标组由 4 个部分组成，分别为"默认前景色和背景色""切换前景色和背景色""设置前景色""设置背景色"。下面对这 4 个部分进行介绍。

（1）默认前景色和背景色

在 Photoshop 中，默认的前景色为黑色，背景色为白色。如果设计者在编辑图像过程中，更改了前景色和背景色，那么单击该按钮（或按【D】键），可恢复默认的前景色和背景色。

（2）切换前景色和背景色

单击该按钮（或按【X】键），可将前景色和背景色互换。

（3）设置前景色

"设置前景色"中所显示的颜色是当前所使用的前景色。单击该色块，将弹出"拾色器（前景色）"对话框，如图 2-89 所示。

在"色域"中单击或拖动鼠标可以改变当前拾取的颜色；拖动"颜色滑块"可以调整颜色范围。按【Alt+Delete】组合键可直接填充前景色。

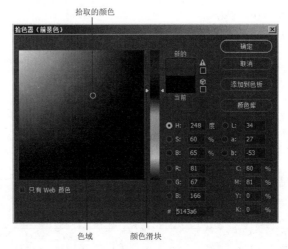

图2-89　"拾色器（前景色）"对话框

（4）设置背景色

"设置背景色"中所显示的颜色是当前所使用的背景色。单击该色块，将弹出"拾色器（背景色）"对话框，设置方法与设置前景色一致，按【Ctrl+Delete】组合键可直接填充背景色。

2.3.3　任务分析

作为一家能源企业，从企业性质方面，可以通过能量、环保、核心技术等几个方面进行扩展；从颜色方面，作为清洁能源，绿色、蓝色都是比较符合企业性质的颜色；从企业经营理念方面，适合使用圆润、整体的造型。通过对信息的整合和扩展，最终以图 2-90 所示的机器人的能量块为灵感，制作一个圆形的 logo。

2.3.4　任务制作

图2-90　机器人的能量块

将任务进行分析后，下面我们根据本节所学的知识点来制作任务。在制作时，可将任务拆解为 2 个大步骤，依次是新建文档和绘制外形，以及绘制圆形元素。详细步骤如下。

1. 新建文档和绘制外形

【Step1】在 Photoshop 中执行"文件→新建"命令（或按【Ctrl+N】组合键），在"新建文档"对话框中设置画布参数，如图 2-91 所示。单击"创建"按钮，完成画布的创建。

图2-91　设置【任务2】画布参数

【Step2】将光标定位在工具栏中的"矩形工具"■上，右击，会弹出形状工具组，如图 2-92 所示，在工具组中选择"椭圆工具"◎。

【Step3】将鼠标放在画布上，按住鼠标左键拖动的同时按住【Alt+Shift】组合键，绘制一个以单击点为圆心的正圆形状，此时，"图层"面板中将出现"椭圆 1"图层，如图 2-93 所示。

图2-92　形状工具组　　　　　　　图2-93　"椭圆1"图层

【Step4】将前景色设置为蓝色（RGB：60、150、210），选中正圆，按【Alt+Delete】组合键为正圆填充前景色，如图 2-94 所示。

【Step5】重复 Step3 的操作，绘制一个略小的正圆形状，如图 2-95 所示，得到"椭圆 2"图层。

【Step6】在"图层"面板中，同时选中"椭圆 1"和"椭圆 2"。选择"移动工具"✛，在其选项栏中依次单击"垂直居中对齐"▮▯和"水平居中对齐"▮按钮，将"椭圆 1"和"椭圆 2"在垂直和水平方向均居中对齐，如图 2-96 所示。

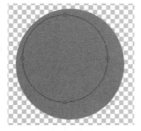

图2-94　为正圆填充前景色　　　图2-95　略小的正圆形状　　　图2-96　垂直和水平方向均居中对齐

【Step7】按【Ctrl+E】组合键，合并"椭圆 1"和"椭圆 2"。使用"路径选择工具"▸，在画布中选中上方的形状。

【Step8】在选项栏中，单击"路径操作"按钮▯，打开下拉菜单，选择"减去顶层形状"命令，如图 2-97 所示。此时，减去顶层形状的效果如图 2-98 所示。

图2-97　选择"减去顶层形状"选项　　　　　图2-98　减去顶层形状的效果

2. 绘制圆形元素

【Step1】选择"椭圆工具"◎，绘制 3 个正圆形状，其位置和大小如图 2-99 所示。此时，在"图层"

面板中，将出现图层"椭圆 3""椭圆 4"和"椭圆 5"。

【Step2】在"图层"面板中，选中"椭圆 3""椭圆 4"和"椭圆 5"，按【Ctrl+J】组合键，复制图层。按【Ctrl+E】组合键，将其合并，得到"椭圆 5 拷贝"。

【Step3】在"图层"面板中，单击"椭圆 3""椭圆 4"和"椭圆 5"图层前的"指示图层可见性"图标，将其隐藏。

【Step4】在"图层"面板中，选择"椭圆 2"和"椭圆 5 拷贝"，按【Ctrl+E】组合键，将其合并，得到"椭圆 5 拷贝"，如图 2-100 所示。

【Step5】选择"路径选择工具"，按住【Shift】键的同时，在画布中依次选中 3 个小的正圆形状，如图 2-101 所示。

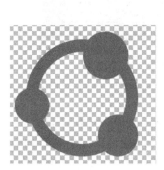

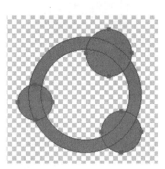

图2-99   3个正圆形状的位置和大小   图2-100   合并图层得到"椭圆5拷贝"   图2-101   选中3个小的正圆形状

【Step6】在选项栏中，单击"路径操作"按钮，打开下拉菜单，选择"减去顶层形状"命令。此时，减去 3 个小圆形状的效果如图 2-102 所示。

【Step7】在选项栏中，单击"路径操作"按钮，打开下拉菜单，选择"合并形状组件"命令，会弹出提示框，如图 2-103 所示。

【Step8】在提示框中单击"是"按钮，合并组件效果如图 2-104 所示。

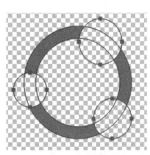
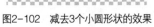
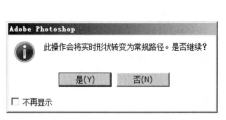
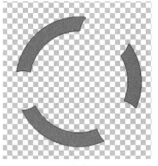

图2-102   减去3个小圆形状的效果   图2-103   提示框   图2-104   合并组件效果

【Step9】在"图层"面板中，单击"椭圆 3""椭圆 4"和"椭圆 5"图层前的"指示图层可见性"图标，显示"椭圆 3""椭圆 4"和"椭圆 5"图层。

【Step10】在"图层"面板中，选择"椭圆 3"。按【Ctrl+T】组合键，按住【Shift+Alt】组合键的同时，将"椭圆 3"按中心点等比例缩小，如图 2-105 所示。

【Step11】按同样方法继续对"椭圆 4"和"椭圆 5"按中心点等比例缩小，如图 2-106 所示。

图2-105　对"椭圆3"按中心点等比缩小

图2-106　对"椭圆4"和"椭圆5"按中心点等比缩小

【Step12】选择"椭圆工具"，在画布中心绘制一个正圆形状，如图 2-107 所示。

图2-107　绘制一个正圆形状

【Step13】在"图层"面板中，选中所有图层，按【Ctrl+E】组合键，将其合并。

【Step14】执行"文件→存储"命令（或按【Ctrl+S】组合键），将文件保存在指定文件夹。

至此，能源企业网站 logo 制作完成，最终效果如图 2-45 所示。

2.4　本章小结

　　本章介绍了网站 logo 的相关知识，包括网站 logo 的表现形式、设计流程和设计规范；使用"移动工具""缩放工具"等一系列基本操作的工具和"椭圆工具""路径选择工具"等一系列矢量工具，以及图层的相关知识制作了 2 个不同的网站 logo。通过本章的学习，读者可以熟悉网站 logo 的绘制方法，并掌握基本操作工具、矢量工具，以及图层的使用方法与技巧。

2.5　课后练习

　　学习完 logo 设计的相关内容，下面来完成课后练习吧。

　　请使用所学知识绘制图 2-108 所示的 logo。

图2-108　logo

第 3 章

网页设计

学习目标

★ 掌握网页设计的基本结构和尺寸规范，能够制作网页中的各个模块。

★ 掌握文字工具的使用方法，能够对文字属性进行设置。

★ 掌握钢笔工具的使用技巧，能够使用钢笔工具绘制路径。

★ 掌握选区工具的使用方法，能够绘制矩形、椭圆和不规则形状的选区。

拓展阅读

Photoshop 是制作网页的一个重要的辅助工具。在 Photoshop 中，既可以利用文字、形状等工具设计网页中的元素，还可以利用选区和一些辅助工具对已有的素材进行调整。本章将绘制网页中的常见模块。通过学习本章，读者能够掌握文字工具、钢笔工具、图框工具，以及一些选区工具的使用方法。

3.1　网页设计简介

网页设计是指网站功能策划和页面美化的相关工作。其目的是通过合理的颜色、字体、图像、排版等方式的页面美化设计，吸引用户、提升企业的互联网品牌形象。

在网页设计中，根据网站内容和用户群的不同，可以把网站分为个人类网站、企业类网站、娱乐休闲类网站、购物类网站和门户类网站等，如图 3-1～图 3-5 就是这些网站的截图。

图3-1　个人类网站

图3-2　企业类网站

图3-3　娱乐休闲类网站

图3-4　购物类网站

图3-5　门户类网站

3.1.1　网页设计的基本结构

网页设计的基本结构通常包括引导栏、header、导航栏、Banner、内容区域、版权信息等区域，如图 3-6 所示。

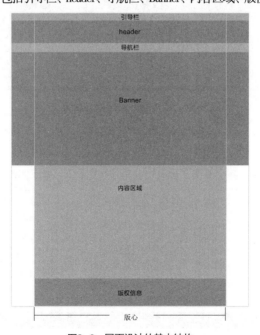

图3-6　网页设计的基本结构

图 3–6 所示的基本结构中，每个模块都有其各自的作用，红色的线标注了版心的区域。下面对这些模块和版心进行说明。

- 引导栏：位于网页的顶端，通常用来放置客服电话、登录、注册或个人信息等。图 3-7 为网易的引导栏。

图3-7　网易的引导栏

- header：位于引导栏正下方，主要放置企业 logo 等内容信息。图 3-8 为某购物网站的 header。

图3-8　唯品会的header

- 导航栏：在 header 下面的一排水平导航按钮，是整个网站中的各个子级页面的入口。通过导航栏，访问者可以准确、快速地找到所需要的资源区域。图 3-9 为某购物网站的导航栏。

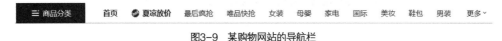

图3-9　某购物网站的导航栏

- Banner：一般位于导航栏的下方，是展示或宣传企业的一种广告形式。通常是以图像幻灯片的形式对企业的产品或活动进行介绍。用户单击 Banner 或其中的链接时，通常会进入广告的主页面了解到广告详情。图 3-10 为某旅游网站的 Banner。

图3-10　某旅游网站的Banner

- 内容区域：可放置一切供访问者提取的信息，通常包括文字、图像、超链接和音视频等。
- 版权信息：位于整个网页的底端，也是网页重要的部分之一，可包含企业的联系方式、地址、友情链接、二维码和备案号等信息，其中备案号是必须存在的。图 3-11 和图 3-12 展示的是网易和新浪微博的版权信息。

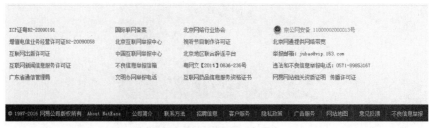

图3-11　网易的版权信息

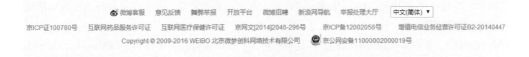

图3-12　新浪微博的版权信息

- 版心：页面中有效内容的显示区域。在设计中，几乎所有的内容均在版心区域。图 3-13 中中间框线区域即为某网页的版心区域。

图3-13　某网页的版心区域

3.1.2　网页设计的规范

在设计网页时，通常要遵循一定的规范，以保证页面效果的整体性和统一性。网页设计的规范通常包括页面尺寸规范和字体选择规范，下面针对这两个规范进行讲解。

1. 页面尺寸规范

页面尺寸规范是指页面中各个模块的尺寸，通常情况下，各个模块的宽度均与页面保持一致，高度则有其各自的特点。以目前最常见的分辨率 1920 像素×1080 像素为例，介绍各个模块的高度，具体如下。

- 引导栏：高度一般为 35～50 像素。
- header：高度一般为 80～100 像素。但是，目前的流行趋势是将 header 和导航栏合并放置在一起，高度一般为 85～130 像素。
- 导航栏：高度一般为 40～60 像素。
- Banner：高度一般为 500 像素，但可根据实际需要与界面美观度自行设定。
- 内容区域：高度不限，可根据内容多少自行定义。
- 版权信息：版权信息的高度一般没有限制。

- 版心：宽度一般为1000~1200像素。设计者应在设计页面之前，利用参考线规范出版心区域。

2. 字体选择规范

在网页设计中，字体编排是一种感性的、直观的行为。设计者可根据字体、字号来表达设计所要传达的情感。在选择字体时，字体、字号要以整个网页界面和访问者的感受为参考。

设计者在选择字体时，中文内容最好采用基本字体，如"宋体""微软雅黑"等；数字和字母可选择"Arial"等字体。这样做的原因是大多数访问者的计算机里只有系统自带的基本字体，若设计者使用了特殊字体，那么这些特殊字体可能不会在访问者计算机里显示，从而导致访问者看到的页面并不美观。

3.2 【任务3】咖啡网站导航栏设计

通过3.1节的学习，读者对网页的模块和规范已经有所了解。下面将设计网页中的一个模块——导航栏，以加深读者对网页设计的认识。通过本任务的学习，读者可以掌握文字工具、矩形工具和多边形工具等的基本操作。

3.2.1 任务描述

本任务是为知味coffee设计一个导航栏，客户要求体现咖啡网站的温暖。咖啡网站导航栏设计效果如图3-14所示。

图3-14 咖啡网站导航栏设计效果

3.2.2 知识点讲解

1. 文字工具

文字是一幅作品中重要的组成部分，它不仅可以直观地传递大量信息，还能起到美化版面、强化主题的作用。文字可以单独成为画面主题，也可以与图像进行搭配，与图像产生同构关系，进而产生强大的感染力。文字与图像的同构关系如图3-15所示。

Photoshop提供了四种输入文字的工具，分别是"横排文字工具" T、"直排文字工具" T、"横排文字蒙版工具" T 和"直排文字蒙版工具" T，如图3-16所示。

图3-15 文字与图像的同构关系

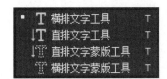

图3-16 四种输入文字的工具

其中"横排文字工具"和"直排文字工具"可以创建点文字、段落文字和路径文字。"横排文字蒙版工

具"和"直排文字蒙版工具"则用于创建文字形状的选区。横排
文字与直排文字的区别是：前者是沿着水平方向进行排列，后者
是沿着垂直方向进行排列，横排文字与直排文字对比如图 3-17
所示。

横排文字　　直排文字

选择任意文字工具后，可以看到其选项栏。在选项栏中可以
设置文本的相关参数，例如选择"横排文字工具" T，其选项栏
如图 3-18 所示。

图3-17　横排文字与直排文字对比

图3-18　"横排文字工具"选项栏

对"横排文字工具"选项栏中的常用选项说明如下。

- "切换文本取向" T：用于设置文本的排列方向。单击该按钮，可将输入好的文本在水平方向和垂直
方向相互切换。
- "设置字体系列" 方正书宋简体 ：用于设置文本的字体。单击下拉按钮 ，可以对文本的字体进行
选择。
- "设置字体大小" T 56.88像素 ：用于设置文本的大小。单击下拉按钮 ，可以选择既定的文本大
小，也可直接输入数值来定义文本大小。
- "设置消除锯齿的方式" aa 锐利 ：用于设置是否消除文本的锯齿边缘，以及用什么方式消除文
本的锯齿边缘。
- "设置文本对齐"按钮 ：用于设置文本的对齐方式，有左对齐、居中和右对齐三种方式。
- "设置文本颜色"按钮 ：用于设置文本的颜色。单击该按钮可调出"拾色器（文本颜色）"对话
框，用来设置文本的颜色。
- "创建文本变形"按钮 ：用于变形文本。单击该按钮可以调出"变形文字"对话框。
- "切换字符和段落面板"按钮 ：单击该按钮可隐藏或显示"字符"和"段落"面板。
- "从文本创建 3D"按钮 3D：单击该按钮可以将文本转化为 3D 模型。

多学一招：如何安装字库

Photoshop 中自带了常用的基本字体，但在实际的设计应用中，设计者需要更多的字体来满足不同的设
计需求。这时，就需要自己来安装字库。将准备好的字库复制到 C 盘 Windows 文件夹下的 Fonts 文件夹内，
即可安装字库，重启 Photoshop 后便可以应用新安装的字体。

2. 输入点文本和段落文本

在设计中，常用的输入文字的方法是输入点文本和输入段落文本。点文本和段落文本的最大区别在于：
前者不能自动换行，后者可以自动换行。下面对这两种方法进行介绍。

（1）输入点文本

打开一个图像，选择"横排文字工具"，在选项栏中设置各项参数，如图 3-19 所示。

RGB：117、84、33

微软雅黑　　Bold　　T 40像素　　aa 锐利

图3-19　"横排文字工具"选项栏

在图像窗口中单击，会出现一个简短的占位字符，如图 3-20 所示。

此时，进入文本编辑状态，可在窗口中输入文字，如图 3-21 所示。

单击选项栏上的"提交当前所有编辑"按钮 （或按【Ctrl+Enter】组合键），完成文字的输入，如

图 3-22 所示。

图3-20　简短的占位字符

图3-21　在窗口中输入文字

图3-22　完成文字的输入

（2）输入段落文本

打开一个图像，选择"横排文字工具"，在其选项栏中设置各项参数。段落文本的各项参数如图 3-23 所示。

RGB:0、0、0

图3-23　段落文本的各项参数

在画布上，按住鼠标左键并拖动，将创建一个定界框，定界框内会出现一段字符，如图 3-24 所示。在定界框内输入文字，如图 3-25 所示。按【Ctrl+Enter】组合键，完成段落文本的创建，如图 3-26 所示。

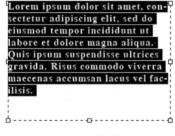

图3-24　一段字符

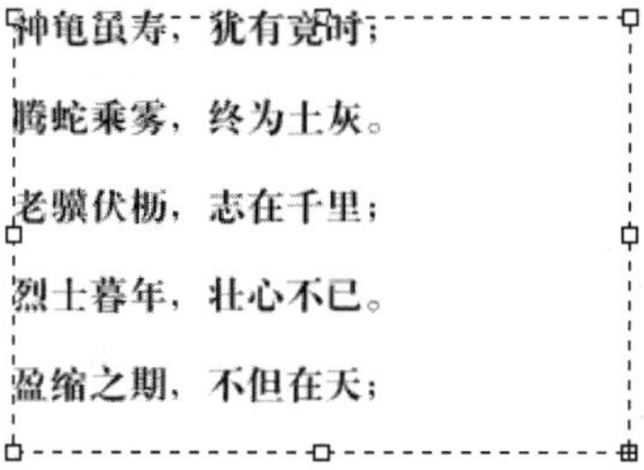

神龟虽寿，犹有竞时；

腾蛇乘雾，终为土灰。

老骥伏枥，志在千里；

烈士暮年，壮心不已。

盈缩之期，不但在天；

图3-25　输入文字

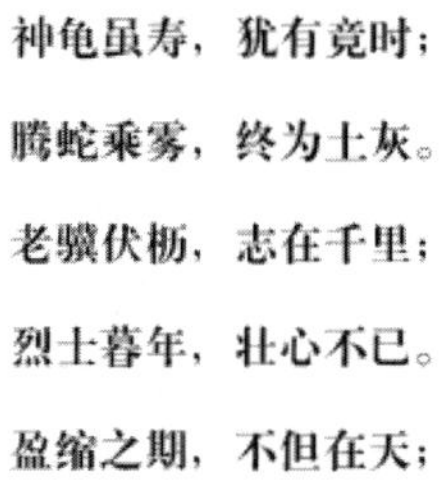

神龟虽寿，犹有竞时；

腾蛇乘雾，终为土灰。

老骥伏枥，志在千里；

烈士暮年，壮心不已。

盈缩之期，不但在天；

图3-26　完成段落文本的创建

无论输入的是点文本还是段落文本，设计者若想在文字的编辑状态下移动文字，那么按住【Ctrl】键的同时，左击文字并拖动即可实现。

3. 矩形工具

"矩形工具" ▦ 是形状工具中基础的工具之一。使用"矩形工具"可以很方便地绘制矩形或正方形。在绘制矩形时有一些实用的小技巧，具体如下。

* 按住【Shift】键的同时拖动鼠标，可创建一个正方形。
* 按住【Alt】键的同时拖动鼠标，可创建一个以单击点为中心的矩形。
* 按住【Shift+Alt】组合键的同时拖动鼠标，可以创建一个以单击点为中心的正方形。

图3-27　"创建矩形"对话框

* 选中"矩形工具"后，在画布中单击鼠标左键，会自动弹出"创建矩形"对话框，如图 3-27 所示。在"创建矩形"对话框中可自定义宽度和高度的具体数值。

4. 多边形工具

在 Photoshop 中，使用"多边形工具" ⬡ 可以快速创建一些特殊形状的矢量图形，例如等边三角形、五角星等。"多边形工具"默认的形状是正五边形，但是可以通过"多边形工具"的选项栏自定义多边形的边数。"多边形工具"选项栏如图 3-28 所示。

图3-28　"多边形工具"选项栏

当在"边"中输入数值 3 时，按住鼠标左键在画布中拖动，可创建一个正三角形，如图 3-29 所示。

此外，使用"多边形工具"还可以绘制星形。设置"边"为 5，单击"多边形工具"选项栏中的 ⚙ 按钮，会弹出下拉面板，如图 3-30 所示。勾选下拉面板中的"星形"复选框，按住鼠标左键在画布中拖动即可绘制星形。绘制好的星形如图 3-31 所示。

图3-30　下拉面板

图3-29　正三角形

图3-31　绘制好的星形

在图 3-30 所示的下拉面板中，还可以勾选"平滑拐角"和"平滑缩进"两个复选框，平滑拐角和平滑缩进的效果分别如图 3-32 和图 3-33 所示。

图3-32　平滑拐角的效果

图3-33　平滑缩进的效果

5. 直线工具

"直线工具" ／ 也是形状工具组的工具之一。右击"矩形工具" ▣，在弹出的工具组中选择"直线工具"，如图 3-34 所示。

图3-34　选择"直线工具"

选择"直线工具"后，按住鼠标左键在画布中拖动，即可创建一条默认值为 1 像素粗细的直线。"直线工具"选项栏如图 3-35 所示。

图3-35　"直线工具"选项栏

在"直线工具"的选项栏中，"粗细"选项 粗细：1像素 用于设置所绘制直线的粗细。此外，单击其中的 按钮，会弹出箭头的下拉面板，如图 3-36 所示。

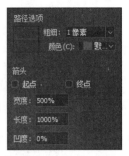

图 3-36 所示的下拉面板用于设置路径选项和直线的箭头，对其中各选项的具体说明如下。

- 路径选项：用于设置路径粗细和路径的颜色。
- 起点/终点：勾选"起点"或"终点"复选框，可在线段的"起点"或"终点"位置添加箭头。
- 宽度：用于设置箭头的宽度与直线宽度的百分比，范围是 10%～1000%。
- 长度：用来设置箭头的长度与直线宽度的百分比，范围是 10%～5000%。

图3-36　箭头的下拉面板

- 凹度：用来设置箭头的凹陷程度，范围为–50%～50%。该值为 0% 时，箭头尾部平齐；大于 0% 时，箭头向内凹陷；小于 0% 时，箭头向外突出。

注意：

按住【Shift】键不放，可沿水平、垂直或 45° 倍数的方向绘制直线。

6. 复制变换

对图像进行变换操作后，按【Ctrl+Alt+Shift+T】组合键可以复制当前图像，并对其执行最近一次的变换操作。例如，将一个月牙形状的图案旋转 30°，将其适当移动，确认变换，多次按【Ctrl+Alt+Shift+T】组合键可得到对应的图像。复制变换的流程如图 3-37 所示。

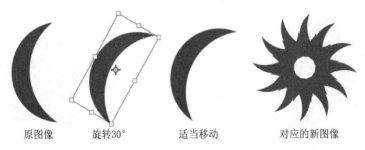

原图像　　旋转30°　　适当移动　　对应的新图像

图3-37　复制变换的流程

在复制变换时，旋转的角度、移动的位置不一样，得到的效果也不一样，读者可以自行尝试。

7. 椭圆选框工具

"椭圆选框工具" 是常用的选区工具之一。将光标定位在"矩形选框工具" 上右击，会弹出选框工具组，在工具组中选择"椭圆选框工具"，如图 3-38 所示。

选中"椭圆选框工具"后，按住鼠标左键在画布中拖动，即可创建一个椭圆选区，如图 3-39 所示。

图3-38　选择"椭圆选框工具"

图3-39　椭圆选区

使用"椭圆选框工具"创建选区时，有一些实用的小技巧，具体如下。

- 按住【Shift】键的同时拖动鼠标，可创建一个正圆选区。
- 按住【Alt】键的同时拖动鼠标，可创建一个以单击点为中心的椭圆选区。
- 按住【Alt+Shift】键的同时拖动鼠标，可以创建一个以单击点为中心的正圆选区。
- 使用【Shift+M】组合键可以在"矩形选框工具"和"椭圆选框工具"之间快速切换。

熟悉了"椭圆选框工具"　的基本操作，接下来我们看其选项栏，如图 3-40 所示。

图3-40　"椭圆选框工具"选项栏

在选项栏中，前面的四个按钮用于对选区进行布尔运算；"羽化"用于设置选区的模糊程度；"消除锯齿"用于消除选区中图像像素的锯齿；"样式"用于设置绘制选框的方式。

单击"样式"，会弹出下拉列表，包括"正常""固定比例"和"固定大小"三种形式。其中，"正常"是软件的默认方式，可创建任意大小的椭圆选框；选择"固定比例"时，在后面的"宽度"和"高度"文本框中输入数值，在画布中拖动鼠标可创建对应比例的椭圆选框；选择"固定大小"时，在后面的"宽度"和"高度"文本框中输入数值，可创建指定尺寸的椭圆选框。

■ 多学一招：了解"消除锯齿"的作用

像素是组成图像的最小元素，由于它们都是矩形的，在创建圆形、多边形等不规则选区时便容易产生锯齿。勾选"消除锯齿"复选框后，Photoshop 会在选区边缘 1 像素的范围内添加与周围图像相近的颜色，使选区看上去光滑，消除锯齿前后对比效果如图 3-41 所示。

8. 选区的基本操作

在 Photoshop 中处理局部图像时，若要指定编辑操作的有效区域，就需要创建选区并对选区进行操作。选区的基本操作包括全选、反选、取消选区、移动选区、隐藏和显示选区。

消除锯齿前　　　　　　　消除锯齿后

图3-41　消除锯齿前后对比效果

下面对选区的基本操作进行讲解。

（1）全选

执行"选择→全部"命令（或按【Ctrl+A】组合键），可以选择当前文档边界内的全部图像，如图 3-42 所示。

如果需要复制整个图像，可以执行该命令，再按【Ctrl+C】组合键。如果文档中包含多个图层，则可按【Ctrl+Shift+C】组合键进行合并复制。

（2）反选

创建选区之后，执行"选择→反向"命令（或按【Ctrl+Shift+I】组合键），可以反转选区。如果图像的背景比较简单，则可以先用魔棒等工具选择背景（其他选框工具在后面陆续进行讲解），如图 3-43 所示，再按【Ctrl+Shift+I】组合键反转选区，将图像选中，如图 3-44 所示。

图3-42　选择当前文档边界内的全部图像

图3-43　选择背景　　　　　　　　　　　　　　　图3-44　反转选区

▌▌▌脚下留心：“反向”和“反相”的区别

在 Photoshop 中，存在“反向”和“反相”两个作用不同的同音词。前者是针对选区的反向选择；后者是用于反转图像的颜色和色调，可以将一张正片黑白图像转换为负片，产生类似照片底片的效果。打开素材，如图 3-45 所示。执行“图像→调整→反相”命令（或按【Ctrl+I】组合键），将对原图像进行“反相”操作，效果如图 3-46 所示。

图3-45　原图像　　　　　　　　　　　　　　　图3-46　“反相”效果

（3）取消选区

执行“选择→取消选择”命令（或按【Ctrl+D】组合键）可取消当前选区。

（4）移动选区

移动选区是指在不移动选区内容的前提下移动选区。选区在创建时和创建后都可以进行移动，其具体操作方法如下。

● 创建选区时移动选区

使用选框工具创建选区时，在释放鼠标左键前，按住【空格】键拖动鼠标，即可移动选区。

● 创建选区后移动选区

创建选区后，选项栏中的“新选区” ▉ 为选中状态下，使用选框工具时，只要指针在选区内，单击并拖动鼠标即可移动选区；也可以按键盘中的方向键进行小幅度移动。

（5）隐藏和显示选区

在 Photoshop 的图像处理中，选区虽然很重要，但像蚂蚁爬行一样的动态形式有时会影响设计者对图像处理效果的判断。这时，执行“视图→显示→选区边缘”命令即可隐藏选区。执行“视图→显示额外内容”（或按【Ctrl+H】组合键）可将选区边缘隐藏。

隐藏选区后，选区虽然不见了，但它仍然存在限定操作的有效区域，如图 3-47 所示。需要重新显示选区时，可再次执行“视图→显示→选区边缘”命令。

9. 羽化选区

羽化是通过建立选区和选区周围像素之间的转换边界来模糊边缘的,这种模糊方式会丢失选区边缘的一些图像细节。羽化选区共有两种方式,第一种是绘制选区前,第二种是绘制选区后,具体介绍如下。

（1）绘制选区前

在选项栏中输入羽化的数值,然后在画布上绘制选区,此时,绘制的选区边缘就是模糊的。例如,在选项栏设置羽化半径的值为 30 像素,在画布中绘制一个椭圆选框,将该选框填充为紫色,即可看到羽化后的效果,图 3-48 为羽化后和未羽化的对比图。

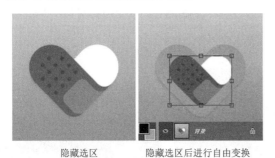

　　　　隐藏选区　　　　　隐藏选区后进行自由变换

图3-47　仍然存在限定操作的有效区域

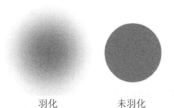

羽化　　　　　　未羽化

图3-48　羽化后和未羽化的对比图

（2）绘制选区后

在图像上绘制选区,如图 3-49 所示。执行"选择→修改→羽化"命令（或按【Shift+F6】组合键）,弹出"羽化选区"对话框,设置"羽化半径"的值为 20 像素,如图 3-50 所示。然后按【Ctrl+J】组合键复制图像,隐藏背景图层,查看复制的图像,如图 3-51 所示。

图3-49　绘制选区

图3-50　设置"羽化半径"值为20像素

图3-51　复制的图像

在执行"选择→修改→羽化"命令设置羽化半径时,只能在画布中已存在选区的情况下进行,若画布中不存在选区,则该命令呈现为灰色,如图 3-52 所示,即不能被执行。

如果选区较小而羽化半径设置得较大,会弹出一个羽化警告框,如图 3-53 所示。

图3-52　命令呈现为灰色

图3-53　羽化警告框

在羽化警告框中单击"确定"按钮，表示确认当前设置的羽化半径，这时选区可能变得非常模糊，以至于在画面中看不到，但是选区仍然存在。如果不想出现该警告，设计者应减小羽化半径或增大选区的范围。

▌▌▌ 多学一招：形状的羽化

在 Photoshop 中，不仅可以羽化选区，还可以羽化形状。在运用形状工具时，运用形状属性中的"羽化"，可以将形状边缘变得模糊，与周围像素混合。例如，选择"椭圆工具"，在画布中绘制一个椭圆并将其填充为淡黄色（RGB：255、235、145），效果如图 3-54 所示。

在"属性"面板中，单击"蒙版"图标，拖动"羽化"滑块，如图 3-55 所示。羽化后的效果如图 3-56 所示。

与选区的羽化不同的是，形状的羽化效果可以根据需要随时更改，使用起来非常方便。

图3-54　绘制椭圆并填充　　　　图3-55　拖动"羽化"滑块　　　　图3-56　羽化后的效果

10. 图层不透明度

"不透明度"用于控制图层、图层组中图像和形状的透明程度。通过"图层"面板右上角的"不透明度"数值框可以对当前"图层"的透明度进行调节，其设置范围为 0%~100%。例如打开素材"马儿.psd"，如图 3-57 所示。

图3-57　素材"马儿.psd"

在"图层"面板中选中"马儿"图层，将其"不透明度"的值设置为 60%，这时"马儿"图层将变为半透明状态，如图 3-58 所示。

图3-58 半透明状态

值得一提的是，在使用除画笔、图章、橡皮擦等绘画和修饰工具之外的其他工具时，按键盘中的数字键即可快速修改图层的不透明度。例如，按下"5"时，不透明度会变为50%；按下"66"时，不透明度会变为66%；按下"0"时，不透明度会恢复为100%。

11. 标尺

在 Photoshop 中，标尺属于辅助工具，虽不能直接用于编辑图像，但可以帮助我们更好地完成图像的选择、定位和编辑等操作。执行"视图→标尺"命令（或按【Ctrl+R】组合键），即可在画布中调出或隐藏标尺。标尺如图 3-59 所示。

在标尺上右击，在弹出的快捷菜单中，设置标尺的单位，以便更精确地编辑和处理图像。标尺的单位设置如图 3-60 所示。

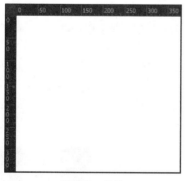

图3-59 标尺

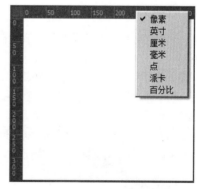

图3-60 标尺的单位设置

12. 参考线

参考线也是 Photoshop 的辅助工具之一，通过参考线可以更精确地绘制和调整图层图像。参考线的创建方法有两种，具体如下。

（1）快速创建参考线

将光标置于水平标尺上，如图 3-61 所示。

按住鼠标左键不放向下拖动，即可创建一条水平参考线，如图 3-62 所示。垂直参考线的创建方法和水平参考线类似，只是要将光标置于垂直标尺上。

（2）精确创建参考线

执行"视图→新建参考线"命令（或依次按【Alt】→【V】→【E】键），会弹出图 3-63 所示的"新建参考线"对话框。

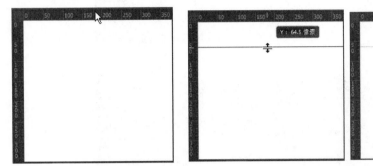

图3-61　光标置于水平标尺上　　　　　　　图3-62　创建水平参考线

在"新建参考线"对话框中，"取向"用于设置参考线的方向，"位置"用于确定参考线在画布中的精确位置。参数设定后单击"确定"按钮，即可在画布中创建一条参考线。

图3-63　"新建参考线"对话框

在运用参考线绘制、调整图像时，有一些实用的小技巧，具体如下。

● 锁定和解除锁定参考线：执行"视图→锁定参考线"命令（或按【Ctrl+Alt+;】组合键）可锁定参考线；再次执行"视图→锁定参考线"命令（或按【Ctrl+Alt+;】组合键）可解除锁定。

● 清除参考线：执行"视图→清除参考线"命令（或依次按【Alt】→【V】→【D】键）可清除参考线。

● 显示和隐藏参考线：执行"视图→显示→参考线"命令（或按【Ctrl+;】组合键）可显示创建的参考线；再次执行"视图→显示→参考线"命令（或按【Ctrl+;】组合键）可隐藏参考线。

3.2.3　任务分析

本任务是一个跟咖啡有关的网站导航栏。我们在制作时可以从颜色、显示样式和尺寸两个方面进行分析。

（1）颜色

咖啡是深棕色的，而且深棕色给人一种可靠、庄重的感觉，因此本任务的主色调采用深棕色。由于 logo 素材的颜色为白色，因此我们可以选取深棕色和白色的一种混合色——浅棕色作为点睛色。

（2）显示样式和尺寸

导航栏主要由 logo 和导航构成，我们可以将导航的选中状态突出显示。本任务将采取 1920 像素 × 90 像素进行设计。

3.2.4　任务制作

将任务进行分析后，下面我们根据本节所学的知识点来制作导航栏。在制作时，可将任务拆解为 3 个大步骤，依次是设计背景与添加 logo、添加文字和添加细节。详细步骤如下。

1. 设计背景、添加 logo

【Step1】在 Photoshop 中执行"文件→新建"命令（或按【Ctrl+N】组合键），在弹出的"新建文档"对话框中设置参数，如图 3-64 所示。单击"创建"按钮，完成画布的创建。

【Step2】将前景色设置为深棕色（RGB：51、35、14），按【Alt+Delete】组合键为背景填充前景色，如图 3-65 所示。

图3-64　设置【任务3】画布参数

图3-65　为背景填充前景色

图3-66　"新建参考线"对话框

【Step3】依次按【Alt】→【V】→【E】键，会弹出"新建参考线"对话框，在对话框中设置"取向"为垂直、"位置"为 360 像素，如图 3-66 所示。

【Step4】按照 Step3 的方法，在垂直方向 1560 像素的位置上添加参考线，创建好的参考线如图 3-67 所示。

图3-67　创建好的参考线

【Step5】选择"矩形工具" ▣，在画布上左击，此时会弹出"创建矩形"对话框，在对话框中设置"宽度"为 210、"高度"为 72 像素，如图 3-68 所示。同时，图层中出现"矩形 1"图层。

图3-68　"创建矩形"对话框

【Step6】选中"矩形 1"，将其填充为浅棕色（RGB：187、138、76），并移动到图 3-69 所示的位置。

图3-69　填充并移动"矩形1"

【Step7】选择"多边形工具" ◉，在其选项栏设置"边"为 3，绘制一个 5 像素×5 像素的三角形，并将其移动至合适位置，如图 3-70 所示。

【Step8】选中三角形所在的图层，右击，在弹出的菜单中选择"栅格化图层"选项。

【Step9】按【Ctrl+T】组合键调出定界框，向右移动 5 像素，按【Enter】键确认变换，如图 3-71 所示。

图3-70　绘制三角形

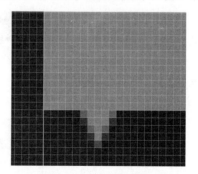

图3-71　向右移动5像素

【Step10】多次按【Ctrl+Alt+Shift+T】组合键，复制变换，效果如图 3-72 所示。

【Step11】选中所有包含三角形的图层，按【Ctrl+E】组合键将其合并，并命名为"装饰"，如图 3-73 所示。

【Step12】选中"装饰"，将其向左移动 5 像素，使其贴紧参考线，如图 3-74 所示。

图3-72　复制变换三角形

图3-73　合并图层并重命名

图3-74　移动"装饰"

【Step13】将"知味 logo.png"素材拖到画布中，调整大小和位置，效果如图 3-75 所示。

图3-75　调整素材大小和位置

2. 添加文字

【Step1】选择"横排文字工具" ，在其选项栏设置参数，如图 3-76 所示。

RGB：255、255、255

图3-76　设置参数

【Step2】在画布中左击，输入文字"首页"，如图 3-77 所示。按【Ctrl+Enter】组合键完成文字的输入。

【Step3】选择"移动工具" ，按住【Alt】键，左击并拖动"首页"文字，对文字进行复制。

【Step4】双击第二个"首页"文字，使其进入可编辑状态，更改文字为"店内热销"，按【Ctrl+Enter】组合键完成文字的输入，如图 3-78 所示。

图3-77　输入"首页"

图3-78　更改文字为"店内热销"

【Step5】按照 Step4 的方法，输入其余文字，如图 3-79 所示。

图3-79　输入其余文字

【Step6】选中所有文字图层和背景图层，在选项栏中单击"垂直居中对齐"按钮 ，垂直居中对齐的效果如图 3-80 所示。

图3-80　垂直居中对齐的效果

【Step7】按住【Ctrl】键单击背景图层，取消对背景图层的选中。

【Step8】在选项栏中单击"水平分布"按钮 使文字图层水平分布，水平分布的效果如图 3-81 所示。

图3-81　水平分布的效果

3. 添加细节

【Step1】选中背景图层，按【Ctrl+Alt+Shift+N】组合键新建图层，得到"图层 1"。

【Step2】选择"椭圆选框工具" ，在其选项栏设置"羽化"为 10 像素，在"首页"所在的位置绘制椭圆选区，将其填充为浅棕色（RGB：187、138、76），按【Ctrl+D】组合键取消选择，效果如图 3-82 所示。

【Step3】选中"图层 1"，按【Ctrl+T】组合键，将它的高度进行压缩，效果如图 3-83 所示。

【Step4】选择"直线工具" ，绘制一条 1 像素宽的水平直线，设置"填充"为浅棕色（RGB：187、138、76），如图 3-84 所示。

图3-82　绘制椭圆选区并填充　　图3-83　将"图层1"压扁　　图3-84　绘制直线并填充

【Step5】使用"多边形工具" ，绘制一个三角形，对其角度进行适当调整，效果如图 3-85 所示。

【Step6】选择"矩形 1"图层，按【Ctrl+Alt+Shift+N】组合键新建图层，得到"图层 2"。

【Step7】再次使用"椭圆选框工具"绘制一个椭圆选区，将其填充为白色，作为高光。按【Ctrl+D】组合键取消选择，高光效果如图 3-86 所示。

图3-85　绘制三角形　　　　　　　图3-86　高光效果

【Step8】选中"图层 2"，按【Ctrl+T】组合键对其进行变换，变换高光效果如图 3-87 所示。按【Enter】键确认变换。

【Step9】将"图层 2"的不透明度设置为 30%，更改不透明度的高光效果如图 3-88 所示。

图3-87　变换高光效果　　　　　　图3-88　更改不透明度的高光效果

【Step10】执行"文件→存储"命令（或按【Ctrl+S】组合键），将文件保存在指定文件夹。

至此，咖啡网站导航栏设计完成，导航栏的最终效果如图 3-14 所示。

3.3　【任务 4】咖啡网站 Banner 设计

　　Banner 是互联网广告中最基本、最常见的广告形式，当用户访问电商网站时，第一眼获取的信息非常关键，直接影响了用户在网站的停留时间和访问深度。然而仅凭文字的堆积，很难直观又迅速地传递给用户关键信息，这时就需要 Banner 将文字信息图片化，通过更直观的信息展示提高页面转化率。一个优秀的 Banner 要从主题内容、表现形式、颜色等多方面综合考虑完成其风格的表现。本节将设计一款以咖啡为主题的 Banner，通过学习本任务，读者可以掌握钢笔工具的基本操作。

3.3.1　任务描述

　　本任务是为知味 coffee 网站首页设计一个 Banner，主题内容为"知你的味道"。要求主色为深棕色或咖啡色，并且根据主题搜索素材，可适当匹配文案。咖啡网站 Banner 设计效果如图 3-89 所示。

图3-89　咖啡网站Banner设计效果

3.3.2　知识点讲解

1. 路径和锚点

路径和锚点是任何一个矢量图形都不可或缺的元素。通过对形状工具的学习，用户会发现形状的边缘会有一圈明显的"细线"和细线两端的"端点"，如图 3-90 所示。

在图 3-90 中，"细线"被称为"路径"；"端点"被称为"锚点"。路径的绘制方法与矢量图形类似，选择形状工具，然后在其选项栏中单击"工具模式"按钮 形状 ，在弹出的下拉列表中选择"路径"选项。按住鼠标左键不放并在窗口中拖动，即可绘制规则的路径，如图 3-91 所示。

锚点是指路径上用于标记关键位置的转换点。路径通常由一条或多条直线段或曲线段组成，而每条直线段或曲线段上可以有多个锚点。锚点如图 3-92 所示。

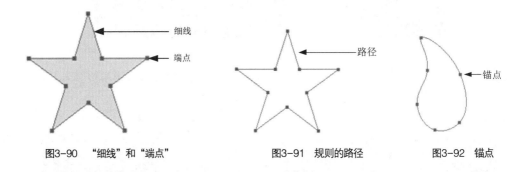

图3-90　"细线"和"端点"　　　　图3-91　规则的路径　　　　图3-92　锚点

> **注意：**
>
> 路径可以是闭合的，也可以是开放的。

2. 钢笔工具

"钢笔工具" 用于绘制自定义的形状或路径，也可以对背景复杂的图像进行抠图。选择"钢笔工具"，在其选项栏中设置相应的工具模式，例如形状、路径等，即可在画布中绘制相应的元素。"钢笔工具"绘制的形状和路径如图 3-93 和图 3-94 所示。

图3-93　钢笔工具绘制的形状　　　　　　　图3-94　钢笔工具绘制的路径

使用"钢笔工具"进行抠图时，若需要将其转换成选区，可在绘制好的路径上右击，会弹出快捷菜单，在快捷菜单中选择"建立选区"选项，如图 3-95 所示。

此时，会弹出"建立选区"对话框，在对话框中可设置选区的羽化等参数，确定参数的设置后，即可将路径转换为选区，如图 3-96 所示。

路径　　　　　　　　　　建立选区

图3-95　选择"建立选区"选项　　　　　图3-96　将路径转换为选区

在使用"钢笔工具"绘制路径时，可分为绘制直线路径和绘制曲线路径。下面对绘制路径的方法进行讲解。

（1）绘制直线路径

选择"钢笔工具" ，在画布上单击，可创建路径的第一个锚点。在该锚点附近再次单击，两个锚点之间即会形成一条直线路径，如图 3-97 所示。

另外，在绘制直线路径时，按住【Shift】键不放，可绘制水平线段、垂直线段、45° 或 45° 倍数的斜线段。45° 倍数的斜线段如图 3-98 所示。

图3-97　直线路径　　　　　　　　　　图3-98　45° 倍数的斜线段

（2）绘制曲线路径

使用"钢笔工具" 在画布上单击并拖动鼠标可创建平滑点，从而创建曲线。首先创建路径的第一个锚点，在该锚点附近再次单击并拖动鼠标可创建一个平滑点，两个锚点之间会形成一条曲线路径，如图 3-99 所示。

在使用"钢笔工具"时，有一些实用的小技巧：

● 绘制曲线路径时，按住【Ctrl】键不放，"钢笔工具"会暂时转换为"直接选择工具" ，可以调整曲线路径的弧度，如图 3-100 所示。

图3-99　曲线路径　　　　　　　　　　图3-100　调整曲线路径的弧度

● 按住【Alt】键不放，"钢笔工具"会暂时转换为"转换点工具" 。"转换点工具"可以使平滑点和角点之间相互转换。将光标放置在平滑的锚点上单击可将平滑点转换为角点，如图 3-101 所示。按住【Alt】

键不放，单击角点并拖动，可将角点转换为平滑点，如图 3-102 所示。

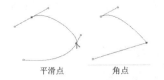

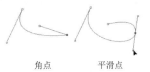

图3-101 将平滑点转换为角点   图3-102 将角点转换为平滑点

- 将光标放置在路径上，"钢笔工具"会暂时转换为"添加锚点工具" ，单击可在光标所在位置添加锚点。
- 将光标放置在锚点上，"钢笔工具"会暂时转换为"删除锚点工具" ，单击可删除对应的锚点。

注意：

将路径转换为选区时，可能会出现自动反向的情况，这是由于在绘制路径时，不小心设置了选项栏的"路径操作" 。

3. 弯度钢笔工具

"弯度钢笔工具" 可以轻松绘制弧线路径并快速调整弧线的位置、弧度等，用于创建线条比较圆滑的路径和形状。在"钢笔工具"上右击，会弹出工具组，在工具组中选择"弯度钢笔工具"，如图 3-103 所示。

在图像上合适的位置单击，确定第一个锚点，紧接着确认第二个锚点，此时，两个锚点之间形成了一条直线路径，如图 3-104 所示。

用同样的方式再添加一个锚点，这时三个锚点就形成了一条弧线，如图 3-105 所示。

图3-103 选择"弯度钢笔工具"   图3-104 两个锚点之间形成了一条直线路径   图3-105 三个锚点就形成了一条弧线

将光标放在锚点上，进行适当移动，可以使路径贴合图像，如图 3-106 所示。

4. 选择和调整路径

在 Photoshop 中，选择路径的工具是"路径选择工具" ，调整路径的工具是"直接选择工具" 。

使用"路径选择工具"时，在路径上单击，即可选择路径和所有锚点，如图 3-107 所示。

选择路径后，按住路径进行拖动，可随意移动路径的位置。当绘制的路径或形状不符合需求时，可以使用"直接选择工具"对路径进行调整。在工具栏中右击"路径选择工具" ，在弹出的工具组中选择"直接选择工具" ，如图 3-108 所示。

图3-106 使路径贴合图像   图3-107 选中路径和所有锚点   图3-108 选择"直接选择工具"

使用"直接选择工具"单击一个锚点，即可选中该锚点。被选中的锚点为实心方块，未选中的锚点为空心方块，选中和未选中的锚点如图 3-109 所示。

用鼠标拖动已选中的锚点可以移动锚点，从而调整相应的路径，如图 3-110 所示。

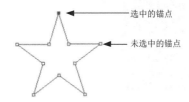

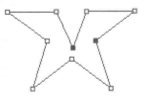

图3-109　选中与未选中的锚点　　　　图3-110　调整相应的路径

值得一提的是，使用【→】、【←】、【↑】、【↓】方向键可以以 1 像素的距离为基准移动锚点的位置，当按住【Shift】键的同时按方向键可将锚点向对应的方向移动 10 像素的距离。

5. 设置文字属性

当完成文字的输入后，如果发现文字的属性（例如字间距、段落的行距等）与整体效果不太符合时，就需要对文字的相关属性进行细节上的调整。在 Photoshop 中，提供了"字符"面板和"段落"面板，分别用于设置文字和段落的属性。

（1）"字符"面板

设置文字的属性主要是在"字符"面板中进行。执行"窗口→字符"命令（或在文字编辑状态按【Ctrl+T】组合键），即可弹出"字符"面板，如图 3-111 所示。

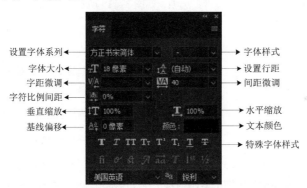

图3-111　"字符"面板

对"字符"面板中的主要选项说明如下。

* 设置行距：用于设置文本中各行之间的垂直间距。
* 字距微调：用于设置两个字符之间的间距。在两个字符间单击，调整参数即可。
* 间距微调：可调整多个选中字符的字符间距。
* 字符比例间距：用于设置所选字符的比例间距。
* 垂直缩放／水平缩放：垂直缩放用于调整字符的高度；水平缩放用于调整字符的宽度。这两个缩放百分比相同时，可进行等比缩放。
* 基线偏移：用于控制字符与基线的距离，可以升高或降低所选字符。
* 特殊字体样式：用于创建粗体、斜体等文字样式，以及为字符添加下划线、删除线等文字效果。

（2）"段落"面板

"段落"面板用于设置段落的属性。执行"窗口→段落"命令，即可弹出"段落"面板，如图 3-112 所示。

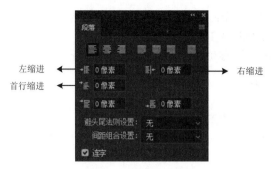

图3-112　"段落"面板

对"段落"面板的主要选项说明如下。

- 左缩进 ：横排文字从段落的左边缩进，直排文字从段落的顶端缩进。
- 右缩进：横排文字从段落的右边缩进，直排文字从段落的底部缩进。
- 首行缩进：用于缩进段落中的首行文字。

6. 自定形状工具

"自定形状工具" 可以创建 Photoshop 预设的形状、自定义的形状或者载入的形状。在"自定形状工具"的选项栏中，单击"形状"右侧的下拉列表，弹出"自定形状"选项面板，如图 3-113 所示。

在"自定形状"选项面板中预设了许多常用的形状，单击面板右侧的 按钮，在弹出的菜单列表中选择"全部"选项，如图 3-114 所示。此时会弹出提示框，如图 3-115 所示。

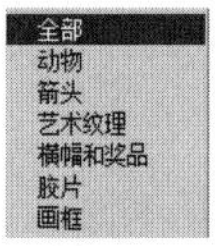

图3-113　"自定形状"选项面板

图3-114　选择"全部"选项

图3-115　提示框

在图 3-115 所示的提示框中单击"确定"按钮，即可将所有的形状载入面板中。在"自定形状"选项面板中，选中需要的图形，在画布中拖动即可绘制形状。在绘制的过程中，按住【Shift】键不放，可保持图形等比例缩放。等比例缩放和不等比例缩放的自定形状对比如图 3-116 所示。

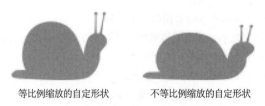

等比例缩放的自定形状　　　　　不等比例缩放的自定形状

图3-116　等比例缩放和不等比例缩放的自定形状对比

7. 吸管工具

在图像处理的过程中，经常需要获取图像中某处的颜色，这时就要用到"吸管工具" 。在工具栏中选择"吸管工具"（或按【I】键），将鼠标移动至文档窗口，当光标呈 样式时在取样点单击进行取样，如图 3-117 所示。

吸取颜色后工具栏中的前景色就会替换为取样点的颜色。使用"吸管工具"时，按住【Alt】键单击，可以将单击处的颜色拾取为背景色。

图3-117　在取样点单击进行取样

8. 魔棒工具

"魔棒工具" 是基于色调和颜色差异来构建选区的工具，它可以快速选择色彩变化不大且色调相近的区域。选择"魔棒工具"（或按【W】键），在图像中单击，如图 3-118 所示，与单击点颜色相近的区域都会被选中，如图 3-119 所示。

图3-118　在图像中单击

图3-119　颜色相近的区域都会被选中

图 3-120 展示的是"魔棒工具"的选项栏，通过设置其中的"容差"和"连续"选项可以控制选区的精确度和范围。

图3-120　"魔棒工具"选项栏

对"容差"和"连续"选项的讲解如下。

● 容差：容许差别的程度。在选择相似的颜色区域时，容差值的大小决定了选择范围的大小，容差值越大则选择的范围越大。容差值为 10 和容差值为 100 的对比如图 3-121 和图 3-122 所示。容差值默认为 32，设计者可根据选择的图像不同增大或减小容差值。

图3-121　容差值为10

图3-122　容差值为100

● 连续：勾选该复选框时，只选择颜色连接的区域；取消勾选时，可以选择与鼠标单击点颜色相近的所有区域，包括没有连接的区域。当容差为 100 时，勾选"连续"和未勾选"连续"的效果如图 3-123 和图 3-124 所示。

图3-123　勾选"连续"的效果

图3-124　未勾选"连续"的效果

3.3.3 任务分析

咖啡网站的主题是咖啡，Banner 的主题是"知你的味道"，根据这两条线索，可以在选取素材的时候选择一个装满咖啡的咖啡杯为元素，再配上一些文案，这样既可以突出咖啡网站，也可以勾起访问者购买咖啡的欲望。本案例选取的 Banner 背景尺寸为 1920 像素 × 472 像素。在制作时，可将版心设置为 1200 像素。

3.3.4 任务制作

将任务进行分析后，下面我们根据本节所学的知识点来制作 Banner。在制作时，可将任务拆解为 3 个大步骤，依次是设置 Banner 背景元素、调整元素背景细节和添加文字。详细步骤如下。

1. 设置 Banner 背景元素

【Step1】在 Photoshop 中打开素材"Banner 背景.jpg"，如图 3-125 所示。

图3-125　素材"Banner背景.jpg"

【Step2】依次按【Alt】→【V】→【E】键在垂直方向的 360 像素和 1560 像素处创建参考线，如图 3-126 所示。

图3-126　创建参考线

【Step3】用 Photoshop 打开素材"白色咖啡杯.jpg"，如图 3-127 所示。

【Step4】选择"钢笔工具" ，将光标放置在底盘的边缘，单击确定第一个锚点，如图 3-128 所示。

【Step5】在第一个锚点附近的转折点处再次单击并拖动，直到路径与图像贴合。释放鼠标，得到第二个锚点，如图 3-129 所示。

图3-127　素材"白色咖啡杯.jpg"　　图3-128　确定第一个锚点　　　　图3-129　第二个锚点

【Step6】将光标移动到第二个锚点处，按住【Alt】键，当光标变成 时左击，将其转换为角点，如图 3-130 所示。

【Step7】按照 Step5 和 Step6 的方法，绘制咖啡杯轮廓的路径，绘制完成的效果如图 3-131 所示。

图3-130　转换为角点

图3-131　绘制完成的效果

【Step8】在图像上右击，在弹出的菜单中选择"建立选区"选项，如图 3-132 所示。建立选区的效果如图 3-133 所示。

图3-132　选择"建立选区"选项

图3-133　建立选区的效果

【Step9】按【Ctrl+Shift+I】组合键，将选区反向，按【Ctrl+J】组合键复制选区内的图像，使用"移动工具" ，将复制的图像拖动到"Banner 背景"画布中，如图 3-134 所示，得到"图层 1"。

图3-134　将复制的图像拖动到"Banner背景"画布中

【Step10】在"图层"面板中，右击"图层 1"，在弹出的菜单中选择"转换为智能对象"选项，如图 3-135 所示。

【Step11】将"图层 1"调整至图 3-136 所示的大小和位置。

【Step12】按照调整咖啡杯的方法，将素材"勺子.jpg"中的勺子也添加到"Banner 背景"画布中，调整勺子大小和位置，如图 3-137 所示，得到"图层 2"。

图3-135　选择"转换为智能对象"选项

图3-136　调整"图层1"大小和位置

图3-137　调整勺子大小和位置

2. 调整元素背景细节

【Step1】选中背景图层，按【Ctrl+Alt+Shift+N】组合键新建图层，得到"图层 3"。

【Step2】选择"椭圆选框工具" ，在其选项栏设置"羽化"为 15 像素，绘制椭圆选框，如图 3-138 所示。

【Step3】使用"吸管工具"  在背景边缘处左击，吸取深棕色，按【Alt+Delete】键将选区填充为前景色，按【Ctrl+D】组合键取消选择。选区填充的效果如图 3-139 所示。

【Step4】按【Ctrl+T】组合键，调出定界框，按住【Shift】键，对"图层 3"进行变换，按【Enter】键确认变换。变换后的效果如图 3-140 所示。

图3-138　绘制椭圆选框　　　　　　图3-139　选区填充的效果　　　　　　图3-140　变换后的效果

【Step5】按照 Step1～Step4 的方法，新建图层并为勺子添加投影，勺子的投影如图 3-141 所示。

3. 添加文字

【Step1】选中除背景图层外的所有图层，按【Ctrl+G】组合键将它们编组，并将组命名为"咖啡杯"。

【Step2】选择"横排文字工具" ，在其选项栏设置字体为"宋体"，设置颜色为白色。在图像上依次输入"知"和"你的味道"并调整其大小和位置，如图 3-142 所示。

图3-141　勺子的投影　　　　　　　　　　图3-142　输入文字并调整其大小和位置

【Step3】选择"直线工具" ，在两组文字之间的空隙处绘制一条 1 像素、倾斜 45° 的白色斜线，如图 3-143 所示，得到"形状 1"图层。

【Step4】选择"自定形状工具" ，接着在其选项栏中单击"形状"下拉按钮，然后在弹出来的选项面板中单击 按钮，再在菜单中选择"全部"选项，最后在弹出的提示框中单击"确定"按钮，将全部形状载入选项面板中。

【Step5】在选项面板中选中"横幅 3"形状，如图 3-144 所示。

 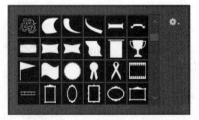

图3-143　绘制斜线　　　　　　　　　图3-144　选中"横幅3"形状

【Step6】在画布中绘制横幅形状，大小和颜色如图 3-145 所示，得到"形状 2"图层。

【Step7】选择"横排文字工具" ，在其选项栏设置字体为"微软雅黑"、字体样式为"Regular"、消除锯齿的方式为"锐利"、字体颜色为深棕色（RGB：65、30、11）。

【Step8】在图像上输入"悠闲享受属于你　下午时光"（中间有空格），调整文字的大小和位置，如图 3-146 所示。

 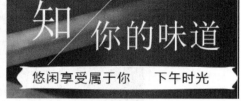

图3-145　绘制横幅形状　　　　　图3-146　输入文字并调整文字的大小和位置

【Step9】选择"横排文字工具" **T**，在其选项栏设置字体为"方正古隶简体"、字体颜色为白色。在图像上输入"的"，如图 3-147 所示。

【Step10】选中"形状 2"图层，使用"椭圆工具" ⬭，在横幅的上方绘制一个深棕色（RGB：65、30、11）的正圆形，其位置和大小如图 3-148 所示。

图3-147　输入"的"　　　　　　　图3-148　绘制正圆

【Step11】将 Step9 输入"的"的位置和大小调整至图 3-149 所示的位置。

图3-149　调整"的"的位置和大小

【Step12】使用"横排文字工具" **T** 输入剩余文字，并对其显示样式进行调整，效果如图 3-150 所示。

图3-150　输入其余文字

【Step13】执行"文件→存储"命令（或按【Ctrl+S】组合键），将文件保存在指定文件夹。

至此，咖啡网站 Banner 制作完成，最终效果如图 3-89 所示。

3.4 【任务 5】咖啡网站首页设计

网站首页是网站整体形象的浓缩，直接决定了访问者是继续深入访问还是直接跳出。在进行网站首页设计时，不仅要把握好色彩与图像的关系，更要合理安排每一个栏目的内容版块。本任务将设计一款关于咖啡网站的首页。通过本任务的学习，读者可以掌握渐变工具和圆角矩形等工具的基本操作。

3.4.1 任务描述

知味咖啡网站首页以其独特、简约的设计风格，彰显其咖啡饮品的高品质。本次任务是为知味咖啡网站设计一个首页，要求结合公司的特点和理念，设计一个简约、大气、宁静、典雅的网站首页，同时在首页中重点突出咖啡的美味与性价比。图 3-151 为咖啡网站首页设计效果。

图3-151　咖啡网站首页设计效果

3.4.2　知识点讲解

1. 图框工具

"图框工具"可以为图像创建占位符图框。选择"图框工具"⊠，在画布中单击并拖动，可创建一个图框层，如图 3-152 所示。

图3-152　创建一个图框层

此时，选中一幅图像，将其拖动到该图框上，当光标变成 时，如图 3-153 所示，释放鼠标，图像就会被置入图框中并自动缩放，与图框大小进行匹配，如图 3-154 所示。

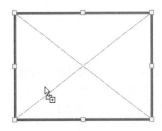

图3-153　当光标变成 时　　　　　　　图3-154　图像自动缩放与图框大小进行匹配

置入图框内的图像会以智能对象存在，实现无损缩放。在 Photoshop 中，设计者选中"图框工具"后，在其选项栏中可以选择图框选项，绘制矩形图框或椭圆形图框，如图 3-155 所示。

当然，还可以将形状或文本转化为图框，并使用图像来填充图框，在形状或文本图层上右击，在弹出的菜单中选择"转换为图框"选项，即可将其形状或文本转换为图框。例如，图3-156 描述的就是填充文本图框的过程。

文本　　　　　　　　　　转换为图框

图像填充图框

图3-155　选择图框选项　　　　　　　　　　　图3-156　填充文本图框的过程

设计者若想调整图框内图像的位置或大小，单击"图层"面板中图框后面的图像即可选中图框中的图像，对其进行下一步操作即可。同样，在"图层"面板中选中图框可以对图框进行调整。若想更换图框中的图像，那么将新图像拖到图框中可自动替换原图像。

2. 渐变工具

选择"渐变工具" （或按【G】键）后，可以先在其选项栏中选择一种渐变类型，并设置渐变颜色等选项，再来绘制渐变，如图 3-157 所示。

图3-157　"渐变工具"选项栏

为了使读者更好地理解"渐变工具"，接下来我们对图 3-157 中的渐变选项进行具体讲解。

● 渐变颜色条 ：渐变颜色条中显示了当前的渐变颜色，单击它右侧的 按钮，可以在打开的预设渐变的下拉面板中选择一个预设渐变，如图 3-158 所示。

图3-158　预设渐变的下拉面板

● 渐变类型 ：用于设置渐变类型，从左到右依次为线性渐变、径向渐变、角度渐变、对称渐变和菱形渐变。图 3-159～图 3-163 为这些渐变类型的渐变效果。

图3-159　线性渐变

图3-160　径向渐变

图3-161　角度渐变

图3-162　对称渐变

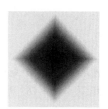

图3-163　菱形渐变

- 模式 模式：正常 ▾：用来选择渐变时的混合模式。
- 不透明度 不透明度：100% ▾：用来设置渐变效果的不透明度。
- 反向 □ 反向：勾选此项，可转换渐变中的颜色顺序，得到反方向的渐变效果。
- 仿色 ☑ 仿色：勾选此项，可以使渐变效果更加平滑，主要用于防止打印时出现条带化现象，在屏幕上不能明显地体现出作用。默认为勾选状态。
- 透明区域 ☑ 透明区域：勾选此项，即可启用编辑渐变时设置的透明效果，创建包含透明像素的渐变。默认为勾选状态。

设置好渐变参数后，将光标移至需要填充的区域，按住鼠标左键并拖动，如图 3-164 所示，即可进行渐变填充，如图 3-165 所示（这里使用的是线性渐变）。

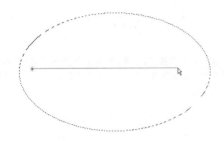

图3-164　按住鼠标左键并拖动

图3-165　渐变填充

在进行渐变填充的过程中，设计者可根据需求调整鼠标拖动的方向和范围，以得到不同的渐变效果。

3. 渐变编辑器

除了使用系统预设的渐变选项外，设计者还可以通过"渐变编辑器"自定义各种渐变效果，具体方法如下。

- 在"渐变工具"选项栏中单击"渐变颜色条" ▭，弹出"渐变编辑器"对话框，如图 3-166 所示。

图3-166　"渐变编辑器"对话框

- 将光标移至"渐变颜色条"的下方，当光标变为 🖑 形状后点按即可添加色标，如图 3-167 所示。添加色标的结果如图 3-168 所示。

图3-167 点按添加色标

图3-168 添加色标的结果

● 如果想删除某个色标，只需将该色标向下拖出对话框，或单击该色标，然后单击"渐变编辑器"对话框下方的"删除"按钮。

● 单击图 3-168 中的色标，将弹出"拾色器（色标颜色）"对话框，如图 3-169 所示。在该对话框中可以更改色标的颜色，更改后的色标如图 3-170 所示。

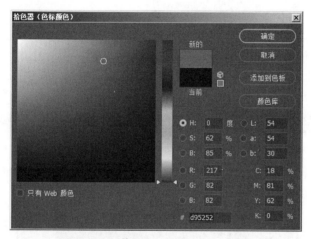

图3-169 "拾色器（色标颜色）"对话框

图3-170 更改后的色标

● 在"渐变颜色条"的上方单击可以添加不透明度色标，通过"色标"栏中的"不透明度"和"位置"可以设置不透明度和不透明度色标的位置，如图 3-171 所示。

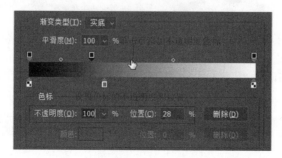

图3-171 设置不透明度和不透明度色标的位置

● 拖动两个渐变色标之间的菱形中点，可以调整色标两侧颜色的混合位置，如图 3-172 所示。

图3-172　调整色标两侧颜色的混合位置

4. 裁剪工具

"裁剪工具"可以对图像进行裁剪，以做到对图像的二次构图。在 Photoshop 中，使用"裁剪工具"可以向里拖动对图像进行修剪，也可向外拖动增大画布，即重新定义画布的大小。选择"裁剪工具" （或按【C】键），画面的四周会出现裁剪框（类似于自由变换中的定界框）。将光标定位在边框的边点或角点处，向内拖动，会发现边框以外的区域变成灰色，如图 3-173 所示。确定好裁剪框的位置后按【Enter】键即可完成图像的裁剪，如图 3-174 所示。

图3-173　边框以外的区域变成灰色　　　　　图3-174　图像裁剪后的效果

选择"裁剪工具"后，将光标定位在边框的边点或角点处，向外拖动，会发现增大的区域填充为当前的背景色，如图 3-175 所示。

图3-175　增大的区域填充为当前的背景色

在"裁剪"图像时，除了可以通过控制裁剪框的范围来调整图像的范围外，还可按住鼠标左键不放拖动，以框选的方式来确定目标图像的范围。

除此之外，设计者还可以在"裁剪工具"的选项栏中设置裁剪的相关参数。图 3-176 所示的是"裁剪工具"选项栏。

图3-176　"裁剪工具"选项栏

下面对"裁剪工具"选项栏中常用的参数及其作用进行讲解。

- 裁剪方式：包括"比例""原始比例""新建裁剪预设""删除裁剪预设"等选项，用户可以输入宽度、高度和比例等，裁剪后图像的尺寸和比例由输入的数值决定。
- 拉直：单击该按钮，可以通过在图像上画一条线来拉直该图像，常用于校正倾斜的图像。
- 裁剪工具的叠加选项：在该下拉列表中，可以选择裁剪参考线的样式和叠加方式。
- 删除裁剪的像素：用于删除裁剪掉的部分。当不勾选该复选框时，Photoshop 会将裁剪工具裁掉的部分保留，可以随时还原。
- 内容识别：用于填充因裁剪而空白的区域。当使用"裁剪工具"对图像进行裁剪时，勾选该复选框，那么多出来的区域不是空白的背景色，而是系统根据图像中的像素对空白的区域进行智能填充的颜色。勾选"内容识别"复选框前后对比如图 3-177 所示。

勾选"内容识别"前　　　　　　　　　　　　　　勾选"内容识别"后

图3-177　勾选"内容识别"前后对比

5. 圆角矩形工具

"圆角矩形工具"■常用来绘制具有圆滑拐角的矩形。在使用"圆角矩形工具"时，需要先在其选项栏中设置圆角"半径"，如图 3-178 所示。

图3-178　"圆角矩形工具"选项栏

在"圆角矩形工具"的选项栏中，圆角"半径"用来控制圆角矩形圆角的平滑程度，半径越大越平滑。当半径为 0 时，创建的矩形为直角矩形；半径为 30 和半径为 0 的圆角矩形分别如图 3-179 和图 3-180 所示。

图3-179　半径为30的圆角矩形　　　　　　　　　　图3-180　半径为0的圆角矩形

值得一提的是，用户在绘制圆角矩形时，可以通过"属性"对话框更加灵活地调整和编辑圆角矩形的圆角半径。"属性"对话框如图 3-181 所示。

在图 3-181 所示的"属性"对话框中，设计者可以通过输入相应的数值，灵活控制圆角半径。例如，绘制一个右上圆角半径为 50 像素、左下圆角半径为 100 像素的圆角矩形，其属性设置如图 3-182 所示，设置属性后的圆角矩形样式如图 3-183 所示。

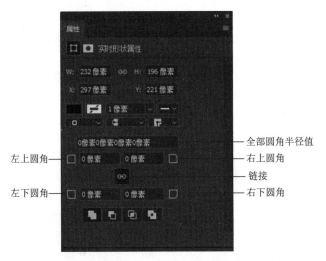

图3-181　"属性"对话框

图3-182　属性设置

图3-183　设置属性后的圆角矩形样式

值得一提的是，在"属性"面板中包含一个"链接"按钮 ，选中该按钮时，表示将四个圆角的值链接在一起，当更改其中一个圆角的数值时，其他三个圆角也会跟着改变。

3.4.3　任务分析

在网站首页设计中，排版布局尤其重要。合理的排版布局可以让整个页面显得整齐、有序。网站首页布局的基本结构包括引导栏、导航栏、Banner、内容区域和版权信息五部分。下面以目前最常见的尺寸 1920 像素 × 1080 像素进行设计。

3.4.4　任务制作

将任务进行分析后，下面我们根据本节所学的知识点来完成制作任务。在制作时，可将任务拆解为 4 个大步骤，依次是制作引导栏、制作小标题、制作店内热销区域、制作最新推出和版权信息区域。详细步骤如下。

1. 制作引导栏

【Step1】在 Photoshop 中执行"文件→新建"命令（或按【Ctrl+N】组合键），在弹出的"新建文档"对话框中设置画布参数，如图 3-184 所示。单击"创建"按钮，完成画布的创建。

【Step2】按【Alt+Delete】组合键，将背景填充为黑色。

【Step3】依次按【Alt】→【V】→【E】键在垂直方向的 360 像素和 1560 像素处、水平方向的 38 像素处创建参考线，如图 3-185 所示。

图3-184　设置【任务5】画布参数

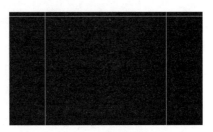

图3-185　创建参考线

【Step4】选择"横排文字工具" T，在其选项栏中设置字体为"宋体"、大小为 12 像素、消除锯齿的方式为"无"、颜色为灰色（RGB：128、128、128），在画布中输入文字，并将其移动到合适位置，如图 3-186 所示。

图3-186　在画布中输入文字并移动位置

【Step5】将素材"导航栏.jpg"和"Banner.jpg"拖动到画布中，并使用"移动工具" ✛ 将其放置在图 3-187 所示的位置。

图3-187　将素材拖动到画布中

2. 制作小标题

【Step1】选中背景图层，按【Ctrl+Alt+Shift+N】组合键，在背景图层的上方创建新图层，得到"图层 1"。

【Step2】选择"渐变工具" ▓，在选项栏中单击"渐变颜色条"，弹出"渐变编辑器"对话框，如图 3-188 所示，在对话框中设置参数，完成后，单击"确定"按钮。

【Step3】在画布中按住鼠标左键不放进行拖动，绘制渐变，如图 3-189 所示。绘制渐变后的效果如图 3-190 所示。

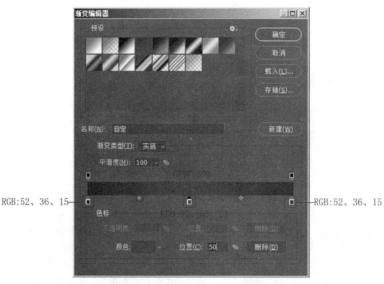

图3-188　"渐变编辑器"对话框

RGB:52、36、15

RGB:52、36、15

图3-189　绘制渐变

图3-190　绘制渐变后的效果

【Step4】选中"图层 1"，按【Ctrl+T】组合键，调出定界框，按住【Shift】键将其高度进行压缩。高度压缩后效果如图 3-191 所示。

图3-191　高度压缩后效果

【Step5】选择"横排文字工具" T，在其选项栏中设置字体为"微软雅黑"、字体样式为"Regular"、大小为 24 点、消除锯齿的方式为"锐利"、颜色为白色，在画布中输入文字"店内热销"，并将其移动到合适位置，如图 3-192 所示。

图3-192　输入文字“店内热销”并移动

【Step6】选择“直线工具”，在其选项栏中设置填充为无、描边颜色为浅棕色（RGB：188、138、77）、描边粗细为1像素、描边类型为虚线，绘制两条虚线段，如图3-193所示。

图3-193　绘制两条虚线段

【Step7】选择“椭圆工具”，在其选项栏中设置填充为浅棕色（RGB：188、138、77），绘制两个椭圆，如图3-194所示。

图3-194　绘制两个椭圆

【Step8】选中直线、椭圆和“店内热销”文本所在的图层，按【Ctrl+G】组合键对它们进行编组，并重命名为“标题”。

3. 制作店内热销区域

【Step1】选择“图框工具”，绘制一个300像素×300像素的图框，如图3-195所示。

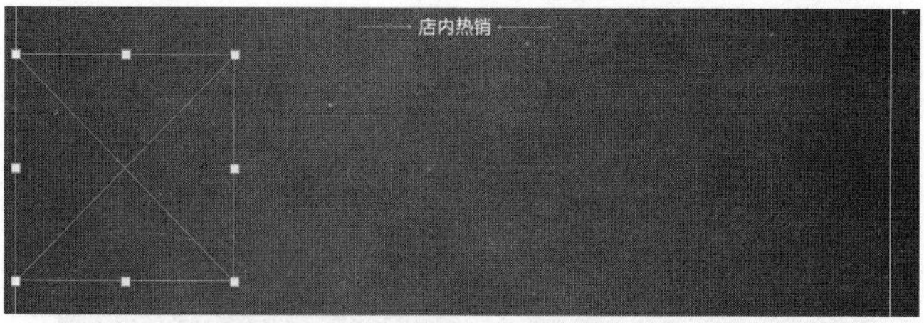

图3-195　绘制图框

【Step2】按住【Alt】键对图框进行拖动，复制图框，如图3-196所示。

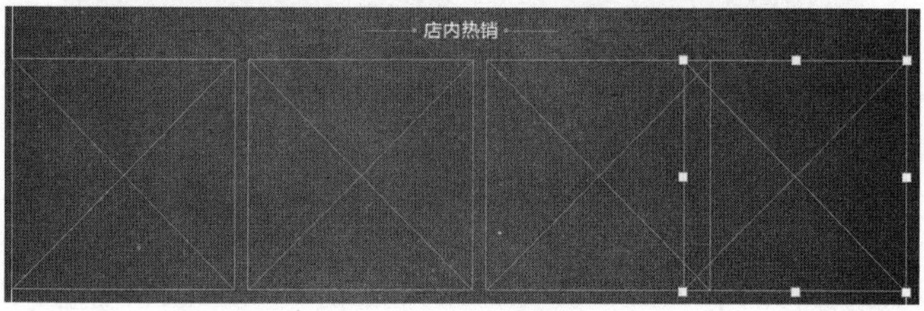

图3-196　复制图框

【Step3】选择"移动工具" ，选中所有图框图层，在"移动工具"的选项栏中单击"水平分布"按钮 对图框进行平均分布。平均分布图框的效果如图 3-197 所示。

图3-197　平均分布图框的效果

【Step4】选择"裁剪工具" ，将光标放在画布底部，当光标变成 时，向下拖动，对画布进行裁剪。

【Step5】选择"移动工具" ，选中"图层 1"，按【Ctrl+T】组合键，调出定界框，将其拉长，以填充画布，如图 3-198 所示。

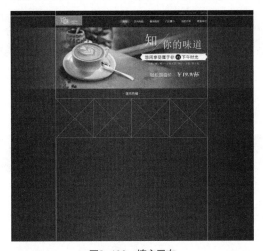

图3-198　填充画布

【Step6】选中四个图框所在的图层，对它们进行复制，复制图框后的效果如图 3-199 所示。

图3-199　复制图框后的效果

【Step7】删除图 3-200 中红框覆盖区域的图框。

【Step8】将素材"咖啡 1.jpg"拖动到第一个图框上，当光标变为 时，释放鼠标，效果如图 3-201 所示。

【Step9】按照 Step8 的方法，将"咖啡 2.jpg"～"咖啡 4.jpg"拖动到其余图框中，并适当调整素材的位置，如图 3-202 所示。

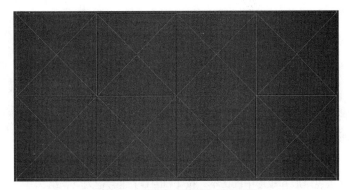

图3-200　删除红框覆盖区域的图框

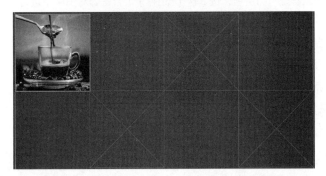

图3-201　将素材"咖啡1.jpg"拖动到第一个图框上

咖啡1　　　　　　　　　　　　咖啡2

咖啡3　　　　　　　　　　　　咖啡4

图3-202　将剩余素材拖动到其他图框上

【Step10】使用"矩形工具" 绘制一个 300 像素 × 300 像素的矩形，并将其填充为淡黄色（RGB：211、198、182），如图 3-203 所示。

图3-203　绘制矩形

【Step11】使用"横排文字工具" ，输入相关文本，调整文本大小、颜色和位置，效果如图 3-204 所示。

图3-204　输入相关文本

【Step12】选中淡黄色矩形和矩形中的文本，按【Ctrl+G】组合键为其编组，并重命名为"产品解说"。

【Step13】选中"产品解说"图层组，按 3 次【Ctrl+J】组合键，对图层组进行复制，依次将它们移动至合适位置，如图 3-205 所示。

图3-205　复制图层组

4. 制作最新推出和版权信息区域

【Step1】复制"标题"图层组，将其移动到合适位置，并更改标题中的文字，如图 3-206 所示。

图3-206　更改标题中的文字

【Step2】使用"图框工具" ⊠ 绘制一个 600 像素×350 像素的图框，并将素材"新品咖啡.jpg"拖动至图框中，如图 3-207 所示。

图3-207　将素材"新品咖啡.jpg"拖动至图框中

【Step3】打开文本素材"文案.txt"，依次按【Ctrl+C】组合键复制文本。在 Photoshop 中使用"横排文字工具" T 绘制段落文本框，依次按【Ctrl+V】组合键粘贴相关文本，调整文本大小、颜色和位置，如图 3-208 所示。

图3-208　粘贴相关文本

【Step4】选择"圆角矩形工具" ，在其选项栏中设置填充为浅棕色（RGB：188、138、77）、描边为无、圆角半径为 30 像素，绘制一个 168 像素×42 像素的圆角矩形，如图 3-209 所示。

图3-209　绘制圆角矩形

【Step5】使用"横排文字工具" ，输入"了解更多>>"，调整文本颜色、大小和位置如图 3-210 所示。

图3-210　输入"了解更多>>"

【Step6】将"图层 1"适当调整，留出版权信息位置，如图 3-211 所示。

图3-211　留出版权信息位置

【Step7】使用"横排文字工具" ，输入版权信息相关文本（本任务仅提供版权信息文字），调整文本颜色、大小和位置，如图 3-212 所示。

图3-212　输入版权信息相关文本

【Step8】执行"文件→存储"命令（或按【Ctrl+S】组合键），将文件保存在指定文件夹中。至此，咖啡网站首页制作完成，最终效果如图 3-151 所示。

3.5　本章小结

本章介绍了网页设计的相关知识，包括网页的基本结构、网页设计的尺寸规范；使用"文字工具""钢笔工具""图框工具"等制作了一个咖啡网站的导航栏、Banner 和首页。通过本章的学习，读者可以掌握网页设计的相关知识，以及"文字工具""钢笔工具"图框工具"等工具的使用技巧。

3.6　课后练习

学习完网页设计的相关内容，下面来完成课后练习吧：
请使用所学工具绘制图 3-213 所示的女鞋 Banner。

图3-213　女鞋Banner

第 **4** 章

书籍装帧

学习目标

★ 了解书籍装帧的相关知识，对书籍装帧的构成、原则和流程有一个基本了解。

★ 掌握画笔工具的使用，能够熟练运用画笔工具绘制图像。

★ 掌握选区的布尔运算，能够通过加、减等运算绘制不同样式的选区。

拓展阅读

运用 Photoshop 不仅可以完成 logo、网页这些与计算机相关的设计，还可以完成书籍装帧等与印刷相关的设计。本章将运用 Photoshop 中的画笔工具和选区的布尔运算等相关知识，对书籍装帧中常见的封面、插图和扉页等进行设计。

4.1 书籍装帧简介

书籍装帧是书籍生产过程中的一系列设计工作（也称"书籍艺术"），是在书籍生产过程中将材料和工艺、思想和艺术、外观和内容、局部和整体等统一在一起的设计艺术。设计者往往会将书籍的不同性质、用途和受众有机地结合起来，从而表现出书籍的丰富内涵。图4-1～图4-3分别展示的是书籍封面、扉页和插图的设计效果。

图4-1 封面设计效果

图4-2 扉页设计效果

图4-3　插图设计效果

4.1.1　书籍装帧的构成要素

书籍装帧包含了很多构成要素，例如封面、扉页、书脊、插图等，其中封面、扉页和插图是其中的三大主体构成要素。虽然书籍装帧的构成要素很多，但根据书籍装订种类的不同，一些构成要素可能会被省略，例如"堵头布""书签带"等。图 4-4 列举了书籍装帧的构成要素。

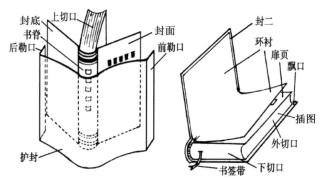

图4-4　书籍装帧的构成要素

对书籍装帧部分构成要素的具体解释如下。

- 封面：又称为书皮、封一，是指位于书籍正面最外一层，具有美化书籍、保护书心的作用。
- 封底：又称封四、底封，是指位于书籍反面的最外一层，一般的图书在封底印有条形码、统一书号和定价。
- 书脊：又称封脊，是连接封面和封底的转折部分，一般印有书名、作者名、出版社名，便于读者在书架上查找。
- 勒口：又称飘口、折口，是指书籍封皮的延长内折部分。通常编排作者或译者简介，同类书目或本书有关的图像，以及封面说明文字，也有空白勒口。
- 书签带：通常作为书签使用，装订时与堵头布同时粘在书脑（线装书打眼穿线部分，精装书串线订口处）上端，便于读者浏览阅读时作标记使用。
- 扉页：又称里封面或副封面，起到装饰作用，增加书籍的美观度。
- 插图：插装在书刊内，对正文进行补充说明的图像。

在实际工作中，设计者只有将各种构成要素结合在一起，进行整体、全面的协调设计，才能制作出优秀的书籍装帧作品。

4.1.2 书籍装帧的基本原则

优秀的书籍装帧应该是艺术性与功能性的完美统一，因此在设计中既要注重视觉的表现形式，还要遵循相关的设计原则。书籍装帧的基本原则包括以下几个方面。

1. 协调统一原则

书籍装帧设计应该遵循局部服从整体、形式服从内容的基本原则。书籍装帧中的每一个局部设计都是围绕一个主题——书籍内容开展的。简单地说，装帧设计必须反映和揭示书籍的内容和主题。如果装帧设计与书籍的内容和主题不相关，就会让读者产生误解，书籍的内容和主题也就无法正确传达。而且，各个局部之间的设计在整体的限制下要相互协调，例如图形图案与文字的协调、色彩与造型的协调等。图4-5 和图4-6 所示的是两个书籍封面。

图4-5　书籍封面1

图4-6　书籍封面2

图 4-5 所示的是童话类书籍的封面。童话类书籍往往通过丰富的幻想、夸张，以及拟人的手法塑造形象，创造适合儿童阅读的作品。因此在进行童话类书籍的封面设计时，设计者要根据儿童的欣赏角度进行设计。例如，采用卡通画、铅笔画等插图形式。

图 4-6 所示的是人物自传类书籍的封面。人物自传类书籍通常以记叙人物生平事迹为主，向读者明确传递出人物的特征，使人读后留有深刻印象。因此在进行人物自传类书籍封面设计时，设计者通常会将人物自身的肖像作为封面进行设计。

2. 主次关系原则

在制作书籍装帧作品时一定要主题突出，层次分明。例如，设计封面和扉页时，封面是主，扉页是次。扉页无论是在色彩方面还是在构图方面，都要弱于封面。书籍封面和扉页对比如图4-7 和图4-8 所示。

图4-7　书籍封面3

图4-8　书籍扉页

通过图 4-7 和图 4-8 的对比，我们可以看出，扉页相较于封面在颜色、构图和内容上均进行了弱化。

3. 可行性原则

在书籍装帧设计中，必须考虑生产工艺的可行性，例如制版的精度、印刷的色差、套版的准确性和装帧材料的特性等，同时还要考虑材料和制作成本。

4.1.3 书籍装帧的设计流程

书籍装帧是一个系统性的工作。一个优秀的书籍装帧作品，从接受任务、阅读原稿、设计构思、选择开本、绘制草图、设计制作到最终的制版印刷，每一个环节都必须认真对待。书籍装帧设计的基本流程如下。

1. 接受任务

接受任务是开启书籍装帧设计的序幕。任务委托方可以是出版社、企业和个人。设计者在接到任务后，需要多和委托方进行交谈，敏锐把握委托方的要求。

2. 阅读原稿

掌握了委托方的要求，就需要对书籍原稿进行阅读。原稿是书籍设计服务的对象，一本书设计成什么样一般都是由原稿的内容决定的。设计者只有认真阅读原稿，才能使书籍装帧充分演绎原稿内容、内涵和表达情感。原稿有时因为未发行而被保护，不允许查阅，设计者应从编辑处了解整本书的题材、基调和情感。设计者在这个环节中通常可以获取书籍装帧的主题，为后面的一系列流程奠定基础。

值得一提的是，在这个环节中，除了尊重原稿内容，委托方提供的一些要求和思路同样需要被重视和参考。

3. 设计构思

在进行设计构思时，要将书籍构成的诸多要素与书籍的内容、主题相统一；同时要确定制作规格，例如采用什么样的印刷工艺、材质等。此时需要对书籍装帧的各构成要素有一个整体的设计思路。

由于印刷工艺和材质直接影响书籍成本，在设计者构思设计效果的同时，应与委托方沟通书籍成本等事宜。

4. 选择开本

确定设计思路后，可以确定书籍开本。开本指的就是版面的大小，以全开纸为计算单位，全开纸通过裁切、折叠成多少小张就称为多少开本。通常会用几何开切法裁切纸张，它是以 2、4、8、16、32、64、128……的几何级数来开切的。图 4-9 所示的就是几何开切法裁切纸张的示意图。

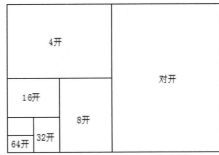

图4-9 几何开切法裁切纸张的示意图

在书籍装帧设计中，常见的开本有 32 开、16 开。印刷纸张的常用开本尺寸如表 4-1 所示。

表4-1 印刷纸张的常用开本尺寸

开本	正度	大度
16 开	185mm × 260mm	210mm × 285mm
32 开	185mm × 130mm	210mm × 140mm

表 4-1 列举的开本尺寸是标准的裁切方式，适用于大多数的书籍装帧设计。其中，正度是国内标准，整张纸尺寸为 1092mm × 787mm。例如，正度 16 开尺寸是 185mm × 260mm（接近我们常用 B5 纸大小）。大度是国际标准，整张纸尺寸为 1194mm × 889mm。例如，大度 16 开尺寸是 210mm × 285mm（接近我们常用 A4 纸大小）。书籍所用的开本多种多样，对一些不同的开本要求，只能通过特殊的裁切方式解决。

有时，开本的选择由出版社决定，这也和制作成本有一定的关系。

5. 绘制草图

开本确定之后，便正式进入设计阶段。在设计阶段，首先要绘制草图对设计概念进行初始化。草图以能够说明基本意向和概念为佳，通常不要求很精细。某书籍装帧的草图如图 4-10 所示。

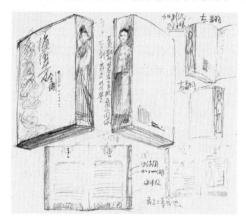

图4-10　某书籍装帧的草图

6. 设计制作

绘制好草图后，就需要在计算机上使用一些软件进行设计制作。在进行书籍装帧设计时，设计者要做到整体考虑、局部着手，从书籍的封面、扉页、书脊等构成要素着手进行设计，图 4-11 就是书籍装帧的部分构成要素设计。

图4-11　书籍装帧的部分构成要素设计

由于书籍装帧的构成要素较多，因此在设计时需要多个软件配合使用。例如 Photoshop、InDesign 等，Photoshop 常用于图形、图像的设计，InDesign 常用于文本内容的排版和制作。

7. 制版印刷

设计稿完成之后，如果出版社校对无误且没有修改意见，就可以进行制版、校对、印刷、装订等后续工作，完成书籍的设计制作。

4.2　【任务6】书籍封面制作

在当今浩如烟海的书籍世界中，封面是一个无声的"推销员"，它的优劣程度直接影响人们的购买欲望和阅读欲望。作为一本书的门面，一个优秀的封面往往能够反映书籍的内容和主题。本节将制作一个书籍封面，通过本任务的学习，读者可以掌握画笔、橡皮擦、套索等工具的操作。

4.2.1　任务描述

优秀的封面设计应该在内容的安排上做到繁而不乱、简而不空，彰显意境和格调的同时又能反映和揭示该书的内容和主题。本任务是为《中国诗词》设计一个书籍封面。委托方要求封面具有简洁典雅，并能彰显中国古典文化的设计格调。图 4-12 为《中国诗词》封面设计效果图。

图4-12　《中国诗词》封面设计效果图

4.2.2　知识点讲解

1. 画笔工具

"画笔工具" ![icon] 类似于传统的毛笔，它使用前景色绘制笔触或线条。"画笔工具"不仅能够绘制图画，还可以修改通道和蒙版。选择"画笔工具"，在图 4-13 所示的"画笔工具"选项栏中设置相关的参数，在画布中按住鼠标左键并拖动即可进行绘图操作。

图4-13　"画笔工具"选项栏

图 4-13 中展示了"画笔工具"的相关选项，对选项栏的各个选项具体介绍如下。

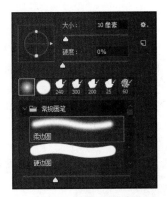

- "画笔预设"选取器：用于选择笔尖形状、设置画笔的大小和硬度。单击可打开画笔下拉面板，如图 4-14 所示。

在下拉面板中可对画笔进行相关设置。单击 ![icon] 按钮，可以导出画笔、载入画笔、使用旧版画笔等。

- 切换画笔面板：单击可调出"画笔"和"画笔设置"面板。
- 模式：用于选择画笔笔尖颜色与下面像素的混合模式。
- 不透明度：用来设置画笔的不透明度，该值越低，画笔的透明度越高。
- 流量：用于设置应用颜色的速率。流量越大，应用颜色的速率越快。

图4-14　画笔下拉面板

- 启用喷枪模式：单击该按钮即可启用喷枪模式，可根据鼠标左键单击程度来确定画笔线条的填充数量。
- 平滑：用于设置绘制线条的平滑度，数值越大，绘制出的线条越平滑，平滑对比效果如图 4-15 所示。

图4-15 平滑对比效果

- 设置平滑选项：用于设置平滑选项，包括拉绳模式、描边补齐、补齐描边末端等。
- 对称：单击该按钮可启用对称模式。

打开素材"杯子.jpg"，如图 4-16 所示。选择"画笔工具"，按住鼠标左键进行拖动，即可在素材上进行绘制，如图 4-17 所示。使用"画笔工具"时，在画面中单击，然后按住【Shift】键单击画面中的任意一点，两点之间会以直线连接，如图 4-18 所示。按住鼠标左键的同时按住【Shift】键拖动鼠标，可以绘制水平、垂直的直线。

图4-16 素材"杯子.jpg"　　　　图4-17 在素材上进行绘制　　　　图4-18 直线连接

值得一提的是，"画笔工具"也可以用来描摹路径。首先在表情图上绘制一个路径，如图 4-19 所示。选择"画笔工具"，设置画笔的笔尖大小和颜色。然后，打开"路径"面板，单击底部的"用画笔描边路径"按钮 ⭕，效果如图 4-20 所示。

图4-19 绘制一个路径　　　　　　　　　图4-20 画笔描边路径

2. 橡皮擦工具

"橡皮擦工具" （或按【E】键）可以擦除图像中的像素。如果擦除的是背景图层或锁定了透明区域的图层，则涂抹区域会显示为背景色，如图 4-21 所示；处理其他图层时，可擦除涂抹区域的像素，如图 4-22 所示。

图4-21　擦除背景图层

图4-22　擦除普通图层

选择"橡皮擦工具"时，其选项栏如图 4-23 所示。

图4-23　"橡皮擦工具"选项栏

在图 4-23 中，"模式"用于设置橡皮擦的种类，包括画笔、铅笔和块。如果选择"画笔"，可创建柔边擦除效果；选择"铅笔"，可创建硬边擦除效果；选择"块"，可创建方形擦除效果。勾选"抹到历史记录"复选框后，"橡皮擦工具"就具有历史记录画笔的功能，可以有选择地将图像恢复到指定步骤。

3. 套索工具

"套索工具"可以创建不规则的选区。选择"套索工具"（或按【L】键），在图像中按住鼠标左键不放并拖动，释放鼠标后，选区即创建完成。创建选区和创建选区后的效果如图 4-24 和图 4-25 所示。

使用"套索工具"创建选区时，若光标没有回到起始位置，释放鼠标后，终点和起点之间会自动生成一条直线来闭合选区。未释放鼠标之前按【Esc】键，可以取消选定。

4. 多边形套索工具

Photoshop 提供了"多边形套索工具"，用来创建一些不规则选区。在工具栏中右击"套索工具"，会弹出套索工具组，如图 4-26 所示。

图4-24　创建选区　　图4-25　创建选区后的效果　　　　图4-26　套索工具组

在套索工具组中选择"多边形套索工具"，光标会变成 ▷ 形状，在画布中单击确定起始点。接着，拖动光标至目标方向处依次单击，可创建新的节点，形成折线，如图 4-27 所示。然后，拖动光标至起始点位置，当终点与起始点重合时，光标状态变为 ▷₀，这时，再次单击，即可创建一个闭合选区，如图 4-28 所示。

图4-27　形成折线

图4-28　闭合选区

使用"多边形套索工具"创建选区时,有一些实用的小技巧,具体如下。

- 未闭合选区的情况下,按【Delete】键可删除当前节点,按【Esc】键可删除所有的节点。
- 按住【Shift】键不放,可以沿水平、垂直或 45°方向创建节点。

打开素材"城市天空.jpg",如图 4-29 所示。选择"多边形套索工具" ,在高楼的任一楼顶处单击创建起始点,拖动光标在每一个转折处依次单击创建节点,待终点与起始点重合时,即可形成天空选区,如图 4-30 所示。

图4-29 素材"城市天空.jpg"

图4-30 形成天空选区

4.2.3 任务分析

在进行书籍封面设计时,首先要确定封面的开本尺寸。本次任务选用正度 16 开(185mm×260mm)作为书籍封面的尺寸,书脊宽度设置为 20mm,出血尺寸为 3mm,封面的平面总尺寸应为 396mm×266mm。书籍封面的结构划分如图 4-31 所示。

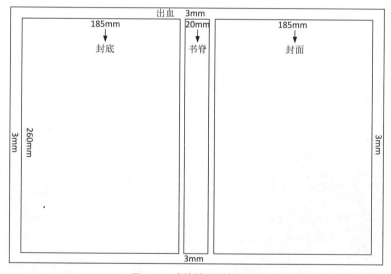

图4-31 书籍封面的结构划分

在设计风格上,该书籍属于古代诗歌类书籍,因此可以选择中国古典水墨风格;在颜色上,客户要求简洁典雅,因此可以用白灰色作为封面的主色调;在图案的选择上,则可以运用印章、水墨山水等彰显中国古典文化韵味的图形、图像。

4.2.4 任务制作

将任务进行分析后,下面我们根据本节所学的知识点来完成制作任务。在制作之前,需要将单位标尺切换至毫米。在制作时,可将任务拆解为 5 个大步骤,依次是制作封面背景、制作封面主体文字、制作封面装饰物、制作书脊,以及制作封底。详细步骤如下。

1. 制作封面背景

【Step1】在 Photoshop 中执行"文件→新建"命令（或按【Ctrl+N】组合键），在弹出的"新建文档"对话框中设置画布参数，如图 4-32 所示。单击"创建"按钮，完成画布的创建。

【Step2】依次按【Alt】→【V】→【E】键在 3mm、263mm 的位置创建水平参考线。

【Step3】按照 Step2 的方法，在 3mm、188mm、208mm、393mm 的位置创建垂直参考线，创建好的参考线如图 4-33 所示。

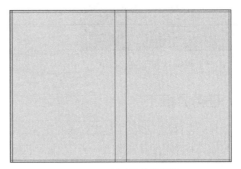

图4-32　设置【任务6】画布参数　　　　　　　图4-33　创建好的参考线

【Step4】将背景填充为浅灰色（CMYK：14、11、10、0）。

【Step5】按【Ctrl+Shift+Alt+N】组合键新建图层，得到"图层 1"。

【Step6】按【Ctrl+A】组合键全选，选择"选框工具"，在选区中右击，在弹出的菜单中选择"填充..."选项，会弹出"填充"对话框，在对话框中设置参数，如图 4-34 所示。

【Step7】按【Ctrl+D】组合键取消选择，填充后的效果如图 4-35 所示。

图4-34　"填充"对话框　　　　　　　　　图4-35　填充后的效果

【Step8】将"图层 1"的不透明度设置为 10%。

2. 制作封面主体文字

【Step1】选择"横排文字工具" ，在其选项栏设置字体为"华文行楷"、字体大小为 119 点、消除锯齿的方式为"锐利"、颜色为黑色，输入"诗"，"诗"的位置如图 4-36 所示。

【Step2】按照 Step1 的方法，在"诗"的下方输入"词"，"词"的位置如图 4-37 所示。

【Step3】按【Ctrl+J】组合键复制"词"所在的图层，得到"词拷贝"。将"词"图层填充为红色（CMYK：40、99、93、6）。

【Step4】选中两个"词"图层，右击，在弹出的菜单中选择"栅格化文字"选项，将文字栅格化。

【Step5】选择"橡皮擦工具" ，擦掉"词拷贝"图层中的偏旁，如图 4-38 所示。

图4-36 "诗"的位置　　　　　图4-37 "词"的位置　图4-38 擦掉"词拷贝"图层中的偏旁

【Step6】按照 Step5 的方法，擦掉"词"图层中的剩余部分（因为"词"处于下方，因此看不到效果）。

【Step7】按【Ctrl+T】组合键，对"词"图层进行等比例缩放，如图 4-39 所示。按【Enter】键确认变换。

【Step8】按【Ctrl+Shift+Alt+N】组合键新建图层，得到"图层 2"。

【Step9】选择"画笔工具" ，在其选项栏中设置画笔大小、硬度和笔刷预设等参数，如图 4-40 所示。并且设置"不透明度"和"流量"均为100%。

【Step10】在画布中单击，绘制样式如图 4-41 所示。

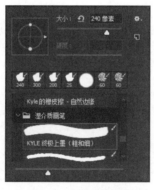

图4-39 等比例缩放　　　　图4-40 设置画笔参数　　　　图4-41 绘制样式

【Step11】按【Ctrl+J】组合键复制"图层 2"，得到"图层 2 拷贝"。对"图层 2 拷贝"进行移动并旋转，复制图层的效果如图 4-42 所示。选中"图层 2"与"图层 2 拷贝"，按【Ctrl+E】组合键合并图层，得到"图层 2 拷贝"。

【Step12】选择"直排文字工具" ，输入"中国"，在"字符"面板中设置字体为"华文行楷"、字体大小为 34 点、消除锯齿的方式为"锐利"、颜色为白色、间距微调为-140，"中国"的位置如图 4-43 所示。

图4-42 复制图层的效果　　　图4-43 "中国"的位置

3. 制作封面装饰物

【Step1】将图 4-44 所示的素材"小船.png"置入画布中，调整小船大小如图 4-45 所示。

图4-44　素材"小船.png"

图4-45　调整小船大小

【Step2】将"小船"图层栅格化，使用"套索工具" ，将两只小帆船框选，如图 4-46 所示。

【Step3】选择"移动工具" ，将两只小帆船向下移动，按【Ctrl+D】组合键取消选择，移动后的效果如图 4-47 所示。

图4-46　将两只小帆船框选

图4-47　将小帆船向下移动

【Step4】将图 4-48 所示的素材"祥云.jpg"置入画布中，并移动位置。将祥云所在的图层移动到"图层1"图层的上方，如图 4-49 所示。

图4-48　素材"祥云.jpg"

图4-49　将祥云所在的图层移动到"图层1"图层的上方

【Step5】使用"多边形套索工具" 将"祥云"图层中的主体框选，如图 4-50 所示。

【Step6】按【Ctrl+J】组合键复制图像，得到"图层 2"，将祥云的不透明度设置为 20%，并将其移动到合适位置，隐藏"祥云"图层，如图 4-51 所示。

图4-50　将"祥云"图层中的主体框选　　　　　　　图4-51　设置、移动并隐藏"祥云"图层

【Step7】按【Ctrl+J】组合键复制"图层 2"，得到"图层 2 拷贝 2"图层，将其缩放并向右下方移动，如图 4-52 所示。

【Step8】选择"直排文字工具" ，输入"古代经典诗词欣赏"，在"字符"面板中设置字体为"华文行楷"、字体大小为 3mm、消除锯齿的方式为"锐利"、颜色为黑色、间距微调为 100。直排文字的位置如图 4-53 所示。

图4-52　缩放并向右下方移动　　　　　　　图4-53　直排文字的位置

【Step9】将图 4-54 所示的素材"小燕子.png"置入画布中，得到"小燕子"图层，调整其大小、角度和位置，小燕子调整后效果如图 4-55 所示。将小燕子所在的图层不透明度调整为 70%。

图4-54　素材"小燕子.png"　　　　　　　图4-55　小燕子调整后效果

【Step10】按【Ctrl+J】组合键，复制"小燕子"图层，得到"小燕子拷贝"图层，将其移动到合适位置并将其不透明度设置为 80%，如图 4-56 所示。

【Step11】按照 Step5 和 Step6 的方法，使用"套索工具" ，复制一只小燕子，将其不透明度设置为 60%，并移动到合适位置，效果如图 4-57 所示。

图4-56　复制"小燕子"图层并调整　　　　　　　图4-57　复制一只小燕子并进行设置

【Step12】选中除"背景"和"图层 1"图层外的所有图层，按【Ctrl+G】组合键进行编组，并将组命名为"封面"。

4. 制作书脊

【Step1】复制"中国"所在的文字图层和"图层 2 拷贝"图层，将其缩小并移到书脊处，如图 4-58 所示。

【Step2】复制"中国"图层，将内容改为"诗词"、填充为黑色，字体大小和位置如图 4-59 所示。

【Step3】使用"直排文字工具" T，输入作者和出版社等相关信息，字体、字体大小和位置如图 4-60 所示。

图4-58　缩小并移到书脊处　　　图4-59　复制图层并更改内容　　　图4-60　输入相关信息

【Step4】选中书脊中的元素，按【Ctrl+G】组合键进行编组，并将组命名为"书脊"。

5. 制作封底

【Step1】复制"祥云"所在的图层，得到"图层 2 拷贝 3"，将其移到封底的左上角，如图 4-61 所示。

【Step2】将图 4-62 所示的素材"山水.png"置入画布中。

图4-61　复制图层并移动　　　　　　　　图4-62　素材"山水.png"

【Step3】将"山水"所在的图层栅格化,选择"橡皮擦工具" ,在其选项栏中设置笔尖大小为 1900 像素、硬度为 0%,不透明度和流量均为 100%。在画布上进行拖动,擦除多余像素,如图 4-63 所示。

【Step4】将"山水"所在的图层进行旋转变换,山水变换后的效果如图 4-64 所示。按【Enter】键确认变换。

图4-63　擦除多余像素

图4-64　山水变换后的效果

【Step5】复制一只小帆船,将其移动到封底上,效果如图 4-65 所示。

【Step6】在封底上输入相关文字,如图 4-66 所示。

图4-65　复制一只小帆船

图4-66　在封底上输入相关文字

【Step7】将图 4-67 所示的素材"二维码.png"添加至画布中,调整其大小和位置,并为其匹配文字"扫一扫　听翻译",二维码效果如图 4-68 所示。

图4-67　素材"二维码.png"

图4-68　二维码效果

【Step8】选中封底中的所有元素,按【Ctrl+G】组合键,为其编组,并将组命名为"封底"。

【Step9】按【Ctrl+S】组合键将文档保存至指定文件夹内。

至此,书籍封面制作完成,最终效果如图 4-12 所示。

4.3 【任务 7】画册插图制作

插图是活跃书籍内容的一个重要因素。它能够激发读者的想象力,加深读者对内容的理解,并使读者获得一种艺术的享受。下面将制作一幅画册插图，通过本任务的学习，读者可以掌握"画笔设置"等面板的使用方法。

4.3.1　任务描述

本任务是为一家武术馆宣传画册设计插图。客户要求在插图中能够将中国特色的艺术风格和武术结合起来，以直观的形象、真实的生活感受和美的感染力激发读者的阅读兴趣。图 4-69 为宣传画册插图的设计效果图。

图4-69　宣传画册插图的设计效果图

4.3.2　知识点讲解

1."画笔设置"面板

"画笔设置"面板可设置画笔的显示效果，例如画笔笔触、画笔的形状动态等。执行"窗口→画笔设置"命令（或按快捷键【F5】），即可调出"画笔设置"面板，如图 4-70 所示。

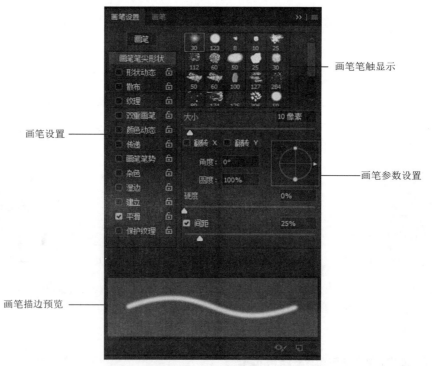

图4-70　"画笔设置"面板

图 4-70 所示的"画笔设置"面板包含画笔笔触显示、画笔参数设置、画笔描边预览和画笔设置四个区

域。其中，画笔笔触显示区域内包含了多种系统预设好的笔触效果，单击即可选择预设的画笔，除此之外还可以查看当前已选择的笔刷；画笔参数设置区域用于设置画笔的参数，例如笔尖大小、硬度等；画笔描边预览区域可以预览当前画笔的样式；画笔设置区域可以设置笔刷的不同效果，里面包含了 12 个选项，下面对常用的几个选项进行介绍。

- 形状动态：用来调整画笔的形态，例如大小抖动、角度抖动等。当选择形状动态时，"画笔设置"面板会自动切换到"形状动态"选项栏，如图 4-71 所示。
- 散布：选择散布，可以调整画笔的分布和位置。当选择散布时，"画笔设置"面板会自动切换到"散布"选项栏，如图 4-72 所示。

需要注意的是，在"散布"选项栏中，通过拖动图 4-72 所示的散布滑块，可以调整画笔分布密度，值越大，散布越稀疏，如图 4-73 所示。当勾选"两轴"复选框时，画笔的笔触范围将被缩小。

图4-71　"形状动态"选项栏　　　图4-72　"散布"选项栏

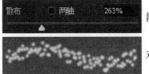

散布滑块

对应效果

图4-73　值越大，散布越稀疏

- 纹理：使画笔绘制出的线条像是在带纹理的画布上绘制出的效果一样。
- 颜色动态：使绘制出的线条的颜色、饱和度和明度产生变化。
- 传递：用来确定颜色在描边路线中的改变方式。

打开素材"枫树.jpg"，如图 4-74 所示。选择"画笔工具"，在其选项栏中设置笔刷为散布枫叶 ▓（需要先载入"旧版画笔"），设置"前景色"为红色（CMYK：0、90、95、0），调整"笔尖大小"，即可在画布中绘制如图 4-75 所示的画面效果。

图4-74　素材"枫树.jpg"

图4-75　在画布中绘制

2. "画笔"面板

"画笔"面板中提供了各种预设的画笔，如图 4-76 所示。

预设画笔带有诸如大小、形状等可定义的特性。使用绘画或修饰工具时，打开"画笔"面板，选择一个预设的笔尖并调整笔尖大小即可。在"画笔"面板中，单击面板中的一个笔尖将其选中，拖动"大小"滑块可调整笔尖的大小。

执行"编辑→定义画笔预设"命令，可将当前画布中的图像或选区预设成为画笔笔尖形状。然后在"画笔"选项栏或"画笔"面板中选择预设的"画笔形状"，设置大小和颜色后，即可在画布中以预设的笔尖形状进行绘制。

图4-76　"画笔"面板

3. 编辑段落文本

段落文本是以段落文本定界框来确定文本的位置与换行，在定界框中输入文本后，可以编辑段落文本。编辑段落文本包括缩放、旋转和倾斜段落定界框，具体介绍如下。

（1）缩放段落定界框

在定界框中输入文本后，将光标移至段落定界框的角点上，当其变成 ↖ 形状时，拖动控制点即可放大或缩小定界框，缩放定界框前后分别如图 4-77 和图 4-78 所示。

图4-77　缩放定界框前

图4-78　缩放定界框后

此时，定界框内的文字大小没有变化，但定界框内可以容纳的文字数目将会随着定界框的放大、缩小而变化。在缩放时按住【Shift】键可以保持定界框的长宽比例，效果如图 4-79 所示。

（2）旋转和倾斜段落定界框

在定界框中输入文本后，将光标移至段落定界框角点的外面，当其变成 ↗ 形状时，拖动控制点即可旋转定界框，如图 4-80 所示。

图4-79　保持定界框的长宽比例

图4-80　旋转定界框

值得注意的是，按住【Shift】键的同时拖动控制点，定界框会按 15° 的倍数角度进行旋转，图 4-81 所示为旋转 -15° 的定界框。

如果需要改变旋转中心，移动中心点至想要放置的位置即可。另外，按住【Ctrl】键的同时，将光标移至定界框外框处，当光标变成 时，拖动即可倾斜段落定界框，如图 4-82 所示。

图4-81　旋转-15°的定界框

图4-82　倾斜定界框

4. 铅笔工具

"铅笔工具" ✏ 是画笔工具组中的重要一员，它使用前景色来绘制线条。与"画笔工具"最大的区别是，"铅笔工具"只能绘制硬边线条，例如图4-83所示的像素画，主要是通过"铅笔工具"来绘制的。

"铅笔工具"选项栏中的内容与"画笔工具"的选项栏类似，只多了一个"自动涂抹"的选项。勾选"自动涂抹"复选框，开始拖动鼠标时，如果光标的中心在包含前景色的区域上，可将该区域涂抹成背景色；如果光标的中心在不包含前景色的区域上，则将该区域涂抹成前景色。

使用"自动涂抹"功能，可以绘制有规律的间隔色。图4-84所示的音符就是设置了前景色（RGB：54、221、182）和背景色（RGB：34、102、255），在画布中顺序单击绘制而成的。

图4-83　像素画

图4-84　音符

脚下留心：绘制间隔色的注意事项

绘制出前景色的圆点后，需轻移光标，使光标中心仍在前景色上，再次单击，此时所绘制的圆点颜色才会变为背景色。多次反复操作即可绘制出间隔色的效果。

5. 自由变换的变形操作

按【Ctrl+T】组合键调出图像的定界框，可以对图像进行"缩放"和"旋转"变换。在 Photoshop 中除了"缩放"和"旋转"，还可以对图像进行"斜切""扭曲""透视"和"变形"等操作。在定界框上右击，弹出自由变换的菜单列表，如图4-85所示。

一般情况下，我们称"缩放"和"旋转"为变换操作，称"斜切""扭曲""透视"和"变形"为变形操作。在前面章节已经对自由变换的变换操作进行讲解，下面对自由变换的变形操作进行讲解。

（1）斜切

按【Ctrl+T】组合键调出图像的定界框并右击，在弹出的菜单中选择"斜切"命令，将光标置于定界框外侧，光标会变为 ↳ 或 ↳ 状，按住左键不放并拖动鼠标可以沿水平或垂直方向斜切图像，如图4-86所示。

（2）扭曲

按【Ctrl+T】组合键调出图像的定界框并右击，在弹出的菜单中选择"扭曲"命令，将光标放在定界框的角点上，光标会变为 ▷ 状，按住左键不放并拖动鼠标可以扭曲图像，如图4-87所示。

图4-85　自由变换的菜单列表　　　　　　　图4-86　斜切图像　　　　　　　　　图4-87　扭曲图像

（3）透视

按【Ctrl+T】组合键调出图像的定界框并右击，在弹出的菜单中选择"透视"命令，将光标放在定界框的角点，光标会变为 ▷ 状，按住左键不放并拖动鼠标可对图像进行透视变形，如图 4-88 所示。

（4）变形

按【Ctrl+T】组合键调出图像的定界框并右击，在弹出的菜单中选择"变形"命令，画面中将显示网格，将光标放在网格内，光标变为 ▷ 或 ▶ 状，按住左键不放并拖动鼠标可对图像进行变形，如图 4-89 所示。

图4-88　透视变形图像　　　　　　　　　图4-89　变形图像

值得一提的是，在确定"斜切""扭曲""透视"和"变形"这些变形操作前，按【Esc】键可以取消变形。

4.3.3　任务分析

在设计定位上，可以将中国特有的水墨风格和武术相结合，通过喷溅的墨迹、武术人物，将武术的力量和爆发力完美地展现出来；在设计尺寸上，可以直接按照客户画册的既定尺寸，大小为 594mm×291mm，出血尺寸为 3mm，插图的总尺寸应为 600mm×297mm。

4.3.4　任务制作

将任务进行分析后，下面我们根据本节所学的知识点来完成制作任务。在制作时，可将任务拆解为 4 个大步骤，依次是制作背景、添加背景墨迹、添加主体墨迹、添加图像和文字。详细步骤如下。

1. 制作背景

【Step1】在 Photoshop 中执行"文件→新建"命令（或按【Ctrl+N】组合键），在弹出的"新建文档"对话框中设置画布参数，如图 4-90 所示。单击"创建"按钮，完成画布的创建。

【Step2】依次按【Alt】→【V】→【E】键在垂直方向的 3mm、597mm 处创建参考线。

【Step3】按照 Step2 的方法，在水平方向的 3mm、294mm 处创建参考线，创建好的参考线如图 4-91 所示。

图4-90　设置【任务7】画布参数

图4-91　创建好的参考线

【Step4】设置"前景色"为米黄色（CMYK：10、10、20、0），按【Alt+Delete】组合键填充背景图层。

【Step5】按【Shift+Ctrl+Alt+N】组合键新建"图层1"。设置"前景色"为白色，在画布中心绘制一个由白色到透明的径向渐变，径向渐变的效果如图4-92所示。

【Step6】选择"画笔工具"，在其选项栏中单击"画笔预设选取器"，在下拉面板中单击 按钮，在弹出的菜单中选择"旧版画笔"选项。此时会弹出提示框，在提示框中单击"确定"按钮载入旧版画笔。

【Step7】设置"画笔大小"为1000像素、笔刷为喷溅。设置画笔参数的界面如图4-93所示。

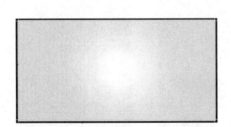

图4-92　径向渐变的效果

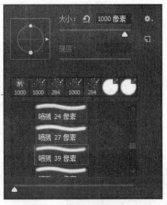

图4-93　设置画笔参数的界面

【Step8】按【Shift+Ctrl+Alt+N】组合键新建"图层2"，按住鼠标左键不放，在画布中拖动画笔，绘制如图4-94所示的效果。

2. 添加背景墨迹

【Step1】选择"画笔工具"，在其选项栏中单击"画笔预设选取器"，弹出下拉面板。在下拉面板中单击 图标，在弹出的菜单中选择"导入画笔"选项，如图4-95所示。

图4-94　绘制的效果

图4-95　选择"导入画笔"选项

　　【Step2】在弹出的"载入"对话框中，选择"墨迹笔刷.abr"素材，如图 4-96 所示，单击"载入"按钮，完成画笔载入。

　　【Step3】此时在"画笔设置"面板中，会显示新增的笔刷样式，选择如图 4-97 所示的笔刷样式，设置"大小"为 1200 像素。

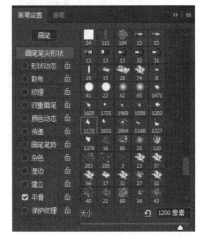

图4-96　选择"墨迹笔刷.abr"素材　　　　　　　　　　图4-97　笔刷样式

　　【Step4】在"画笔设置"面板中设置"间距"为 100%，如图 4-98 所示。

　　【Step5】在"画笔设置"面板左侧勾选"形状动态"复选框，在右侧设置"大小抖动"为 70%、"角度抖动"为 30%，如图 4-99 所示。

　　【Step6】勾选"散布"复选框，在右侧设置"散布"为 70%、"数量"为 2，如图 4-100 所示。

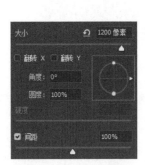

图4-98　设置画笔参数　　　　　图4-99　设置"形状动态"　　　　　图4-100　设置"散布"

　　【Step7】勾选"传递"复选框，在右侧设置"不透明度抖动"为 40%、"流量抖动"为 20%，如图 4-101 所示。

　　【Step8】按【Shift+Ctrl+Alt+N】组合键新建"图层 3"，设置"前景色"为浅棕色（CMYK：20、20、25、0），绘制如图 4-102 所示墨迹喷溅效果（第 1 次）。

　　【Step9】按【Shift+Ctrl+Alt+N】组合键新建"图层 4"，按【]】键将笔尖稍微调大，在画布上绘制如图 4-103 所示墨迹喷溅效果（第 2 次）。

图4-101　设置"传递"　　　　图4-102　墨迹喷溅效果（第1次）　图4-103　墨迹喷溅效果（第2次）

【Step10】选中"图层 3"和"图层 4"，按【Ctrl+J】组合键复制图层，得到"图层 3 拷贝"和"图层 4 拷贝"。按【Ctrl+E】组合键合并拷贝图层，得到"图层 4 拷贝"图层。

【Step11】按【Ctrl+T】组合键调出自由变换定界框，将"图层 4 拷贝"旋转并移至图 4-104 所示位置，按【Enter】键确认自由变换。

【Step12】按【Shift+Ctrl+Alt+N】组合键新建"图层 5"，选择"画笔工具" ，在画布上绘制如图 4-105 所示墨迹喷溅效果（第 3 次）。

图4-104　旋转移动图层　　　　　　图4-105　墨迹喷溅效果（第3次）

3. 添加主体墨迹

【Step1】在"画笔设置"面板中，单击 ☰ 按钮，在弹出的菜单中选择"复位所有锁定设置"命令，如图 4-106 所示，清除之前的所有画笔预设。

【Step2】设置"前景色"为深红色（CMYK：35、80、80、15）。按【Shift+Ctrl+Alt+N】组合键新建"图层 6"，选择"画笔工具" ，在画布上绘制图 4-107 所示墨迹喷溅效果（第 4 次）。

图4-106　选择"复位所有锁定设置"选项　　图4-107　墨迹喷溅效果（第4次）

【Step3】在"图层"面板中，设置"图层 6"的"不透明度"为 40%，按【Ctrl+J】组合键复制"图层 6"，得到"图层 6 拷贝"。

【Step4】设置"前景色"为深灰色（CMYK：80、80、75、60）。按【Shift+Alt+Delete】组合键，为"图层 6 拷贝"图层填充前景色，设置其图层的"不透明度"为 85%，效果如图 4-108 所示。

【Step5】按【Ctrl+T】组合键调出自由变换定界框，将"图层 6 拷贝"图层旋转至图 4-109 所示角度。

图4-108　填充前景色　　　　　　　　　　　图4-109　旋转图层的角度

【Step6】按【Ctrl+J】组合键，再次复制"图层 6 拷贝"图层，旋转并移至图 4-110 所示位置，按【Enter】键确认自由变换。

【Step7】调整"图层 6"及其拷贝图层的位置关系和大小至图 4-111 所示效果。

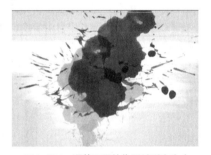

图4-110　复制图层并旋转　　　　　　　　　图4-111　调整图层的位置关系和大小

4. 添加图像和文字

【Step1】将图 4-112 所示的素材"武者.png"添加到画布中，移至图 4-113 所示的位置。

图4-112　素材"武者.png"　　　　　　　　　图4-113　移动素材位置

【Step2】选择"画笔工具" ，在"画笔笔触显示框"中选择图 4-114 所示的笔尖形状。

图4-114　选择笔尖形状

【Step3】按【Shift+Ctrl+Alt+N】组合键新建"图层 7"，选择"画笔工具"  在画布中绘制图 4-115 所示的墨迹喷溅效果。

【Step4】调整"图层 7"的图层顺序至武者所在的图层之下，如图 4-116 所示。

图4-115　墨迹喷溅效果

图4-116　调整图层顺序

【Step5】选择"画笔工具" ，在其选项栏中的"画笔预设选取器"的下拉面板中设置"画笔大小"为 600 像素、笔刷为喷溅，如图 4-117 所示。

【Step6】按【Shift+Ctrl+Alt+N】组合键新建"图层 9"，设置"前景色"为白色，在画布中绘制图 4-118 所示的白色笔触。

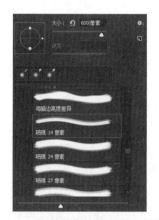
图4-117　"画笔预设选取器"的下拉面板

图4-118　绘制白色笔触

【Step7】按【Ctrl+T】组合键，右击选择"变形"命令，将白色笔触变形至图 4-119 所示的样式。按【Enter】键确认自由变换，设置"图层 9"的"不透明度"为 80%，白色笔触的最终效果如图 4-120 所示。

图4-119　变形

图4-120　白色笔触的最终效果

【Step8】选择"横排文字工具" ，在其选项栏中设置字体为"叶根友毛笔行书简体"、字体大小为

175 点、颜色为暗红色（CMYK：45、100、100、15），输入文字内容"武"，移至图 4-121 所示位置。

【Step9】按照 Step8 的方法，输入文字内容"术"，"术"的位置如图 4-122 所示。

图4-121　输入文字内容"武"

图4-122　"术"的位置

【Step10】输入相关文字内容，在"字符"面板中设置字体为楷体、字体大小为 24 点、字体颜色为暗红色（CMYK：45、100、100、15）、间距微调为自动。按【Ctrl+Enter】组合键，完成段落文本的创建，效果如图 4-123 所示。

【Step11】按【Ctrl+S】组合键将文档保存至指定文件夹内。

至此，画册插图制作完成，最终效果如图 4-69 所示。

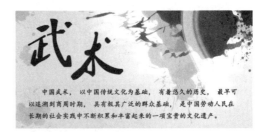
图4-123　段落文本

4.4　【任务 8】宣传册扉页制作

在书籍装帧设计中，扉页作为书籍封面一种延续的视觉效果，起到了补充书名、装饰图书的作用。所谓扉页，指的是印有书名、出版社名或者作者名的书页，通常位于整本书的第二页。图 4-124 为书籍的扉页。

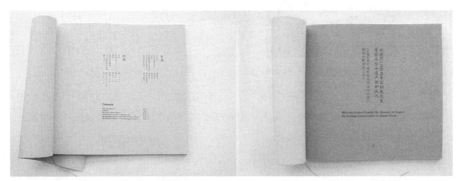
图4-124　书籍的扉页

随着人们审美能力的提高，扉页的制作质量也越来越好，一个优秀的扉页设计往往可以提高书籍的附加价值，吸引更多的读者。下面将设计一个宣传册的扉页，通过本任务的学习，读者可以掌握修改选区、选区的布尔运算等技巧的操作。

4.4.1　任务描述

本任务是为某公司设计一本宣传册。客户要求简洁大气，突出诚信、进取、自强不息的企业理念。图 4-125 所示为宣传册的扉页设计效果。

图4-125　宣传册的扉页设计效果

4.4.2　知识点讲解

1. 修改选区

修改选区是指在不影响选区内容的前提下，只对选区进行调整。在 Photoshop 中，执行"选择→修改"命令，可对选区进行各种修改，主要包括载入选区、变换选区、创建边界选区、平滑选区、扩展选区和收缩选区六类。对它们的具体讲解如下。

（1）载入选区

按住【Ctrl】键的同时，单击"图层"面板中的"图层"缩览图，即可将选区载入图像中。此外，执行"选择→载入选区"命令，可以弹出"载入选区"对话框，如图 4-126 所示。

单击"载入选区"对话框中的"确定"按钮，也可将图层中的像素载入选区。

（2）变换选区

执行"选择→变换选区"命令，选区四周出现定界框，拖动控制点，即可对选区进行变换操作，其操作方法与"自由变换"类似。变换选区如图 4-127 所示。

图4-126　"载入选区"对话框

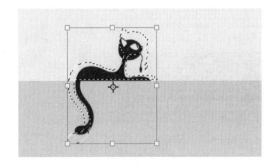

图4-127　变换选区

（3）创建边界选区

创建边界选区是在原选区的边缘创建一个环状选区。例如，首先在图像中创建选区，如图 4-128 所示。

然后，执行"选择→修改→边界"命令，会弹出"边界选区"对话框，如图 4-129 所示。

在"边界选区"对话框中，"宽度"用于设置选区扩展的像素值。此时，将"宽度"设置为 30 像素，表示原选区会分别向外、向内扩展 15 像素。环状选区创建完成，如图 4-130 所示。

图4-128　在图像中创建选区

图4-129　"边界选区"对话框

图4-130　环状选区创建完成

（4）平滑选区

平滑选区可以使带有棱角的选区变得平滑。创建选区后，执行"选择→修改→平滑"命令，会弹出"平滑选区"对话框，如图 4-131 所示。

设计者可以在"取样半径"选项中输入取样半径，数值越大，选区越平滑。当勾选"应用画布边界的效果"复选框时，画布以外的选区将变得平滑；当不勾选"应用画布边界的效果"复选框时，画布以外的选区将消失。勾选"应用画布边界的效果"复选框前后的对比如图 4-132 所示。

图4-131　"平滑选区"对话框

勾选"应用画布边界的效果"前　　　　勾选"应用画布边界的效果"后

图4-132　勾选"应用画布边界的效果"前后的对比

（5）扩展选区

扩展选区可以将选区的区域扩大。创建选区后，执行"选择→修改→扩展"命令，会弹出"扩展选区"对话框，如图 4-133 所示。

在"扩展选区"对话框中输入"扩展量"，可以扩展选区范围，单击"确定"按钮，完成选区的扩展。选区扩展前后的对比如图 4-134 所示。

图4-133　"扩展选区"对话框

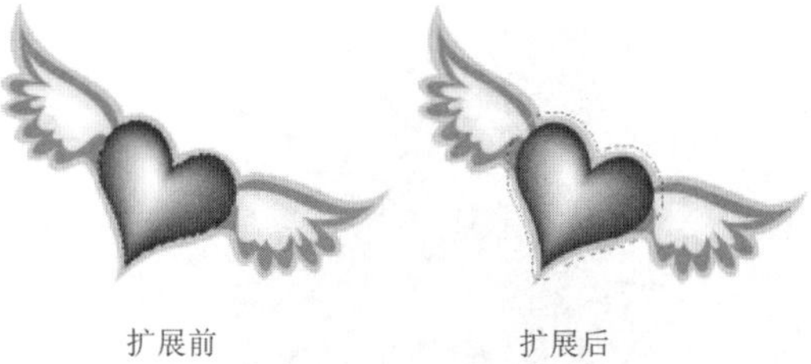

扩展前　　　　　　　扩展后

图4-134　选区扩展前后的对比

（6）收缩选区

收缩选区与扩展选区相反，是将选区的区域缩小。执行"选择→修改→收缩"命令，则可以收缩选区范围。选区收缩前后的对比如图 4-135 所示。

收缩前　　　　　　　　　收缩后

图4-135　选区收缩前后效果

2. 选区的布尔运算

在数学中，可以通过加减乘除来进行数字的运算。同样，选区中也存在类似的运算，我们称之为"布尔运算"。布尔运算是在画布中存在选区的情况下，使用选框、套索或者魔棒等选区工具创建选区时，新选区与现有选区之间进行的运算。通过布尔运算，使选区与选区之间进行相加、相减或相交，从而形成新的选区。

布尔运算有两种运算方式：其一是通过选框、套索等选区工具的选项栏进行运算，布尔运算的按钮如图 4-136 所示；其二是通过执行"选择→载入选区"命令，在"载入选区"对话框中进行运算，如图 4-137所示。两种运算方式具体解释如下。

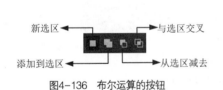

图4-136　布尔运算的按钮

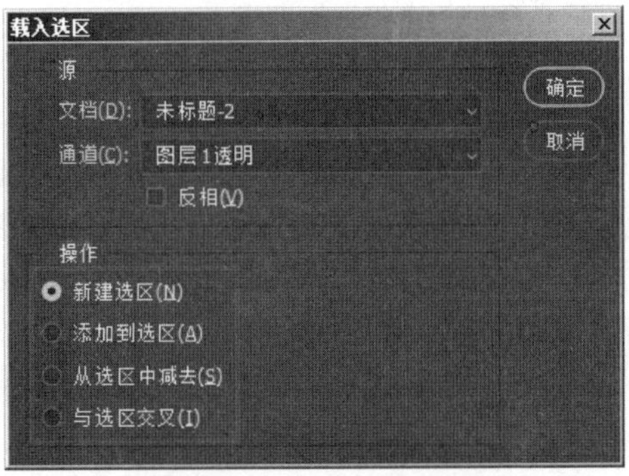

图4-137　"载入选区"对话框

（1）通过选项栏进行运算

通过选项栏进行运算的方式适用于同时在一个图层中选区的布尔运算。在一个图层上绘制选区后，单击选项栏中的按钮，即可对原选区进行操作。在 Photoshop 中，选区工具的选项栏包含四个按钮，从左到右依次为：新选区、添加到选区、从选区减去、与选区交叉，如图4-136所示。

● 新选区 ：该按钮是所有选区工具的默认选区编辑状态。单击"新选区"按钮后，如果画布中没有选区，则可以创建一个新的选区。但是，如果画布中存在选区，则新创建的选区会替换原有的选区。

● 添加到选区 ：单击该按钮，可在原有选区的基础上添加新的选区。单击"添加到选区"按钮（或按【Shift】键），依次绘制两个选区，此时两个选区同时保留，如图 4-138 所示。如果两个选区之间有交叉区域，则会形成叠加在一起的选区，如图 4-139 所示。

图4-138　两个选区同时保留　　　　　　　　　图4-139　叠加在一起的选区

● 从选区减去 ▣：单击该按钮，可在原有选区的基础上减去新的选区。单击"从选区减去"按钮（或按【Alt】键），依次绘制两个选区，若两个选区之间没有交叉区域，那么绘制的第二个选区将消失；若两个选区之间有交叉区域，则第二个选区可作为"橡皮工具"擦除两个选区重叠部分的选区，如图 4-140 所示。

● 与选区交叉 ▣：单击该按钮，可以保留两个选区相交的区域。单击"与选区交叉"按钮后（或按【Alt+Shift】组合键），画面中只保留原有选区与新创建的选区相交的部分，如图 4-141 所示。

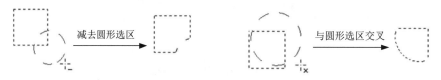

图4-140　擦除两个选区重叠部分的选区　　　　图4-141　保留原有选区与新创建的选区相交的部分

（2）通过"载入选区"对话框进行运算

通过"载入选区"对话框进行运算适用于不同图层中选区的布尔运算。在 Photoshop 中，"载入选区"对话框中包含 4 个选项，从上到下依次为：新建选区、添加到选区、从选区中减去、与选区交叉。这 4 个选项的功能分别与选区工具选项栏中的 4 个按钮相对应，如图 4-137 所示。当我们想将不同图层内的元素进行布尔运算时，首先选中一个图层，执行"选择→载入选区"命令，在弹出的对话框中选择"新建选区"选项，单击"确定"按钮后载入选区，然后再执行"选择→载入选区"命令，在弹出的对话框中选择对应选项进行布尔运算即可。

4.4.3　任务分析

在公司性质方面，该公司是一家传统型企业，其 VI 系统的主色调也是传统的红色（CMYK：20、100、90、0），如图 4-142 所示。

在传递理念方面，客户希望展现公司诚信、进取、自强不息的企业精神，因此可以运用一些具有典型性的文字或素材，例如骏马、雄狮、古鼎等。本任务使用骏马作为素材再配合文字内容完成。

图4-142　VI系统的主色调

在设计尺寸方面，可以直接按照客户要求的尺寸，其大小为 370mm×250mm，出血尺寸为 3mm，扉页的总尺寸应为 376mm×256mm。

4.4.4　任务制作

将任务进行分析后，下面我们根据本节所学的知识点来完成制作任务。在任务制作时，可将任务拆解为 2 个大步骤，分别是输入文字内容和制作扉页图案。详细步骤如下。

1. 输入文字内容

【Step1】在 Photoshop 中执行"文件→新建"命令（或按【Ctrl+N】组合键），在弹出的"新建文档"对话框中设置参数，如图 4-143 所示。单击"创建"按钮，完成画布的创建。

【Step2】依次按【Alt】→【V】→【E】键在 3mm、188mm、373mm 的位置创建垂直参考线。

【Step3】重复 Step2 的步骤，在 3mm 和 253mm 的位置创建水平参考线，创建好的参考线如图 4-144 所示。

【Step4】设置"前景色"为红色（CMYK：20、100、90、0），选择"矩形工具" ▣，在画布中绘制一个宽度为 57mm、高度为 63mm 的矩形形状，移至图 4-145 所示位置，得到"矩形 1"图层。

【Step5】选择"横排文字工具" ▣，设置字体为"Digital2 Regular"、字体大小为 72 点、颜色为白色，输入文字内容"INDEX"，移至图 4-146 所示的位置。

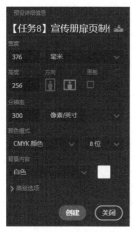

图4-143　设置【任务8】画布参数

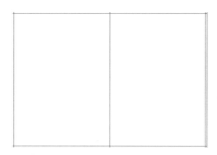

图4-144　创建好的参考线

图4-145　绘制矩形形状

【Step6】选择“横排文字工具” T 输入文字内容“目录”，设置字体为“Adobe 黑体”、字体大小为 32 点、颜色为白色，效果如图 4-147 所示。

图4-146　输入文字内容“INDEX”

图4-147　输入文字内容“目录”

【Step7】输入图 4-148 所示的文字内容，设置字体为“Adobe 黑体”、字体大小为 20 点、颜色为单色黑（CMYK：0、0、0、100）、行距为自动。按【Ctrl+Enter】组合键，完成段落文本的创建，效果如图 4-149 所示。

01..总经理致辞
02..公司简介
03..下属企业
04..公司文化
05..销售区域
06..产品展示
07..团队结构
08..我要加盟
09..售后服务

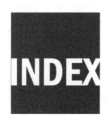

图4-148　文字内容

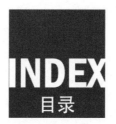

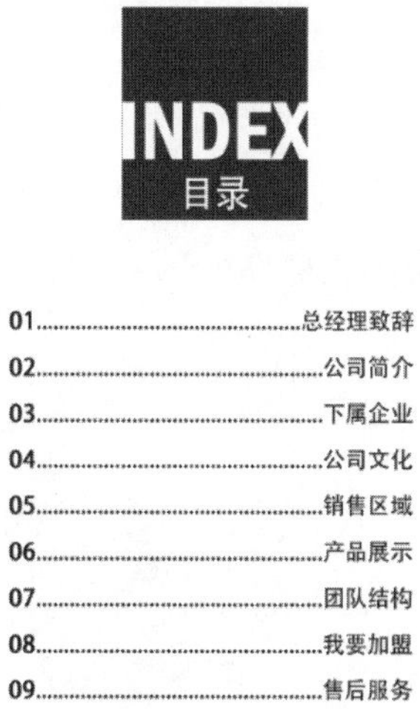

图4-149　完成段落文本的创建

【Step8】将段落文本的序号部分变为红色（CMYK：20、100、90、0），如图 4-150 所示。

2. 制作扉页图案

【Step1】选择“椭圆选框工具” ，在画布中绘制一个正圆选区，如图 4-151 所示。

【Step2】在其选项栏中，单击"从选区减去"按钮 ▣，在画布中绘制一个选区的同时按住【Shift】键不放，得到正圆选区。同时按住【空格】键不放调整至合适位置，形成一个新的选区，如图 4-152 所示。

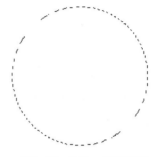

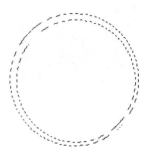

图4-150 将段落文本的序号部分变为红色   图4-151 绘制一个正圆选区   图4-152 形成一个新的选区

【Step3】按【Ctrl+Shift+Alt+N】组合键新建图层，得到"图层 1"。设置"前景色"为灰色（CMYK：20、15、15、0），按【Alt+Delete】组合键填充"图层 1"，按【Ctrl+D】组合键取消选区，绘制成一个圆环，如图 4-153 所示。

【Step4】重复 Step1～Step3 中的步骤，再次绘制一个较大的圆环，如图 4-154 所示。

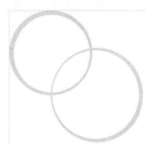

图4-153 填充选区   图4-154 绘制一个较大的圆环

【Step5】打开素材"骏马.png"，如图 4-155 所示。选择"移动工具" ✛，将其拖动并移至画布中图 4-156 所示的位置。

图4-155 素材"骏马.png"   图4-156 移动"骏马"位置

【Step6】选择"椭圆选框工具" ，在其选项栏中单击"添加到选区"按钮 ，在画布中绘制两个圆形选区，如图 4-157 所示。按【Ctrl+Shift+Alt+N】组合键新建图层，并填充红色（CMYK：20、100、90、0），如图 4-158 所示。

【Step7】选择"横排文字工具" ，在其选项栏中设置字体为"刘德华字体叶根友仿版"、颜色为白色，分别输入"诚""信"两个文字，调整大小和位置至图 4-159 所示的样式。

图4-157 绘制两个圆形选区

图4-158 填充红色

图4-159 输入文字并调整大小和位置

【Step8】按【Ctrl+S】组合键，将文件保存在指定文件夹内。

至此，宣传册扉页制作完成，最终效果如图 4-125 所示。

4.5 本章小结

本章介绍了书籍装帧的相关知识，包括书籍装帧的构成要素、基本原则和流程；使用"画笔工具""橡皮擦工具"，以及一系列选区工具，制作了书籍封面、画册插图和宣传册扉页。通过本章的学习，读者可以掌握书籍装帧的相关知识，以及"画笔工具"和选区的相关使用技巧。

4.6 课后练习

学习完书籍装帧的相关内容，下面来完成课后练习吧：

请使用所学工具绘制图 4-160 所示的书籍封面。

图4-160 书籍封面

第 5 章

UI设计

学习目标

★ 了解 UI 设计的基本常识，能够完成 UI 的设计与制作。

★ 掌握"时间轴"面板的使用，能够使用"时间轴"面板制作动画。

★ 掌握图层样式的操作，可以对图层样式进行设置与修改。

★ 掌握图层混合模式的使用方法，可以为图层设置合适的混合模式。

拓展阅读

　　UI 设计是指在考虑用户体验和交互设计的前提下，对用户界面进行的美化设计，涉及移动端、PC 端、多媒体终端等各个领域。在实际生活中，一个优秀的 UI 设计师不仅需要对界面进行美化，还需要对界面中的一些元素进行设计。本章将使用 Photoshop 软件设计几个不同类型的案例带领大家了解 UI 的相关知识。

5.1　UI 设计简介

　　UI（User Interface）是指用户界面。UI 设计是指对软件产品的人机交互、操作逻辑、界面美观度的整体设计。UI 设计展示如图 5-1 所示。

图 5-1　UI 设计展示

　　当然，优秀的 UI 设计也离不开图标、按钮这些小元素，这些小元素可以让软件更有个性、有品位，更能充分体现软件的定位和特点。UI 图标设计示例如图 5-2 所示。

随着互联网的飞速发展，UI 设计的重要性逐渐展现。一个美观的界面会给用户带来舒适的视觉享受，拉近用户与软件产品的距离。

5.1.1　UI 设计的应用范围

UI 设计涉及领域广泛，手机 App、电视终端、网页等都会用到 UI 设计，具体涵盖以下几个方面。

- 智能电视、计算机、平板电脑、手机等系统界面。
- 应用软件、车载导航及家电类微型液晶屏界面。
- 医疗、数码机床、远程会议、虚拟现实等控制界面。

从 UI 应用的范围来看，可以说 UI 设计已经渗透人们生活中的各个方面，并且随着人们审美水平的提高，对 UI 设计的要求也越来越高。

图 5-2　UI 图标设计示例

5.1.2　UI 设计的原则

为了能够迎合用户要求、提高用户体验，越来越多的产品开始提倡 "以用户为中心" 的设计理念，这就要求 UI 设计师们要有敏锐的设计嗅觉和完整的设计流程及思维。为了迎合用户的使用习惯，通常会遵循以下几个 UI 设计原则。

图 5-3　UI 设计的简洁性示例

1. 简洁性

UI 设计的简洁性能够便于识别、便于操作并能降低用户在使用时发生错误选择的可能性。需要注意的是，在 UI 设计时，追求简洁性的同时，还应注意图标的排列舒适度。UI 设计的简洁性示例如图 5-3 所示。

2. 一致性

一致性是每一个优秀界面都应具备的基本特点。一致性不仅是指图标和界面的风格一致，还是指界面内部的结构一致，更是用户对功能操作的感受一致。一致性是决定用户快速上手并持续使用的关键。

3. 人性化

人性化是指能满足用户的心理需求和功能诉求。例如，用户可依据自己的习惯定制界面，并能保存设置；用户能自由地做出选择，且所有选择都是可逆的；在用户做出危险的选择时有系统提示，提示将可能出现的情况。

5.2　【任务 9】进度条设计

在 UI 设计中，通常以进度条的形式显示处理任务的速度、完成度和剩余任务的大小。例如，在 ATM 上自助操作时，屏幕上会出现 "请稍等……" 字样，用于提示用户耐心等待。我们在操作软件时经常会看到各式各样的进度条，使用进度条可以大大提升软件的用户体验感。在 Photoshop 中可以利用 "时间轴" 面板制作进度条。本节将制作一个进度条，通过本任务的学习，读者能够掌握 "时间轴" 面板的基本应用和蒙版的使用技巧。

5.2.1　任务描述

在系统缓冲时，优秀的进度条可以使用户耐心等待。本任务将制作一个进度条。图 5-4 为进度条设计效果图。

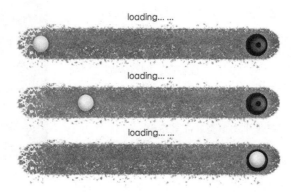

图 5-4　进度条设计效果图

5.2.2　知识点讲解

1. 认识"帧"

当我们用 Photoshop 打开一个 GIF 动态图时，会发现 Photoshop 已经把动画分解成一张一张的小图像，如图 5-5 所示。

存放这些小图像的区域叫做"时间轴"面板。在"时间轴"面板中，每张图像都统称为"帧"。"帧"是动画中最小单位的单幅影像画面，相当于电影胶片上的每一格镜头。每一帧都是静止的图像，当这些帧被快速、连续地展示便形成了动的假象。在一个动画里，每秒钟帧数越多，所显示的动作就会越流畅。

帧分为关键帧和过渡帧。关键帧是指物体运动或变化中的关键动作所处的那一帧，包含动画中关键的图像；而过渡帧可以由 Photoshop 自动生成，形成关键帧之间的过渡效果。通常情况下，两个关键帧的中间可以没有过渡帧，但过渡帧前后必然有关键帧。关键帧和过渡帧如图 5-6 所示。

图 5-5　一张一张的小图像

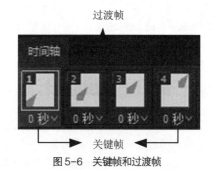

图 5-6　关键帧和过渡帧

2. 帧模式时间轴面板

帧模式时间轴面板主要用来制作动画。创建画布后，执行"窗口→时间轴"命令，即可打开"时间轴"面板，如图 5-7 所示。

单击"创建视频时间轴"按钮 [创建视频时间轴] 右侧的"倒三角"按钮 ，选择"创建帧动画"选项。更改后的"时间轴"面板如图 5-8 所示。

图 5-7　"时间轴"面板

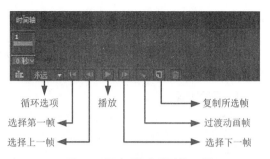

图 5-8　更改后的"时间轴"面板

在图 5-8 中，使用面板底部的工具按钮可选帧、设置动画播放次数、添加和删除帧，以及预览动画等。对各个工具按钮的具体解释如下。

- 帧：跟图层类似，选中某个帧，工作区中即显示该帧内的内容。
- 帧延迟时间 **0.1▼**：用于设置每帧画面所停留的时间，单击该按钮即可设置播放过程中的持续时间。例如设置某一帧的帧延迟时间为 0.1 秒，则播放动画时该帧的画面就会停留 0.1 秒。
- 循环选项 **永远 ▼**：用于设置动画的播放次数，包括"一次""三次""永远"和"其他"四个选项，选择"其他"选项，会弹出"设置循环次数"对话框，输入数值即可自定义播放次数。
- 选择第一帧 ◀：制作动画时，若帧数太多，为了方便我们快速找到第一帧，就可以单击该按钮，单击后可自动选择第一帧。
- 选择上一帧 ◀｜：和"选择第一帧"按钮类似，单击按钮之后，可自动选择当前帧的前一帧。
- 播放 ▶：当我们想预览动画效果时，单击该按钮即可播放动画，再次单击则停止播放。
- 选择下一帧 ｜▶：单击按钮之后，可自动选择当前帧的下一帧。
- 过渡动画帧 ◣：若想让两帧之间的图层属性发生均匀的变化，可以在两个现有帧之间添加一系列的过渡帧，单击该按钮后，会弹出"过渡"对话框，如图 5-9 所示。

在"过渡"对话框中对参数进行设置后，单击"确定"按钮即可。通常情况下，设置"要添加的帧数"这一参数即可。

- 复制所选帧 ▣：当我们想新建帧或者复制某个帧的时候，单击该按钮，即可复制当前选中的帧，在面板中添加一帧。
- 删除所选帧 ▥：当某个帧的内容发生错误时，单击该按钮即可删除当前选中的帧。

3. 认识蒙版

在墙体上喷绘一些广告标语时，常会用一些挖空广告内容的板子遮住墙体，然后在上面喷色。将板子拿下后，广告标语就工整地印在了墙体上了，这个板子就起到了"蒙版"的作用。"蒙版"可以理解为蒙在上面的"板子"，通过这个"板子"可以保护图像中未被选中的区域，使其不被编辑。蒙版效果如图 5-10 所示。

图 5-9　"过渡"对话框

图 5-10　蒙版效果

在图 5-10 中，只显示了一部分人物作为可编辑区域，不需要显示的部分则可以通过"蒙版"隐藏。当取消"蒙版"时，人物整体将作为可编辑区域，全部显示在画布中。取消蒙版的效果如图 5-11 所示。

总体来说，蒙版是一种非破坏性的图像编辑方式，使用蒙版可以将图像的部分内容遮住，从而得到想保留的内容。但这样并不会删除图像，而是将图像进行隐藏。在 Photoshop 中，主要的蒙版类型有图层蒙版、剪贴蒙版、快速蒙版和矢量蒙版。下文以图层蒙版、剪贴蒙版为例进行详解。

4. 图层蒙版

图层蒙版就是在图层上直接建立的蒙版。在图层蒙版中，使用黑色画笔涂抹可隐藏图像内容；使用白色画笔涂抹可显示图像内容；使用灰色画笔涂抹可使图像呈现半透明状态。在 Photoshop 中图层蒙版的基本操作包括添加蒙版、隐藏和显示蒙版、蒙版的链接、停用和恢复蒙版，以及删除蒙版。下面对这些基本操作进行讲解。

（1）添加蒙版

在"图层"面板中单击"添加图层蒙版"按钮 ▣，即可为选中的图层添加一个图层蒙版，如图 5-12 所示。

图 5-11　取消蒙版的效果

图 5-12　添加一个图层蒙版

（2）隐藏和显示蒙版

按住【Alt】键不放，单击"图层"面板中的图层蒙版缩览图，画布中的图像将被隐藏，只显示蒙版图像，如图 5-13 所示。按住【Alt】键不放，再次单击图层蒙版缩览图，将恢复画布中的图像效果。

图 5-13　显示蒙版图像

（3）图层蒙版的链接

在"图层"面板中，图层缩览图和图层蒙版缩览图之间存在链接图标 ▤，用来关联图像和蒙版，当移动图像时，蒙版会同步移动。单击链接图标 ▤ 后，将不再显示此图标，此时可以分别对图像与蒙版进行操作。

（4）停用和恢复蒙版

执行"图层→图层蒙版→停用"命令（或按住【Shift】键不放，单击图层蒙版缩览图），可停用被选中的图层蒙版，此时图像全部显示，如图 5-14 所示。再次单击图层蒙版缩览图，将恢复图层蒙版效果。

（5）删除蒙版

执行"图层→图层蒙版→删除"命令，如图 5-15 所示，即可删除被选中的图层蒙版。另外，在图层蒙版缩览图上右击，在弹出的快捷菜单中选择"删除图层蒙版"命令，也可删除被选中的蒙版。

图 5-14　图像全部显示

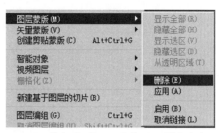

图 5-15　执行"图层→图层蒙版→删除"命令

多学一招：创建遮盖图层全部的蒙版

执行"图层→图层蒙版→隐藏全部"命令（或按住【Alt】键不放，单击"添加图层蒙版"按钮 ），可创建一个遮盖整个图层的蒙版，如图 5-16 所示。

此时图层中的图像将会被蒙版全部隐藏，设置前景色为白色，选择"画笔工具" ，在画布中涂抹，即可以显示涂抹区域中的图像，如图 5-17 所示。

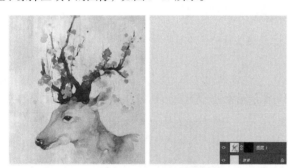

图 5-16　遮盖整个图层的蒙版

图 5-17　显示涂抹区域中的图像

5. 剪贴蒙版

剪贴蒙版是通过下方图层的形状来限制上方图层的显示范围，达到一种剪贴画效果的蒙版。图 5-18 所示的"炫彩文字"效果就是应用剪贴蒙版制作的。剪贴蒙版的最大优点是可以通过一个图层来控制多个图层的可见内容，而图层蒙版和矢量蒙版都只能控制一个图层。

在 Photoshop 中，至少需要两个图层才能创建剪贴蒙版。我们通常把位于下面的图层称为基底图层，位于上面的图层称为剪贴层。图 5-18 中的"炫彩文字"效果就是由一个"文字"基底图层和一个"炫彩光效"的剪贴层组成的，如图 5-19 所示。

图 5-18　"炫彩文字"效果

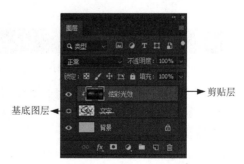

图 5-19　"炫彩文字"效果组成

　　选中要作为剪贴层的图层，执行"图层→创建剪贴蒙版"命令（或按【Ctrl+Alt+G】组合键），即可用下方相邻图层作为基底图层，创建一个剪贴蒙版。基底图层的名称下方会带一条下划线，如图 5-20 所示。

　　此外，按住【Alt】键不放，将光标移动到剪贴层和基底图层之间单击，也可以创建剪贴蒙版，如图 5-21 所示。

图 5-20　基底图层　　　　　　　　　　图 5-21　创建剪贴蒙版

　　对于不需要的剪贴蒙版可以将其释放掉。选择剪贴层，执行"图层→释放剪贴蒙版"命令（或按【Ctrl+Alt+G】组合键）即可释放剪贴蒙版。

注意：

　　可以用一个基底图层来控制多个剪贴层，但是这些剪贴层必须是相邻且连续的。

6. 模糊工具

　　"模糊工具" 🌢 可以对图像进行适当的修饰，产生模糊的效果，使主体更加突出。选择"模糊工具"，待鼠标变成 ○ 状，按住鼠标左键反复涂抹，即可对图层对象进行模糊处理。模糊处理前后对比如图 5-22 所示。

模糊处理前　　　　　　　　　　　模糊处理后

图 5-22　模糊处理前后对比

　　选择"模糊工具"后，可以在其选项栏中设置笔触和强度。"模糊工具"选项栏如图 5-23 所示。

笔触　　　　　　　　　　　　　　　　　强度

图 5-23　"模糊工具"选项栏

　　在"模糊工具"选项栏中，"笔触"用于选择笔尖的形状，单击 ▧ 按钮，在弹出的下拉面板中可以选择笔尖形状；"强度"用于控制压力的大小，数值越大，压力越大，模糊程度越明显。

7. 涂抹工具

　　"涂抹工具"可以模拟手指拖过湿油漆时所看到的效果。使用"涂抹工具" 🖐，可以使颜色与颜色之间衔接不好的图像过渡柔和，也可以画出毛发的质感。图 5-24 展示的是使用"涂抹工具"涂抹前后对比。

在工具栏中右击"模糊工具" ，在弹出的工具组中选择"涂抹工具"，如图 5-25 所示。

| 使用"涂抹工具"涂抹前 | 使用"涂抹工具"涂抹后 |

图 5-24　使用"涂抹工具"涂抹前后对比　　　　图 5-25　选择"涂抹工具"

"涂抹工具"的选项栏与"模糊工具"的选项栏类似。可以在"涂抹工具"选项栏中设置笔尖形状、笔刷大小、硬度以及笔刷强度等参数，其中"强度"的值越大，笔刷在涂抹时的效果越强烈。设置好这些参数后，直接将鼠标放在像素上进行涂抹即可。

8. 图层样式的基本操作

图层样式与图层一样，也可以进行修改和编辑操作。图层样式的最大优点就是操作灵活，可以进行添加、显示与隐藏、修改与删除、复制与粘贴等操作，而进行这些操作都不会对图层中的图像产生任何影响。

（1）添加图层样式

图层样式可以为图层中的对象添加诸如投影、发光、浮雕等效果，从而创建真实质感的特效。为图层对象添加图层样式，需要先选中这个图层，然后单击"图层"面板下方的"添加图层样式"按钮 **fx**，如图 5-26 所示。

图 5-26　添加图层样式

在弹出的菜单中，选择一个效果选项。例如，选择"斜面和浮雕"效果选项，如图 5-27 所示。此时，将弹出"图层样式"对话框，如图 5-28 所示。

图 5-27　选择"斜面和浮雕"效果选项

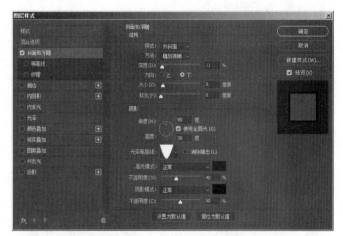

图 5-28　"图层样式"对话框

此外，双击图层的空白处，如图 5-29 所示，也将弹出"图层样式"对话框。

在"图层样式"对话框的左侧有 10 种效果可以选择，分别是斜面和浮雕、描边、内阴影、内发光、光泽、颜色叠加、渐变叠加、图案叠加、外发光和投影。"图层样式"对话框各选项如图 5-30 所示。

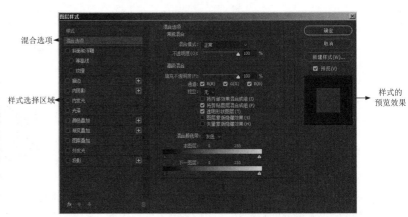

图 5-29　双击图层空白处　　　　　　　图 5-30　"图层样式"对话框各选项

当单击图 5-30 中左侧的一种效果名称，可以选中该效果，对话框的中间则会显示与之对应的图层样式参数设置面板。

效果名称前面复选框有 ☑ 标记的，表示在图层中添加了该效果。单击效果名称前方的 ☑ 标记，可停用该效果，但保留效果参数。

在"图层样式"对话框中设置效果参数后，单击"确定"按钮即可为图层添加图层样式。添加了图层样式的图层会显示图层样式的图标 fx 和一个效果列表。单击该图层右侧的 ∧ 按钮，可以折叠或展开效果列表，图层样式图标和效果列表展示如图 5-31 所示。

图 5-31　图层样式图标和效果列表展示

注意：

图层样式不能直接用于背景图层，可以先将背景图层转换为普通图层再添加图层样式。按住【Alt】键的同时，双击背景图层，即可将背景图层转换为普通图层。

（2）显示与隐藏图层样式

在"图层"面板中，图层样式的显示方法和图层的显示方法一致。"效果"前面的"指示图标可见性"图标 👁 用来控制"效果"的可见性，如图 5-32 所示。如果要隐藏图层中的一个效果，可以单击该效果名称前的"指示图标可见性"图标 👁 ，如图 5-33 所示。如果要隐藏一个图层中的所有效果，可以单击该图层"效果"前的"指示图标可见性"图标 👁 ，如图 5-34 所示。

图 5-32　"指示图标可见性"图标　　　图 5-33　隐藏一个效果　　　图 5-34　隐藏所有效果

（3）修改与删除图层样式

添加图层样式后，在"图层"面板相应的图层中会显示图标 fx 。在添加的图层样式名称上双击（如图 5-35 所示），可以再次打开"图层样式"对话框，在对话框中对参数进行修改即可改变图层样式效果。

如果要删除一个图层样式效果，可以将它拖动到"图层"面板下方的删除按钮 🗑 上释放鼠标，如图 5-36 所示。如果要删除一个图层的所有效果，将效果图标 *fx* 拖动到 🗑 按钮上即可，如图 5-37 所示。

图 5-35　在添加的图层样式名称上双击

图 5-36　删除一个图层样式效果

图 5-37　删除一个图层的所有效果

（4）复制与粘贴图层样式

复制与粘贴图层样式，可以减少重复性操作，提高工作效率。在添加了图层样式的图层上右击，在弹出的快捷菜单中选择"拷贝图层样式"选项，如图 5-38 所示。然后，在需要粘贴的图层上右击，在弹出的菜单中选择"粘贴图层样式"选项，如图 5-39 所示。此时，被拷贝的图层样式效果都已复制到目标图层中，如图 5-40 所示。

图 5-38　选择"拷贝图层样式"选项

图 5-39　选择"粘贴图层样式"选项

图 5-40　复制到目标图层中

值得一提的是，按住【Alt】键不放，将效果图标 *fx* 从一个图层拖动到另一个图层，可以将该图层的所有效果都复制到目标图层。如果只需要复制一种效果，可以按住【Alt】键的同时拖动该效果的名称至目标图层。

9. 投影和内阴影

"投影"效果是在图像背后添加阴影，使其产生立体感。在"图层样式"对话框中，选择"投影"选项，即可切换到"投影"参数设置面板，如图 5-41 所示。

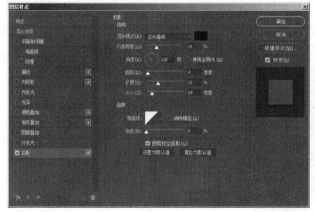

图 5-41　"投影"参数设置面板

对"投影"参数设置面板的主要选项说明如下。

● 混合模式：用于设置阴影与下方图层的色彩混合模式，默认为"正片叠底"。单击右侧的颜色块，可以设置阴影的颜色。

- 角度：用于设置光源的照射角度，光源的照射角度不同，阴影的位置也不同。勾选"使用全局光"复选框，可以使图层效果保持一致的光线照射角度。
- 距离：用于设置投影与图像的距离，该数值越大，投影就越远。
- 扩展：默认情况下，阴影的大小与图层相当，增大扩展值可以加大阴影。
- 大小：用于设置阴影的大小，数值越大，阴影就越大。
- 杂色：用于设置颗粒在投影中的填充数量。
- 图层挖空投影：该复选框用于控制半透明图层中投影的可见或不可见效果。

"投影"效果是从图层背后产生阴影，"内阴影"与"投影"类似，但"内阴影"是在图像前面内部边缘位置添加阴影，使其产生凹陷效果。图 5-42 所示为素材"相机图标.psd"，添加"投影"后的效果如图 5-43 所示，添加"内阴影"后的效果如图 5-44 所示。

图 5-42　素材"相机图标.psd"　　　　图 5-43　添加"投影"后的效果　　　　图 5-44　添加"内阴影"后的效果

5.2.3　任务分析

本任务要求在进度条中能体现出高尔夫的主题，因此我们在挑选素材时，可以选取高尔夫球、草坪等与高尔夫相关的元素。在设计尺寸上，按照 iPhone X 手机进行设计，手机尺寸的宽度为 1125 像素，因此在制作进度条时可以将宽度设置为 844 像素，高度不限。

5.2.4　任务制作

将任务进行分析后，下面我们根据本节所学的知识点来完成制作任务。在制作前要将单位设置为"像素"。在制作时，可将任务拆解为 3 个大步骤，依次是制作背景元素、添加主体元素、制作动画效果。详细步骤如下。

1. 制作背景元素

【Step1】在 Photoshop 中执行"文件→新建"命令（或按【Ctrl+N】组合键），在弹出的"新建文档"对话框中设置画布参数，如图 5-45 所示。单击"创建"按钮，完成画布的创建。

【Step2】使用"圆角矩形工具" 绘制一个圆角半径为 50 像素、宽度为 844 像素、高度为 76 像素的圆角矩形，如图 5-46 所示。

图 5-45　设置【任务 9】画布参数　　　　　　　图 5-46　绘制圆角矩形

【Step3】按住【Ctrl】键，单击圆角矩形的缩略图，载入选区。按【Ctrl+Shift+Alt+N】组合键新建"图层1"。

【Step4】选择"画笔工具" ，将笔尖设置为图 5-47 所示的形状，在选区内进行绘制，按【Ctrl+D】组合键取消选区，绘制后的效果如图 5-48 所示。

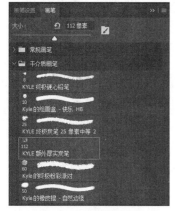

图 5-47　设置笔尖形状　　　　　　　　　　　　　图 5-48　绘制后的效果

【Step5】将图 5-49 所示的"草坪.jpg"素材置入到画布中，按【Ctrl+Alt+G】组合键为其创建剪贴蒙版，并适当调整草坪的大小，创建剪贴蒙版后的效果如图 5-50 所示。

图 5-49　"草坪.jpg"素材　　　　　　　　　图 5-50　创建剪贴蒙版后的效果

【Step6】再次使用"画笔工具" ，在"图层 1"上绘制杂草，如图 5-51 所示。

图 5-51　使用"画笔工具"绘制杂草

【Step7】选择"涂抹工具" ，在其选项栏中设置笔尖形状为"柔边圆"，在"图层 1"中边缘清晰的像素上进行小幅度涂抹，涂抹后的效果如图 5-52 所示。

图 5-52　使用"涂抹工具"涂抹后的效果

2. 添加主体元素

【Step1】单击空白处，取消选中图层，将图 5-53 所示的"高尔夫球.png"素材置入到画布中，调整其大小和位置至图 5-54 所示的样式。

图 5-53　"高尔夫球.png"　　　　　　　　　　　　　图 5-54　调整高尔夫球的大小和位置

【Step2】单击"图层"面板中的"添加图层样式"按钮 fx ，在弹出的菜单中选择"投影"选项，弹出"图层样式"对话框，在对话框中设置参数，如图 5-55 所示。添加投影的效果如图 5-56 所示。

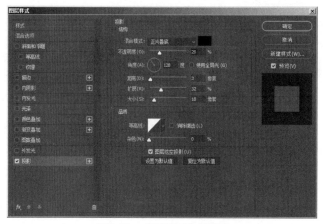

图 5-55　"图层样式"对话框　　　　　　　　　　　图 5-56　添加投影的效果

【Step3】将图 5-57 所示的"球洞.jpg"素材置入画布中，调整其大小及位置至图 5-58 所示的样式。

图 5-57　"球洞.jpg"素材　　　　　　　　　　　　　图 5-58　调整球洞大小及位置

【Step4】单击"图层"面板中的"添加图层蒙版"按钮 ，为球洞所在的图层添加图层蒙版。

【Step5】将前景色设置为黑色，选择"画笔工具" ，在其选项栏中设置笔尖形状为"柔边圆"，涂抹球洞所在图层的多余像素，如图 5-59 所示。

【Step6】使用"横排文字工具" ，设置字体为"华文细黑"、前景色为绿色（RGB：27、108、0），输入"loading..."文字，如图 5-60 所示。

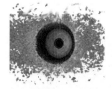 

图 5-59　涂抹球洞所在图层的多余像素　　　　　　　图 5-60　输入"loading..."文字

3. 制作动画效果

【Step1】选中球洞所在的图层，按【Ctrl+[】键，将图层顺序向下调整一层，如图 5-61 所示。

【Step2】执行"窗口→时间轴"命令，打开"时间轴"面板，在"时间轴"面板中单击"创建视频时间轴"按钮，在下拉菜单中选择"创建帧动画"选项，创建帧动画。

【Step3】设置第一帧的帧延迟时间为"0.1 秒"，单击"复制所选帧"按钮 🔲 复制帧，如图 5-62 所示。

图 5-61　调整图层顺序

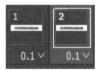

图 5-62　复制帧

【Step4】选中第二帧，将球移至球洞中，如图 5-63 所示。

图 5-63　将球移至球洞中

【Step5】单击"过渡动画帧"按钮 ，在弹出的"过渡"对话框中设置参数，具体参数设置和添加过渡帧的效果如图 5-64 所示。

图 5-64　具体参数设置和添加过渡帧的效果

【Step6】设置"循环选项"为 1 次，单击"播放"按钮 ，预览动画效果。

【Step7】按【Ctrl+S】组合键进行文件保存。按【Ctrl+Shift+Alt+S】组合键打开"存储为 Web 所用格式"对话框，将文件存储为 GIF 格式。

至此，进度条制作完成，最终的动画效果详见源文件。

5.3　【任务 10】金属质感按钮设计

按钮图标设计不仅要形式美观、颜色协调，质感的表现也尤其重要，例如常见的水晶、金属、果冻、火焰等质感。这些质感表现得当都会为按钮图标增色不少。本任务将制作一款金属质感按钮图标，通过本任务的学习，读者可以掌握几种图层样式的基本属性和编辑。

5.3.1　任务描述

旋转按钮是图标设计中常见的款式，本任务要求设计一款有旋转按钮和指针的金属质感按钮图标。客户要求该图标的形式为圆形，需有指针和刻度，并且要求图标醒目、简洁、有质感，同时兼顾时尚性，适用于浅色背景的界面设计。金属质感按钮设计效果如图 5-65 所示。

图 5-65　金属质感按钮设计效果

5.3.2　知识点讲解

1. 斜面和浮雕

"斜面和浮雕"效果可以为图像添加高光与阴影的各种组合，使图像内容呈现立体效果。在"图层样式"对话框中选择"斜面和浮雕"选项，即可切换到"斜面和浮雕"参数设置面板，如图 5-66 所示。

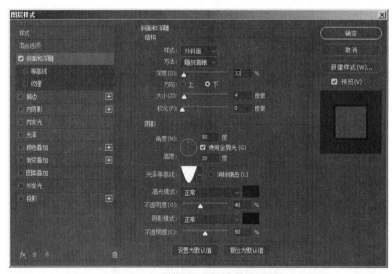

图 5-66　"斜面和浮雕"参数设置面板

对"斜面和浮雕"参数设置面板中主要选项的说明如下。

- 样式：在该下拉列表中可选择不同的斜面和浮雕样式，得到不同的效果。
- 方法：在该下拉列表中可选择不同的创建浮雕的方法。
- 深度：用于设置浮雕斜面的应用深度，数值越高，浮雕的立体性越强。
- 角度：用于设置不同的光源角度。

图 5-67 所示为素材"Mr.Pizza.psd"，分别为其添加"外斜面"样式、"内斜面"样式、"浮雕效果"样式、"枕状浮雕"样式和"描边浮雕"样式，效果如图 5-68～图 5-72 所示。

图 5-67　素材"Mr.Pizza.psd"

图 5-68　"外斜面"样式

图 5-69　"内斜面"样式

图 5-70　"浮雕效果"样式

图 5-71　"枕状浮雕"样式

图 5-72　"描边浮雕"样式

2. 内发光与外发光

"内发光"效果是沿图层对象的边缘向内创建发光效果。在"图层样式"对话框中选择"内发光"选项，即可切换到"内发光"参数设置面板，如图 5-73 所示。

"内发光"参数设置面板中主要选项的说明如下。

● 源：用来控制发光光源的位置，包括"居中"和"边缘"两个选项。选择"居中"，将从图像中心向外发光；选中"边缘"，将从图像边缘向中心发光。

● 阻塞：用于设置光源向内发散的大小。

"外发光"效果是沿图层对象的边缘向外创建发光效果。在"图层样式"对话框中选择"外发光"选项，即可切换到"外发光"参数设置面板，如图 5-74 所示。

图 5-73　"内发光"参数设置面板

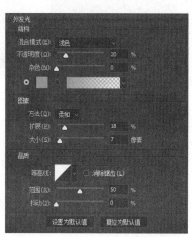

图 5-74　"外发光"参数设置面板

"外发光"参数设置面板中的主要选项说明如下。

- 杂色：用于设置颗粒在外发光中的填充数量。数值越大，杂色越多；数值越小，杂色越少。
- 方法：用于设置发光的方法，以控制发光的准确程度，包括"柔和"和"精确"两个选项。
- 扩展：用于设置发光范围的大小。
- 大小：用于设置光晕范围的大小。

"外发光"和"内发光"都可以使图像边缘产生发光的效果，只是发光的位置不同。图 5-75 所示为素材"温度计图标.psd"，水银部分添加"外发光"后的效果如图 5-76 所示，添加"内发光"后的效果如图 5-77 所示。

图 5-75 素材"温度计图标.psd"　　图 5-76 添加"外发光"后的效果　　图 5-77 添加"内发光"后的效果

3. 光泽

"光泽"效果可以为图像添加光泽，通常用于创建金属表面的光泽外观。在"图层样式"对话框中选择"光泽"选项，即可切换到"光泽"参数设置面板，如图 5-78 所示。

"光泽"参数设置面板中没有特别的选项，但可以通过选择不同的"等高线"来改变光泽的样式。图 5-79 所示为素材"樱桃.psd"，添加"光泽"后的效果如图 5-80 所示。

图 5-78 "光泽"参数设置面板　　图 5-79 素材"樱桃.psd"　　图 5-80 添加"光泽"后的效果

4. 颜色叠加、渐变叠加和图案叠加

（1）颜色叠加

"颜色叠加"效果可以在图像上叠加指定的颜色，通过设置颜色的"混合模式"和"不透明度"控制叠加效果。打开图 5-81 所示的素材"排球.jpg"，添加"颜色叠加"图层样式，打开"图层样式"对话框，在对话框中设置叠加的颜色为素材的背景色（黄色），设置"混合模式"为划分。设置"颜色叠加"的效果如图 5-82 所示。

（2）渐变叠加

"渐变叠加"效果可以在图像上叠加指定的渐变颜色。在"图层样式"对话框中选择"渐变叠加"选项，即可切换到"渐变叠加"参数设置面板，如图 5-83 所示。

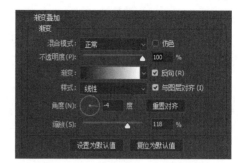

图 5-81　素材"排球.jpg"　图 5-82　设置"颜色叠加"的效果　　图 5-83　　"渐变叠加"参数设置面板

"渐变叠加"参数设置面板的主要选项说明如下。

- 渐变：用于设置渐变颜色。勾选"反向"复选框，可以改变渐变颜色的方向。
- 样式：用于设置渐变的形式。
- 角度：用于设置光照的角度。
- 缩放：用于设置效果影响的范围。

图 5-84 所示为素材"别致小品.jpg"，添加"渐变叠加"后的效果如图 5-85 所示。

图 5-84　素材"别致小品.jpg"　　　　　图 5-85　添加"渐变叠加"后的效果

（3）图案叠加

"图案叠加"效果可以在图像上叠加指定的图案，并且可以缩放图案、设置图案的不透明度和混合模式。在"图层样式"对话框中选择"图案叠加"选项，即可切换到"图案叠加"参数设置面板，如图 5-86 所示。

"图案叠加"参数设置面板的主要选项说明如下。

- 图案：用于设置图案效果。
- 缩放：用于设置效果影响的范围。
- 与图层链接：勾选该复选框，可以将图案链接到图层，此时对图层进行变换操作时，图案也会一同变换。
- 紧贴原点：用于设置图案的原点是紧贴图层还是紧贴文档的左上角。

图 5-87 所示为素材"树叶图标.psd"，添加"图案叠加"后的效果如图 5-88 所示。

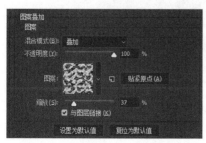

图 5-86　"图案叠加"参数设置面板　　图 5-87　素材"树叶图标.psd"　图 5-88　添加"图案叠加"后的效果

> **注意：**
>
> "颜色叠加""渐变叠加"和"图案叠加"的效果与"纯色""渐变"和"图案"填充图层类似，只不过前者是通过图层样式的形式与内容进行叠加，更便于修改。

5. 描边

"描边"效果可以使用颜色、渐变或图案勾勒图像的轮廓，在图像的边缘产生一种描边效果。在"图层样式"对话框中选择"描边"选项，即可切换到"描边"参数设置面板，如图5-89所示。

"描边"参数设置面板的主要选项说明如下。

- 大小：用于设置描边线条的宽度。
- 位置：用于设置描边的位置，包括外部、内部、居中。
- 填充类型：用于选择描边的效果以何种方式填充。
- 颜色：用于设置描边颜色。

图5-90所示为素材"蜂蜜罐子.psd"，添加"描边"后的效果如图5-91所示。

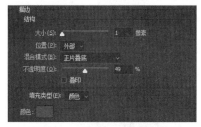  

图5-89　"描边"参数设置面板　　　图5-90　素材"蜂蜜罐子.psd"　　　图5-91　添加"描边"后的效果

6. 图层样式的混合选项

图层样式的混合选项是对图层样式的高级设置。执行"图层→图层样式→混合选项"命令，或单击"图层"面板下方的"添加图层样式" fx，在弹出的下拉菜单中选择"混合选项"命令，即可打开"混合选项"参数设置面板。该参数设置面板中提供了"常规混合""高级混合"和"混合颜色带"三个选项组，如图5-92所示。

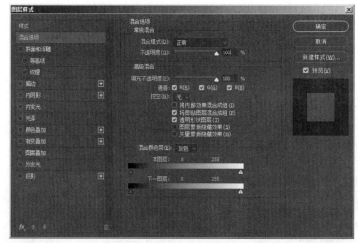

图5-92　"混合选项"参数设置面板

"常规混合"选项组中有混合模式和不透明度两个选项，其设置内容与"图层"面板的设置相同。

"高级混合"选项组主要用于对通道进行更详细的混合设置。"高级混合"选项组中的主要选项说明如下。

- 填充不透明度：可以选择不同的通道来设置不透明度。

- 通道：可以对不同的通道进行混合。
- 挖空：指出哪些图层需要穿透，以显示其他图层的
内容。选择"无"选项表示不挖空图层；选择"浅"选项表
示图像向下挖空到第一个可能的停止点；选择"深"选项表
示图像向下挖空到背景图层。

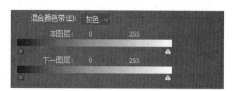

图 5-93　"混合颜色带"选项组

"混合颜色带"选项组用于指定混合效果对哪一通道起
作用，如图 5-93 所示。

在"混合颜色带"选项组中，两个颜色渐变条表示图层的色阶，数值范围为 0～255。我们可以通过拖动渐变条下面的滑块来进行设置。其中，"本图层"用于显示或隐藏当前图层的图像像素；"下一图层"用来调整下一图层图像像素的亮部或暗部。它们均有两个颜色的滑块，其中，白色滑块代表亮部像素，黑色滑块代表暗部像素。图像调整色阶前后的效果分别如图 5-94 和图 5-95 所示。

图 5-94　图像调整前的效果

图 5-95　图像调整后的效果

值得一提的是，按住【Alt】键的同时拖动滑块，滑块会变为两部分，如图 5-96 所示。这样可以使图像上、下两层的颜色过渡更加平滑。

5.3.3　任务分析

本任务是制作一款有旋转按钮和指针的金属质感按钮图
标，在设计时可在质感、颜色等方面作分析。

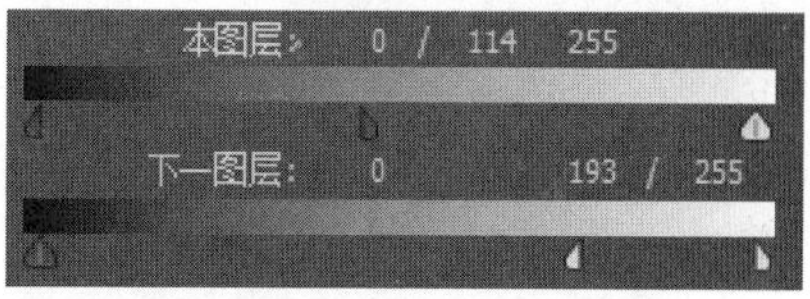

图 5-96　滑块会变为两部分

1. 质感方面

由于图标要求由按钮、刻度和指针这几部分组成，信息相对比较烦琐，故而在造型上尤其需要注重使用层次来区分这几部分。层次不仅可以通过颜色、大小、凹凸进行区分，还可以通过质感来区分。

虽然要将按钮做成金属质感，但是如果将按钮中的所有部分都赋予金属质感，反而削弱了质感的效果。因此，我们将图标的视觉中心，即按钮部分，制作成金属质感，削弱其他部分的质感。这样做有利于提升图标的质感对比、层次和效果。

2. 颜色方面

该按钮最终运用在浅灰色（RGB：230、230、230）的背景之上，在颜色方面既要与之统一，又必须有视觉的亮点。这里运用黑色和玫红色来制作视觉的反差效果，注意黑、白、灰的关系表现。

3. 实用方面

任何图标最后都是以实用为目的，指针和刻度应存在相应的关系，可以给用户产生关联的信号，便于操作。例如，通过颜色将其进行关联。

5.3.4　任务制作

将任务进行分析后，下面我们根据本节所学的知识点来完成制作任务。在制作前要将单位设置为"像素"。在制作时，可将任务拆解为 5 个大步骤，依次是制作背景部分、制作状态条黑色部分、制作状态条玫红色部分、制作指针部分和制作金属按钮部分。详细步骤如下。

1. 制作背景部分

【Step1】在 Photoshop 中执行"文件→新建"命令（或按【Ctrl+N】组合键），在弹出的"新建文档"对话框中设置画布参数，如图 5-97 所示。单击"创建"按钮，完成画布的创建。

【Step2】设置"前景色"为（RGB：230、230、230），按【Alt+Delete】组合键，为"背景"层填充前景色。

【Step3】选择"椭圆工具" ，在画布中心单击，创建一个高度和宽度均为 238 像素的正圆形状，得到"椭圆 1"，并填充为灰色（RGB：180、180、180），如图 5-98 所示。在"图层"面板中，设置"填充"为 0%。

【Step4】单击"图层"面板下方的"添加图层样式"按钮 ，选择"描边"选项，"描边"参数设置如图 5-99 所示。

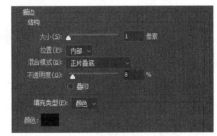

图 5-97 设置【任务 10】画布参数　　图 5-98 创建正圆并填充　　　　图 5-99 "描边"参数设置

【Step5】选择"内发光"选项，设置"内发光"的"混合模式"为正常、"不透明度"为 4%、"内发光颜色"为黑色、"大小"为 16 像素，"等高线"的设置如图 5-100 所示，"范围"为 100%。"内发光"参数设置如图 5-101 所示。

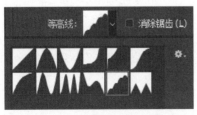

图 5-100 "等高线"的设置　　　　　　　图 5-101 "内发光"参数设置

【Step6】选择"外发光"选项，设置"外发光"的"混合模式"为正常、"不透明度"为 38%、发光颜色为白色、"大小"为 1 像素。"外发光"参数设置如图 5-102 所示。

【Step7】选择"投影"选项，设置"投影"的"混合模式"为正常、"颜色"为白色、"不透明度"为 37%、"距离"为 1 像素、"大小"为 1 像素。"投影"参数设置如图 5-103 所示。

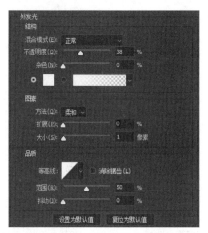

图 5-102　"外发光"参数设置

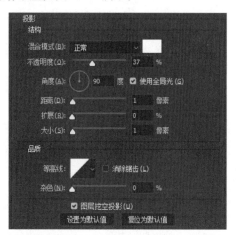

图 5-103　"投影"参数设置

【Step8】单击"确定"按钮，添加图层样式后的效果如图 5-104 所示。

2. 制作状态条黑色部分

【Step1】选择"椭圆 1"，按【Ctrl+J】组合键，复制得到"椭圆 1 拷贝"。在"图层"面板中，拖动"椭圆 1 拷贝"下方的"效果"至面板底部的 🗑 处，将"图层样式"的效果删除。

【Step2】在"图层"面板中，设置"填充"为 100%。按【Ctrl+T】组合键，调出定界框。按【Alt+Shift】组合键的同时，向内拖动"椭圆 1 拷贝"角点将其等比例缩小，大小如图 5-105 所示。按【Enter】键确定自由变换。

图 5-104　添加图层样式后的效果

【Step3】按【Ctrl+J】组合键，复制得到"椭圆 1 拷贝 2"。按【Ctrl+T】组合键，再次进行等比例缩小，如图 5-106 所示。按【Enter】键确定自由变换。

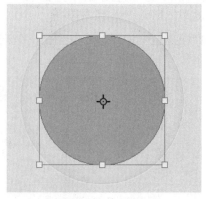

图 5-105　等比例缩小

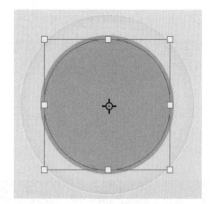

图 5-106　复制并进行等比例缩小

【Step4】在"图层"面板中，同时选中"椭圆 1 拷贝"和"椭圆 1 拷贝 2"。按【Ctrl+E】组合键，将其合并得到"椭圆 1 拷贝 2"。

【Step5】选择"路径选择工具" ▶，单击选中"椭圆 1 拷贝 2"中略小的路径形状，如图 5-107 所示。在其选项栏中的"路径操作"中选择"减去顶层形状"按钮 🔲，此时画面效果如图 5-108 所示。

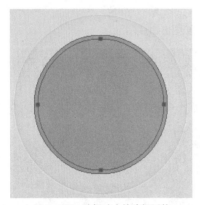

图 5-107　选择略小的路径形状

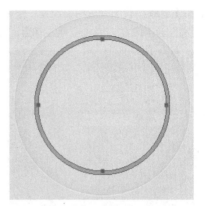

图 5-108　减去顶层形状

【Step6】在选项栏中的"路径操作"中选择"合并形状组件"按钮 ，在弹出的对话框中单击"是"
按钮，合并形状组件效果如图 5-109 所示。

【Step7】单击"图层"面板下方的"添加图层样式"按钮 ，选择"内阴影"选项，设置"内阴影"
的"不透明度"为 100%、"距离"为 2 像素、"大小"为 2 像素。"内阴影"参数设置如图 5-110 所示。

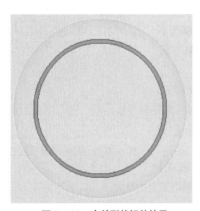

图 5-109　合并形状组件效果

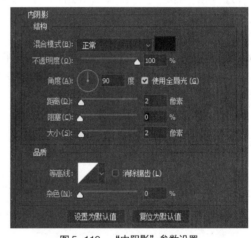

图 5-110　"内阴影"参数设置

【Step8】选择"渐变叠加"选项，单击"渐变"右侧的颜色条，弹出"渐变编辑器"，设置渐变颜色，
如图 5-111 所示。设置"渐变叠加"的"样式"为角度、"角度"为 0，如图 5-112 所示。

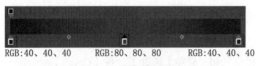

RGB:40、40、40　　　RGB:80、80、80　　　RGB:40、40、40

图 5-111　设置渐变颜色

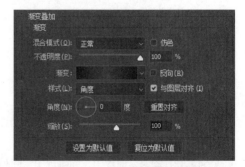

图 5-112　设置"渐变叠加"参数

【Step9】选择"投影"选项，设置"投影"的"混合模式"为正常、"距离"为 2 像素、"大小"为
2 像素，如图 5-113 所示。状态条黑色部分的效果如图 5-114 所示。

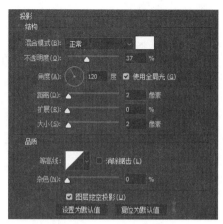

图 5-113　"投影"设置

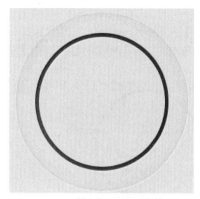

图 5-114　状态条黑色部分的效果

3. 制作状态条玫红色部分

【Step1】按【Ctrl+J】组合键，复制"椭圆 1 拷贝 2"得到"椭圆 1 拷贝 3"，清除"椭圆 1 拷贝 3"的图层样式。

【Step2】选择"钢笔工具" ，在画布中绘制一个图 5-115 所示的形状，得到"形状 1"。

【Step3】在"图层"面板中，同时选中"椭圆 1 拷贝 3"和"形状 1"，按【Ctrl+E】组合键，将其合并，图层名称为"形状 1"。

【Step4】选择"路径选择工具" ，单击选中钢笔绘制的形状，然后在其选项栏中的"路径操作"中选择"减去顶层形状"按钮 ，如图 5-116 所示。

图 5-115　绘制"形状 1"

图 5-116　减去顶层形状

【Step5】在其选项栏中的"路径操作"中选择"合并形状组件"按钮 ，合并形状组件如图 5-117 所示。

【Step6】在"图层"面板中，双击图层"形状 1"的空白处，弹出"图层样式"对话框。

【Step7】在"图层样式"对话框选择"颜色叠加"选项，设置"颜色叠加"的"颜色"为玫红色（RGB：255、55、150），如图 5-118 所示。单击"确定"按钮，添加"颜色叠加"后的效果如图 5-119 所示。

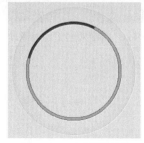

图 5-117　合并形状组件

图 5-118　设置"颜色叠加"的"颜色"为玫红色

【Step8】在"图层"面板中，选择"椭圆 1 拷贝 2"，按【Ctrl+J】组合键，复制得到"椭圆 1 拷贝 3"。调整"椭圆 1 拷贝 3"的图层顺序在"形状 1"之上。

【Step9】在"图层"面板中，设置"椭圆 1 拷贝 3"的"不透明度"为 50%、"填充"为 0%。单击其"渐变叠加"名称前的"指示图标可见性"图标 ，将"渐变叠加"效果隐藏，如图 5-120 所示。

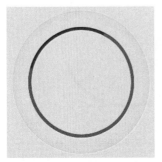

图 5-119　添加"颜色叠加"后的效果

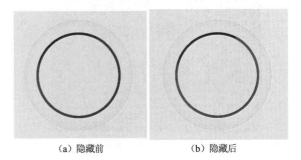

（a）隐藏前　　　　（b）隐藏后

图 5-120　隐藏"渐变叠加"效果前后比较

4. 制作指针部分

【Step1】选择"矩形工具" ，在画布中绘制一个灰色（RGB：200、200、200）矩形作为刻度，得到"矩形 1"，如图 5-121 所示。

【Step2】在"图层"面板中，双击图层"矩形 1"的空白处，弹出"图层样式"对话框。

【Step3】选择"斜面和浮雕"选项，设置"斜面和浮雕"的"方向"为下、"大小"为 1 像素、"阴影模式"的"颜色"为灰色（RGB：170、170、170）。"斜面和浮雕"参数设置如图 5-122 所示。单击"确定"按钮，添加"斜面和浮雕"后的效果如图 5-123 所示。

图 5-122　"斜面和浮雕"参数设置

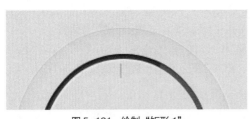

图 5-121　绘制"矩形 1"

【Step4】按【Ctrl+J】组合键，复制得到"矩形 1 拷贝"。选择"移动工具" ，按住【Shift】键的同时，将其移至适当位置，如图 5-124 所示。

【Step5】在"图层"面板中，同时选中"矩形 1"和"矩形 1 拷贝"。按【Ctrl+J】组合键，得到两个复制图层。按【Ctrl+T】组合键，将其旋转 90°，效果如图 5-125 所示。

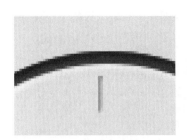

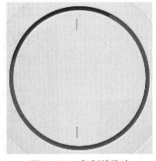

图 5-123　"斜面和浮雕"效果　　　　　图 5-124　复制并移动　　　　　　图 5-125　复制并旋转

【Step6】选择"多边形工具" ，在其选项栏中设置"边数"为 3，在画布中绘制一个三角形形状，如图 5-126 所示。

【Step7】在"图层"面板中，单击面板下方的"添加图层样式"按钮 ，选择"斜面和浮雕"选项，在弹出的"图层样式"对话框中设置参数。"斜面和浮雕"参数设置如图 5-127 所示。

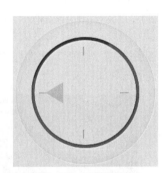

图 5-126　三角形形状

图 5-127　"斜面和浮雕"参数设置

【Step8】选择"描边"选项，设置"大小"为 1 像素、"不透明度"为 62%。"描边"参数设置如图 5-128 所示。

【Step9】选择"渐变叠加"选项，单击"渐变"右侧"渐变颜色条"，在弹出的"渐变编辑器"中设置渐变颜色，如图 5-129 所示。"渐变叠加"参数设置如图 5-130 所示。

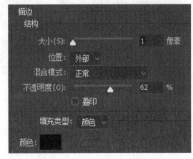

图 5-128　"描边"参数设置

图 5-129　设置渐变颜色

【Step10】选择"投影"选项，设置"混合模式"为正常、"不透明度"为 50%、"距离"为 5 像素、"大小"为 5 像素。投影参数设置如图 5-131 所示。指针部分的效果如图 5-132 所示。

图 5-130 　"渐变叠加"参数设置

图 5-131 　"投影"参数设置

5. 制作金属按钮部分

【Step1】在"图层"面板中，选择"椭圆 1"。按【Ctrl+J】组合键，得到"椭圆 1 拷贝"。调整"椭圆 1 拷贝"图层顺序到所有图层之上。

【Step2】在"图层"面板中，调整"椭圆 1 拷贝"的"填充"为 100%。按【Ctrl+T】组合键，调出定界框。按【Alt+Shift】组合键的同时，向内拖动角点将其等比例缩小，大小如图 5-133 所示。按【Enter】键确定自由变换。

【Step3】双击"椭圆 1 拷贝"下方的"效果"图标，弹出"图层样式"对话框。选择"斜面和浮雕"选项，在弹出的参数设置面板中设置"斜面和浮雕"的具体参数，如图 5-134 所示。

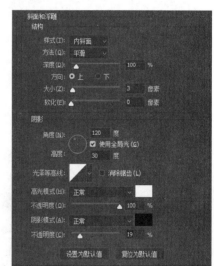

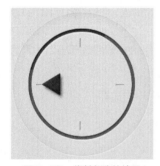

图 5-132 　指针部分的效果

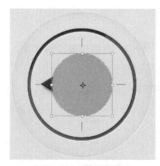

图 5-133 　等比例缩小

图 5-134 　"斜面和浮雕"参数设置

【Step4】分别单击"描边"和"内发光"选项前面的 ☑ 图标，停用其样式效果。

【Step5】选择"渐变叠加"选项，单击"渐变"右侧颜色条，弹出"渐变编辑器"对话框，设置渐变颜色，如图 5-135 所示，单击"确定"按钮。设置"样式"为角度、"角度"为 13 度。"渐变叠加"参数设置如图 5-136 所示。

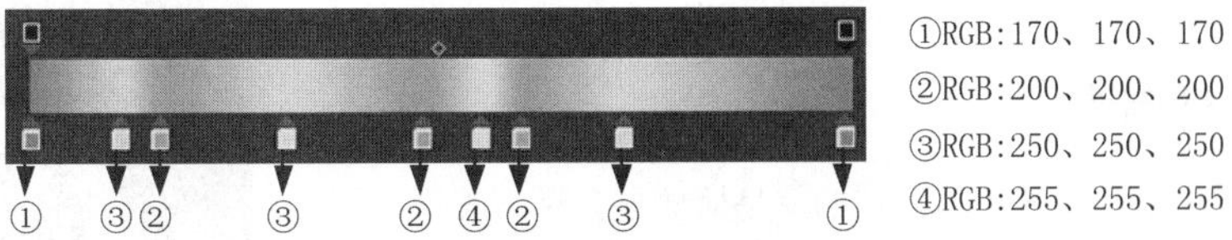

①RGB:170、170、170
②RGB:200、200、200
③RGB:250、250、250
④RGB:255、255、255

图 5-135　设置渐变颜色

【Step6】选择"外发光"选项,"外发光"参数设置如图 5-137 所示。

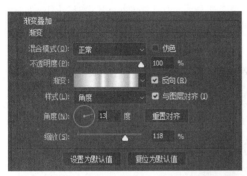

图 5-136　"渐变叠加"参数设置

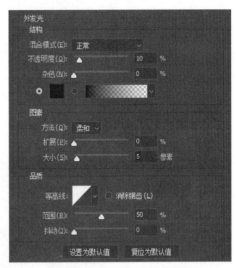

图 5-137　"外发光"参数设置

【Step7】选择"投影"选项,"投影"参数设置如图 5-138 所示。

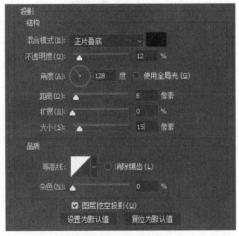

图 5-138　"投影"参数设置

【Step8】按【Ctrl+S】组合键,将文件保存在指定文件夹内。

至此,金属质感按钮制作完成,最终的设计效果如图 5-65 所示。

5.4 【任务 11】播放器图标设计

播放器通常是指能播放以数字信号形式存储的视频或音频文件的软件,可分为音频播放器(例如 QQ 音乐、网易云等)和视频播放器(例如腾讯视频、爱奇艺等)。下面将制作一款视频播放器图标,通过本任务的学习，读者可以掌握图层的混合模式等相关知识。

5.4.1　任务描述

用户在选择播放器时，第一眼看到的就是播放器图标，美观的图标能让用户产生下载的欲望。本任务将制作一款播放器图标，客户要求整体色调是蓝色，并且一眼能够识别。图 5-139 所示为播放器图标设计效果。

5.4.2　知识点讲解

1. 图层的混合模式

为了实现一些绚丽的效果，在进行图像合成时，经常需要对多个图层进行颜色的混合，这时就需要使用图层的混合模式。混合模式是指一个图层与其下方图层的混合方式。在 Photoshop 中默认的图层混合模式为"正常"，除了"正常"还有很多种混合模式。在"图层"面板中，单击"图层混合模式"按钮，会弹出"图层混合模式"的下拉菜单，如图 5-140 所示。

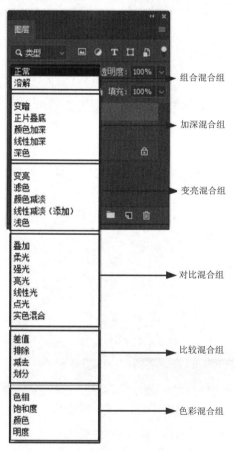

图 5-139　播放器图标设计效果

图 5-140　"图层混合模式"的下拉菜单

在"图层混合模式"的下拉菜单中，Photoshop 将图层混合模式分为 6 大组，共 27 个混合模式，其中常用的图层混合模式有"正片叠底""叠加""滤色"等。值得注意的是，由于混合模式用于控制上下两个图层（本书统一将上方图层称为"混合色"，下方图层称为"基色"，得到的效果称为"结果色"）在叠加时所显示的整体效果，因此通常为上方的图层设置混合模式。

2. 正片叠底

"正片叠底"是 Photoshop 中常用的图层混合模式之一，通过"正片叠底"模式可以将图像的基色与混合色复合，得到较暗的结果色。单击"图层混合模式"下拉按钮，在弹出的下拉菜单中可选择"正片叠底"模式，如图 5-141 所示。

在"正片叠底"模式下，任何颜色与黑色混合都产生黑色，如图 5-142 所示。任何颜色与白色混合保持不变，如图 5-143 所示。任何颜色与其他颜色混合会得到较暗的图像，如图 5-144 所示。

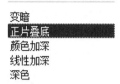

图 5-141　选择"正片叠底"模式

图 5-142　与黑色混合都产生黑色

图 5-143　与白色混合保持不变

图 5-144　得到较暗的图像

在进行图像混合时，常用"正片叠底"来添加阴影或保留图像中的深色部分。保留图像中的深色部分的示例如图 5-145 所示。

混合模式为"正常"　　　　混合模式为"正片叠底"

图 5-145　保留图像中的深色部分的示例

3. 滤色

"滤色"模式与"正片叠底"模式相反，应用"滤色"模式的混合图像，其结果色将比基色更淡。因此"滤色"通常会用于加亮图像或去掉图像中的暗调色部分。设置"滤色"模式前后对比如图 5-146 所示。

设置"滤色"模式前　　　　　设置"滤色"模式后

图 5-146　设置"滤色"模式前后对比

通过图 5-146 可见，"滤色"就是保留两个图层中较亮的部分、遮盖较暗部分的一种图层混合模式。

4. 叠加

"叠加"是"正片叠底"和"滤色"的组合模式。采用此模式合并图像时，图像的中间调会发生变化，亮色调和暗色调基本保持不变。设置"叠加"模式前后对比如图 5-147 所示。

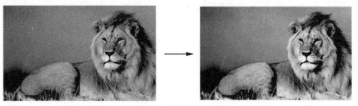

图 5-147　设置"叠加"模式前后对比

通过图 5-147 容易看出，当选择"叠加"模式后，图像的中间调区域（例如褐色、蓝色等）都发生了或明或暗的变化。

鉴于"叠加"的这种特性，通常运用"叠加"模式来制作图像中的高光、亮色部分。图 5-148 展示的是为梨添加了高光效果。

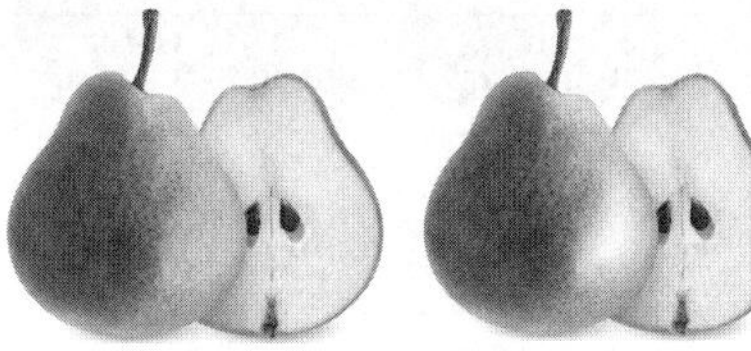

5.4.3　任务分析

本案例是制作一个视频播放器图标，客户要求使用蓝色作

原图　　　　添加了高光效果

图 5-148　为梨添加了高光效果

为主体色。但是在设计时，若只使用一种蓝色，那么最终效果会显得单调，不足以让用户在众多播放器中一眼识别出这款播放器，这时我们可以再选取一种反差大的颜色作为点睛色。本案例选取橙黄色作为点睛色来吸引用户的眼球。

5.4.4　任务制作

将任务进行分析后，下面我们根据本节所学的知识点来完成制作任务。在制作时，可将任务拆解为 5 个大步骤，依次是绘制播放器背景、绘制播放器基本形状、添加图层样式、添加基本光效和制作蒙版光效。详细步骤如下。

1. 绘制播放器背景

【Step1】在 Photoshop 中执行"文件→新建"命令（或按【Ctrl+N】组合键），在弹出的"新建文档"对话框中设置画布参数，如图 5-149 所示。单击"创建"按钮，完成画布的创建。

【Step2】设置前景色为蓝色（RGB：9、73、158），按【Alt+Delete】组合键填充前景色，如图 5-150 所示。

图 5-149　设置【任务 11】画布参数

图 5-150　填充前景色

【Step3】将图 5-151 所示的素材"纹理.jpg"置入画布中，将素材的图层混合模式设置为"正片叠底"。

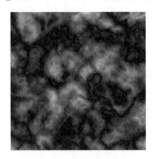

图 5-151　素材"纹理.jpg"

图 5-152　将素材置入画布中

【Step4】按【Ctrl+Shift+Alt+N】组合键新建"图层 1"。选择"渐变工具"，在"图层 1"中绘制蓝色（RGB：9、73、158）到透明的径向渐变，如图 5-153 所示。

【Step5】选择"椭圆工具"，在画布中绘制一个正圆形状，得到"椭圆 1"图层。设置"填充"为无颜色、描边颜色为白色、描边宽度为 1 像素、实线，效果如图 5-154 所示。

【Step6】在"图层"面板中，设置"椭圆 1"的图层混合模式为"叠加"，效果如图 5-155 所示。

图 5-153　绘制径向渐变

图 5-154　绘制正圆

图 5-155　"叠加"效果

【Step7】选中背景部分的所有图层，按【Ctrl+G】组合键对图像进行编组，命名为"播放器背景"。

2. 绘制播放器基本形状

【Step1】选择"椭圆工具"，在画布中绘制一个正圆，命名为"外框 4"，将其填充颜色设置为浅蓝色（RGB：176、216、254），如图 5-156 所示。

【Step2】按【Ctrl+J】组合键，复制"外框 4"，将复制的图层命名为"外框 3"，并将其填充为白色。

【Step3】按【Ctrl+T】组合键调出定界框，调整"外框 3"至合适大小，效果如图 5-157 所示。

【Step4】按【Ctrl+J】组合键，复制"外框 3"，将复制的图层命名为"外框 2"，并填充为深蓝色（RGB：8、64、139）。然后，通过自由变换将其调整至合适大小，如图 5-158 所示。

图 5-156　"外框 4"

图 5-157　"外框 3"

图 5-158　"外框 2"

【Step5】选择"自定形状工具" ，在其选项栏中单击"形状"右侧下拉按钮，在弹出的下拉面板中单击 ⚙ 按钮。在弹出的下拉菜单中选择"全部"选项，如图 5-159 所示。此时会弹出一个对话框，单击对话框中的"确定"按钮添加全部形状。

【Step6】选择下拉面板中的"圆角三角形"，如图 5-160 所示，按住鼠标左键不放，在画布中拖动，即可绘制一个圆角三角形。将得到的新图层命名为"中心按钮"。

【Step7】设置前景色为橙黄色（RGB：255、132、0），按【Alt+Delete】组合键为"圆角三角形"填充前景色。按【Ctrl+T】组合键调出定界框，将"中心按钮"适当旋转，效果如图 5-161 所示。

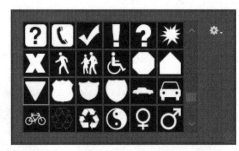

图 5-159　选择"全部"选项　　图 5-160　选择下拉面板中的"圆角三角形"　　图 5-161　填充并旋转"中心按钮"

【Step8】选中播放器基本形状的所有图层，按【Ctrl+G】组合键对图像进行编组，命名为"播放器形状"。

3. 添加图层样式

【Step1】双击"外框 4"图层空白处，在弹出的"图层样式"对话框中选择"斜面和浮雕"选项，设置"斜面和浮雕"参数，如图 5-162 所示。

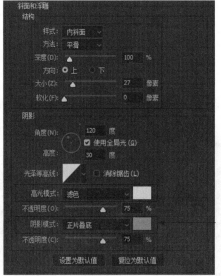

RGB：152、184、219

图 5-162　"斜面和浮雕"参数设置

【Step2】选择"渐变叠加"选项，设置浅蓝色（RGB：173、215、255）到白色的线性渐变、渐变角度为 135 度，如图 5-163 所示。单击"确定"按钮，"外框 4"的最终效果如图 5-164 所示。

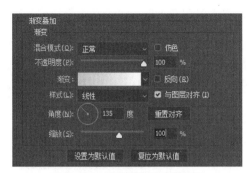

图 5-163 "渐变叠加"参数设置

图 5-164 "外框 4"的最终效果

【Step3】双击"外框 3"图层空白处,在弹出的"图层样式"对话框中选中"投影"选项,设置阴影颜色为深蓝色(RGB:8、68、147)。"投影"参数设置如图 5-165 所示。"外框 3"添加"投影"的效果如图 5-166 所示。

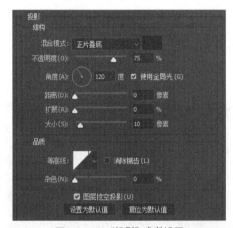

图 5-165 "投影"参数设置

图 5-166 添加"投影"的效果

【Step4】双击"外框 2"图层空白处,在弹出的"图层样式"对话框中选中"内阴影"选项,设置内阴影"大小"为 10 像素。"内阴影"参数设置如图 5-167 所示。

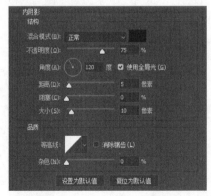

图 5-167 "内阴影"参数设置

【Step5】选择"渐变叠加"选项,设置深蓝(RGB:7、65、139)到浅蓝(RGB:16、104、216)的线性渐变、"渐变角度"为 120 度。"渐变叠加"参数设置如图 5-168 所示。单击"确定"按钮,"外框 2"的最终效果如图 5-169 所示。

图 5-168 "渐变叠加"参数设置

图 5-169 "外框 2"的最终效果

【Step6】双击"中心按钮"图层空白处，在弹出的"图层样式"对话框中选中"斜面和浮雕"选项，设置"阴影模式"的颜色为淡黄色（RGB：214、162、128），如图 5-170 所示。

【Step7】选择"渐变叠加"选项，设置橙色（RGB：255、84、0）到浅橙色（RGB：255、132、0）的线性渐变。"渐变叠加"参数设置如图 5-171 所示。

图 5-170 "斜面和浮雕"参数设置

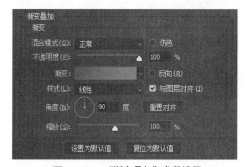

图 5-171 "渐变叠加"参数设置

【Step8】选择"投影"选项，设置"不透明度"为 20%、"距离"和"大小"均为 2 像素，如图 5-172 所示。"中心按钮"的最终效果如图 5-173 所示。

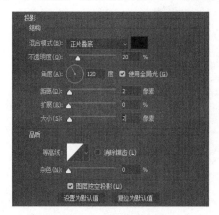

图 5-172 "投影"参数设置

图 5-173 "中心按钮"的最终效果

4. 添加基本光效

【Step1】按【Ctrl+Shift+Alt+N】组合键新建"图层 2",选择"渐变工具" ▦,在新建图层中绘制白色到透明的径向渐变,如图 5-174 所示。

【Step2】按【Ctrl+T】组合键调出定界框,右击选择"透视"命令,调整"图层 2"的形状,如图 5-175 所示。按【Enter】键,确认变换操作。

【Step3】在"图层"面板中,设置"图层 2"的"图层混合模式"为"叠加"。然后按【Ctrl+T】组合键,旋转图像并移至合适位置,效果如图 5-176 所示。

图 5-174　绘制白色到透明的径向渐变　　　图 5-175　透视变换　　　图 5-176　旋转并移动图像

【Step4】按【Ctrl+J】组合键复制"图层 2",使受光面更加突出,如图 5-177 所示。

【Step5】按【Ctrl+Shift+Alt+N】组合键新建"图层 3"。选择"椭圆选框工具" ⬭,在其选项栏中设置"羽化"为 1 像素,在"图层 3"中绘制一个椭圆选区,并填充白色,如图 5-178 所示。按【Ctrl+D】组合键,取消选区。

【Step6】运用"移动工具" ✛ 和自由变换操作将"图层 3"移动并旋转至合适位置和角度,效果如图 5-179 所示。

图 5-177　复制图层　　　图 5-178　绘制椭圆选区并填充白色　　　图 5-179　移动并旋转

【Step7】重复运用 Step5 和 Step6 中的方法,新建"图层 4",再次绘制一个高光点,如图 5-180 所示。

【Step8】按【Ctrl+Shift+Alt+N】组合键,新建"图层 5",选择"渐变工具" ▦,在新建图层中绘制白色到透明的径向渐变,如图 5-181 所示。

【Step9】按照 Step2 和 Step3 中的方法调整"图层 5",得到反光区域,效果如图 5-182 所示。

图 5-180　绘制高光点　　　图 5-181　绘制白色到透明的径向渐变　　　图 5-182　绘制反光区域

【Step10】选中样式和光效部分的图层，按【Ctrl+G】组合键进行编组，命名为"样式和光效"。

5. 制作蒙版光效

【Step1】在"图层"面板中，单击"创建新组"按钮 ，创建一个图层组并重命名为"蒙版光效"，如图 5–183 所示。

【Step2】选择"椭圆选框工具" ，在画布中绘制一个正圆选区，如图 5–184 所示。

【Step3】单击"图层"面板底部的"添加图层蒙版"按钮 ，为图层组添加一个蒙版，如图 5–185 所示，此时画面中的选区会消失。

  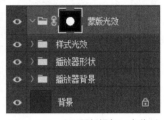

图 5–183　创建新组　　　　　　图 5–184　绘制正圆选区　　　　图 5–185　为图层组添加一个蒙版

【Step4】按住【Ctrl】键不放，单击"图层"面板中的图层蒙版缩览图，将其载入选区。按【Ctrl+Shift+Alt+N】组合键新建"图层 6"，为选区填充白色，如图 5–186 所示。

【Step5】按【Shift+F6】组合键，在弹出的"羽化选区"对话框中设置"羽化半径"为 5 像素，如图 5–187 所示。单击"确定"按钮。

【Step6】通过【↓】【→】方向键，将选区移至合适位置，如图 5–188 所示。

图 5–186　新建图层并填充颜色　　　　图 5–187　"羽化选区"对话框　　　　图 5–188　移动选区

【Step7】按【Delete】键，删除选区中的内容。按【Ctrl+D】组合键，取消选区，设置"图层 6"的图层混合模式为"叠加"，效果如图 5–189 所示。

图 5–189　设置图层混合模式为"叠加"

【Step8】按【Ctrl+J】组合键，复制得到"图层 6 拷贝"。将"图层 6 拷贝"旋转至合适位置。
至此，播放器图标制作完成，最终效果如图 5-139 所示。

5.5　本章小结

本章介绍了 UI 设计的相关知识，包括 UI 的应用范围和设计原则两个模块；利用帧、蒙版、图层样式等功能制作了进度条、金属质感按钮和播放器图标。通过本章的学习，读者可以掌握 UI 设计的相关知识，以及帧、蒙版、图层样式等功能模块的使用方法。

5.6　课后练习

学习完 UI 设计的相关内容，下面来完成课后练习吧：
请使用所学知识绘制图 5-190 所示的音乐图标。

图 5-190　音乐图标

第 6 章

海报设计

学习目标

★ 了解海报的构成要素和设计要求，能够制作符合要求的海报。

★ 掌握创建 3D 的方式，能够创建 3D 模型。

★ 掌握各类修复工具的使用，例如"仿制图章工具""内容感知移动工具"等。

拓展阅读

海报是现代广告中使用频繁、广泛的广告传播手段之一。随着人们审美水平的提高和企业对自身形象宣传的重视，现代的海报设计不但具有传播的价值，还具有极高的艺术欣赏性和收藏性。本章将使用 Photoshop 软件制作两幅海报，带领大家掌握 3D 的相关知识和一系列修复工具的使用方法。

6.1 海报简介

海报是一种张贴在公共场合，引起大众注意，以达到宣传目的的印刷广告形式，例如图 6-1～图 6-3 所示的戒烟海报、宣传海报和系列海报。

图 6-1 戒烟海报

图 6-2 宣传海报

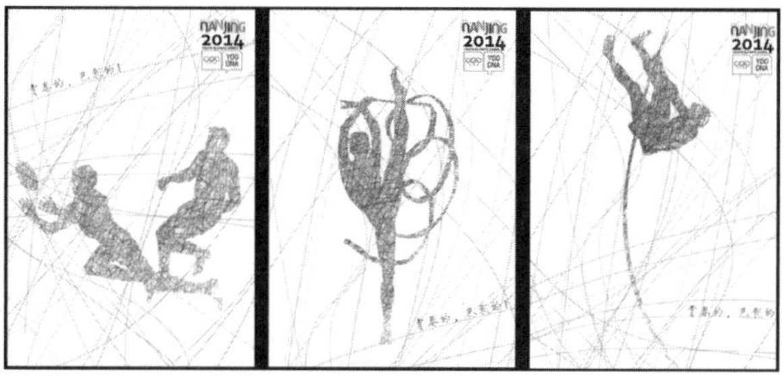

图 6-3　系列海报

若要设计好符合规范的海报，需要先了解海报的分类、构成要素和设计要求，本节将对这些知识进行讲解。

6.1.1　海报的分类

随着社会的日趋商业化，海报也有了不同的表现形式。根据海报的不同功能和需求，通常将海报分为公益海报和商业海报两大类，具体介绍如下。

1. 公益海报

公益海报通常是以社会公益性问题为题材绘制的宣传画，旨在通过某种观念的传达，呼吁公众关注的问题，从而服务于公众利益。社会公益性问题，如戒烟、优生、献血、交通安全、环境保护、和平等。图 6-4 和图 6-5 分别为节约用水公益海报和献血公益海报。

图 6-4　节约用水公益海报

图 6-5　献血公益海报

2. 商业海报

商业海报通常是以宣传企业促销商品和商业服务、满足消费者需求等内容为题材绘制的宣传画，例如产品形象宣传、品牌形象宣传、商业会展等。图 6-6 和图 6-7 分别为商场促销海报和酸辣粉宣传海报。

图 6-6　商场促销海报

图 6-7　酸辣粉宣传海报

6.1.2　海报的构成要素

虽然海报的内容、主题和表现形式千变万化，但它的构成要素基本相同。海报的构成要素主要包括文字、图像/图形和色彩。下面对海报的构成要素进行具体介绍。

1. 文字

文字是海报设计的重要组成部分，是增强视觉传达效果、展现海报设计风格、赋予海报版面审美价值的重要手段。海报中的文字主要包括侧重于内容的文案设计和突出表现形式的主题字体设计，前者是将广告内容、信息通过文字的方式表达出来，力求简单、明了，富有冲击力和表现力；后者则是利用文字的重叠、夸张、变形等手段将文字图形化，以突显主题内容。主题字体设计和文案设计如图 6-8 所示。

2. 图像/图形

图像/图形是海报设计的又一重要组成部分。海报设计包含具象图像和抽象图形两种，具体解释如下。

● 具象图像：有具体形象的图案，多采用摄影或逼真的绘制方法，对事物的具体形态、色彩、质地进行形象再现。具象图像特征鲜明、生动，因贴近生活而使海报表现出丰富的感染力。例如，图 6-9 所示的保护野生动物系列海报中，犀牛和老虎均属于具象图像。

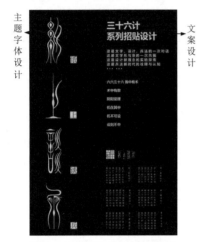

图 6-8　主题字体设计和文案设计

图 6-9　保护野生动物系列海报

● 抽象图形：由点、线、面和肌理效果等绘制的图形，仅以抽象性的造型元素来表达形式美感，例如图 6-10 所示的抽象图形。

3. 色彩

色彩作为一种表情达意的手段，在海报设计中是特别重要的一个要素。一幅海报的成败，很大程度上取决于色彩运用的优劣。鲜亮的色彩可以给人们留下深刻的印象，有助于创造个性诉求，引起人们的情感共鸣。图 6-11 展示的是啤酒宣传海报。

图 6-10　抽象图形

图 6-11　啤酒宣传海报

图 6-11 所示的啤酒宣传海报，整体运用红色，表现了热情、喜庆、活泼的节日氛围，引人注目。

6.1.3　海报的设计要求

海报设计虽隶属于平面设计，要遵循平面设计的相关规范和要求，例如设计出血线、设置 CMYK 颜色模式和单色黑字体的设置要求等，但它也具有自己的设计要求。海报的设计要求主要体现在画面尺寸、设计创意和视觉效果三个方面，具体介绍如下。

1. 画面尺寸

海报的分布范围主要是在公共活动空间，这就决定了海报必须以大尺寸的画面来进行信息传达。海报画面一般有对开、全开甚至更大的尺寸。例如巨幅海报，如图 6-12 所示。

2. 设计创意

设计创意是海报设计的灵魂，它能够使海报的诉求明确、主题突出并具有深刻的内涵，使海报作品产生强烈的感染力和说服力。例如，保护动物公益海报设计如图 6-13 所示。

图 6-12　巨幅海报

图 6-13　保护动物公益海报设计

图 6-13 运用了"熊的想象"这一创意，表达了"熊想念熊宝宝"这一情感。这一情感能够启发人们：动物也是有思想的，进而使人的思想与海报表达的情感进行关联，最终激发人们保护动物的欲望。

3. 视觉效果

海报设计注重远距离的视觉效果，加之受众对街头广告注意的时间较短，因此要求海报设计在视觉效果方面必须遵循以下几个原则，从而使海报能够迅速、准确、有效地传达信息。

- 图像/图形和文字的搭配需要准确、简洁。
- 色彩的对比要强烈，且搭配需要和谐统一。
- 灵活运用画面空间和简化信息，突出关键信息。

6.2　【任务 12】VR 宣传公益海报设计

VR（Virtual Reality）是指虚拟现实技术，在医学、教育、军事等领域中都有着不可替代的作用，但目前并未普及。为了让更多的人熟悉 VR，并产生了解 VR 的欲望，本任务将设计一幅 VR 宣传公益海报。通过本任务的学习，读者可以掌握创建 3D 模型的方法，熟悉 3D 工作界面及 3D 的相关操作。

6.2.1　任务描述

本任务是为"新视觉"这一非营利性机构制作一幅 VR 宣传公益海报。这家机构要求突出科技感，并能够有效地传达 VR 的概念。VR 宣传公益海报设计效果如图 6-14 所示。

图 6-14　VR 宣传公益海报设计效果

6.2.2　知识点讲解

1. 创建 3D 模型的方式

在 Photoshop 的菜单栏中选择"3D"选项，即可在下拉菜单中看
到 3D 模型的创建方式，如图 6-15 所示。

从图 6-15 中可以看到，创建 3D 模型有四种方式，分别是"从所
选图层新建 3D 模型""从所选路径新建 3D 模型""从当前选区新建
3D 模型"和"从图层新建网格"。其中，"从所选图层新建 3D 模型"
是将图层中的元素转换为 3D 模型；"从所选路径新建 3D 模型"可以
将绘制的路径转换为 3D 模型；"从当前选区新建 3D 模型"是将选区
中的内容转换为 3D 模型；"从图层新建网格"可以创建预设好的 3D
模型。

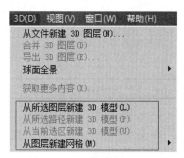

图 6-15　3D 模型的创建方式

在这四种创建 3D 模型的方式中，前三种较为类似，我们就以"从所选图层新建 3D 模型"和"从图层
新建网格"这两种创建 3D 模型的方式为例进行详细讲解。

（1）使用"从所选图层新建 3D 模型"方式创建 3D 模型

"从所选图层新建 3D 模型"用于将图层中的内容转化为 3D 模型。例如，在图层上输入文字"江南可采
莲"，如图 6-16 所示。再执行"3D→从所选图层新建 3D 模型"命令，将文字转换为 3D 立体字，文字转化
为 3D 的效果如图 6-17 所示。

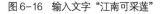

图 6-16　输入文字"江南可采莲"

图 6-17　文字转化为 3D 的效果

（2）使用"从图层新建网格"方式创建 3D 模型

"从图层新建网格"这一方式主要包括"明信片""网格预设""深度映射到"等命令。在实际运用中，我们通常用到的是"网格预设"命令和"深度映射到"命令。具体介绍如下。

● 网格预设：主要用于创建软件中预设好的 3D 模型。在"网格预设"命令中包含了锥形、立体环绕、立方体、圆柱体等 11 个选项，如图 6-18 所示。选择一个选项即可创建相应的 3D 模型。例如，执行"3D→从图层新建网格→网格预设→锥形"命令，即可创建一个锥体，如图 6-19 所示。

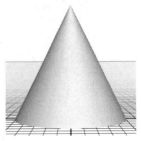

图 6-18　"网格预设"命令　　　　　图 6-19　创建一个锥体

● 深度映射到：可以根据平面图的不同明度值将其转换为深度不同的表面，明度较高的部分会被转化为凸起的区域；明度较低的部分会被转化为凹陷的区域，进而形成 3D 效果。例如，执行"3D→从图层新建网格→深度映射到→平面"命令，即可将平面图转化为平面的 3D 效果。转化为 3D 效果前后对比如图 6-20 和图 6-21 所示。除了深度映射到平面，还可以深度映射到双面平面、圆柱体、球体，效果分别如图 6-22～图 6-24 所示。使用"深度映射到"这一命令时，不同明度的素材产生的 3D 效果也不同。

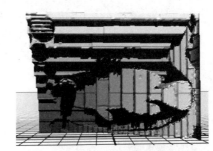

图 6-20　转化为 3D 效果前　　　　　图 6-21　转化为 3D 效果后

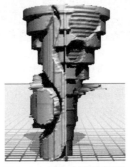
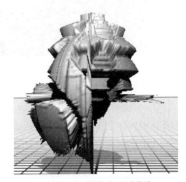

图 6-22　深度映射到双面平面　　　图 6-23　深度映射到圆柱体　　　图 6-24　深度映射到球体

值得一提的是，在"3D"面板中同样可以创建 3D 模型，"3D"面板中的各选项与菜单栏中的各个命令一一对应。执行"窗口→3D"命令，即可打开"3D"面板，如图 6-25 所示。

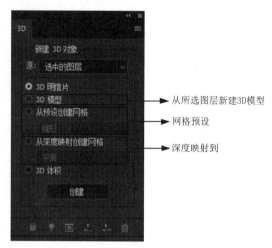

图 6-25　"3D"面板

创建 3D 模型之前，要新建画布或图层，否则将无法执行创建 3D 模型的相关命令。

2. 3D 工作界面

创建 3D 模型后就可以看到 3D 工作界面，如图 6-26 所示。

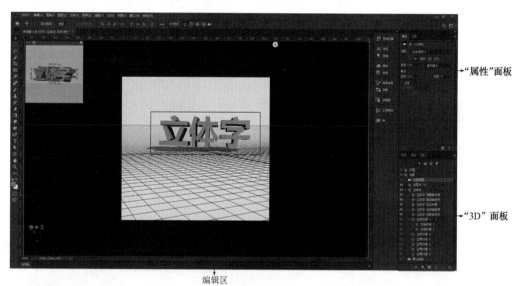

图 6-26　3D 工作界面

3D 工作界面共分为五个区域，分别是编辑区、小视图、3D 工具、"属性"面板和"3D"面板。这几个区域分别有不同的功能，具体解释如下。

（1）编辑区

编辑区是编辑 3D 模型和场景的区域。例如，我们可以在编辑区随意拖动或旋转 3D 模型、场景等。编辑区包含场景、可视窗口和 3D 模型。编辑区展示如图 6-27 所示。

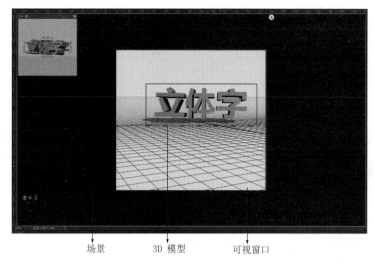

场景　　　3D 模型　　　可视窗口

图 6-27　编辑区展示

3D 模型是指我们在 Photoshop 中所创建的三维模型，场景则是 3D 模型活动的空间，而可视窗口是显示 3D 模型的有效区域。若把场景看作舞台，3D 模型就是舞台上的表演者，而可视窗口相当于台前，当表演者不在台前时，观众就不会看到。

（2）小视图

小视图主要用于预览各个视图角度。在小视图中，单击"视图/相机"按钮 ▣ ▼，会弹出"视图"下拉菜单，如图 6-28 所示。

在图 6-28 中选择相应选项，可以切换视图角度。需要注意的是，这里只是切换小视图里面的预览图的视图角度，而不是编辑区中 3D 模型的视图角度。

（3）3D 工具

3D 工具可以对 3D 模型或场景进行操作，例如旋转、缩放等。在 3D 工具区域中共有五种工具，分别是"旋转""滚动""拖动""滑动"和"缩放"。3D 工具如图 6-29 所示。

图 6-28　"视图"下拉菜单

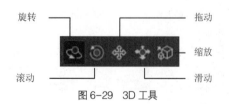

图 6-29　3D 工具

3D 工具既可以作用于场景，又可以作用于 3D 模型。例如，当选中 3D 模型时，利用某项工具就能对 3D 模型进行操作；不选中 3D 模型时，就对场景进行操作。图 6-30～图 6-32 展示的分别是原视图、旋转 3D 模型的效果和旋转场景的效果。

图 6-30　原视图

图 6-31　旋转 3D 模型的效果

这些 3D 工具具有不同的作用。下面对这些工具进行讲解。

- 旋转：可以使 3D 模型或场景沿 x 轴和 y 轴旋转。例如，选择 3D 模型，单击"旋转"按钮，当光标变成时，按住鼠标左键上下拖动可以使 3D 模型围绕 x 轴旋转，左右拖动可以使 3D 模型围绕 y 轴旋转，如图 6-33 所示。

图 6-32　旋转场景的效果

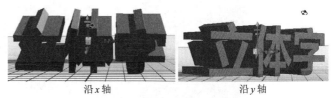

沿 x 轴　　　　　　沿 y 轴

图 6-33　旋转 3D 模型

- 滚动：可以使 3D 模型或场景沿 z 轴旋转。例如，选择 3D 模型，单击"滚动"按钮，当光标变成时，按住鼠标左键拖动可以使 3D 模型围绕 z 轴旋转，如图 6-34 所示。
- 拖动：主要用于移动 3D 模型或场景。例如，选择 3D 模型，单击"拖动"按钮，当光标变成时，拖动鼠标左键就可以沿任意坐标轴拖动 3D 模型，如图 6-35 所示。

图 6-34　滚动 3D 模型

图 6-35　拖动 3D 模型

- 滑动：同样也是用于移动 3D 模型或场景，但与拖动 3D 模型不同的是，滑动 3D 模型只能沿 x 轴方向和 z 轴方向进行移动。按住【Alt】键可以使 3D 模型沿着 y 轴进行移动。
- 缩放：主要用于缩放 3D 模型或场景。当选中模型时，单击"缩放"按钮，上下拖动即可放大或缩小 3D 模型；当选中场景时，"缩放"按钮会变成，单击该按钮，在编辑区中上下拖动即可放大或缩小场景。

3D 工具虽然能方便我们旋转、缩放、移动 3D 模型，但不是很精确。若需要很精确地调整 3D 模型，就需要用到坐标。选中某个 3D 模型或场景，在"属性"面板中单击"坐标"按钮，即可看到对应的坐标，如图 6-36 所示。

例如，在"拖动"选项下方输入数值即可精确地调整 3D 模型的位置；同理，在"旋转"和"缩放"选项下方输入对应数值也可以精确地调整 3D 模型的旋转角度和大小比例。

图 6-36　对应的坐标

（4）"属性"面板

"属性"面板主要用于设置或调整参数，进入 3D 工作界面后，执行"窗口→属性"命令，即可调出或关闭"属性"面板。每个选项的"属性"面板都不一样，图 6-37 和图 6-38 分别是 3D 模型的"属性"面板和场景的"属性"面板。

（5）"3D"面板

"3D"面板是存放编辑区内所有元素的区域，包括环境、场景、无限光、默认相机，以及当前的 3D 模型。"3D"面板中的选项类似于"图层"面板中的图层，每个选项代表不同的功能。执行"窗口→3D"命令即可打开"3D"面板，如图 6-39 所示。

图 6-37　3D 模型的"属性"面板

图 6-38　场景的"属性"面板

选中某个选项后，可在该选项的"属性"面板中修改参数，或使用某个工具在编辑区对选项所对应的部分进行编辑。

3. 设置表面样式

设置表面样式可以让 3D 模型的效果更加美观、突出。单击"预设"后的选项会弹出下拉菜单，如图 6-40 所示。

图 6-39　"3D"面板

图 6-40　"预设"下拉菜单

在图 6-40 所示的下拉菜单中包括"外框""默认""深度映射"等 16 种表面样式。在下拉菜单中，"未照亮的纹理"经常和"深度映射到"命令搭配使用，用于制作绚丽的"立体"效果，图 6-41 和图 6-42 所示为设置"未照亮的纹理"前后对比。

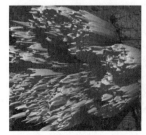

图 6-41　设置"未照亮的纹理"前

图 6-42　设置"未照亮的纹理"后

其他的表面样式，可以分别实现不同的立体效果，读者可以逐一进行尝试，本书不作演示。

注意：

当图像在索引颜色模式和 CMYK 颜色模式下时，3D 中的命令无效。

6.2.3　任务分析

在进行设计工作时，有条理的任务分析可以帮助设计者准确快速地完成设计任务。本次任务分析将按照海报设计的基本思路，分为确定主题、选取形象、安排构图这三个方面。

1. 确定主题

在进行海报设计时，首先要确定设计主题。在确定设计主题时，往往依据委托方的意图和相关文案进行判断。委托方已经明确了本次设计任务的主题、目的，并且提供了一些文案。主题、目的和文案如图 6-43 所示。

2. 选取形象

在确定设计主题之后，就可以根据主题选取形象。本次任务的海报设计以"VR 虚拟现实"为主题，因此可以选取 VR 设备、科技/眼睛等图案作为主题形象，如图 6-44 所示。

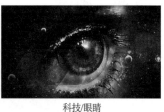

VR 设备　　　　　　　　　　　科技/眼睛

图 6-43　主题、目的和文案　　　　　　　　　　　图 6-44　主题形象

在本次设计任务中，我们选取科技/眼睛作为海报设计的主题形象。

3. 安排构图

在安排构图时，要确定主题形象、主题文字的位置和大小对比关系，需要做到主题突出、文字简练、有层次。

6.2.4　任务制作

将任务进行分析后，下面我们根据本节所学的知识点来完成制作任务。在制作前要将单位设置为毫米。在制作时，可将任务拆解为 3 个大步骤，依次是制作海报背景、调整海报背景和制作海报内容。详细步骤如下。

1. 制作海报背景

【Step1】用 Photoshop 打开图 6-45 所示的素材"眼睛.jpg"。

【Step2】按【Ctrl+J】组合键复制背景图层，得到"图层 1"，隐藏背景图层。

【Step3】选中"图层 1"，执行"3D→从图层新建网格→深度映射到→平面"命令，创建 3D 效果，并打开 3D 工作界面，如图 6-46 所示。

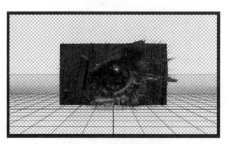

图 6-45　素材"眼睛.jpg"　　　　　　　　　图 6-46　创建 3D 效果

【Step4】在"属性"面板中单击"预设"按钮，在下拉菜单中选择"未照亮的纹理"命令，设置"未照亮的纹理"后的效果如图 6-47 所示。

【Step5】选中 3D 模型，选择"缩放工具" 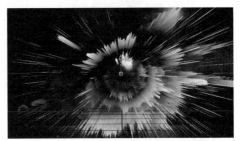，将其适当放大，并显示背景图层，如图 6-48 所示。

图 6-47　设置"未照亮的纹理"后的效果　　　　　图 6-48　放大 3D 模型并显示背景图层

【Step6】按【Ctrl+Shift+Alt+E】组合键盖印图层，得到"图层 2"。

2. 调整海报背景

【Step1】在 Photoshop 中执行"文件→新建"命令（或按【Ctrl+N】组合键），在弹出的"新建文档"对话框中设置画布参数，如图 6-49 所示。单击"创建"按钮，完成画布"【任务 12】公益海报"的创建。

【Step2】依次按【Alt】→【V】→【E】键，分别在水平方向的 3mm、1095mm 的位置和垂直方向的 3mm、790mm 的位置创建参考线。

【Step3】切换到"眼睛"画布，选中"图层 2"，使用"移动工具"  将其拖动到"【任务 12】公益海报"画布中，得到"图层 1"。调整"图层 1"的大小和旋转角度，效果如图 6-50 所示。

【Step4】按【Ctrl+Shift+Alt+N】组合键新建"图层 2"，将其填充为黑色。

【Step5】选择"画笔工具"，在选项栏中单击"画笔预设选取器"，在弹出的下拉面板中单击 按钮，在菜单中选择"导入画笔"选项，导入"墨迹笔刷"。

【Step6】选择第一个墨迹笔刷，如图 6-51 所示。

图 6-49　设置【任务 12】画布参数　图 6-50　调整"图层 1"的大小和旋转角度　图 6-51　选择第一个墨迹笔刷

【Step7】为"图层 2"添加图层蒙版，使用"画笔工具" 在画面中进行涂抹，详细绘制样式和最终画面效果如图 6-52 所示。

绘制蒙版前的　　　　　　　　　　　　　　　　　　　绘制蒙版后的
画面效果　　　　　　　　　绘制的蒙版区域　　　　　　　画面效果

图 6-52　详细绘制样式和最终画面效果

【Step8】将"图层 2"的不透明度设置为 70%。

【Step9】选择"渐变工具" ▇，在其选项栏中调出"渐变编辑器"，选择"色谱"，如图 6-53 所示。

【Step10】按【Ctrl+Shift+Alt+N】组合键新建"图层 3"，绘制如图 6-54 所示的渐变。

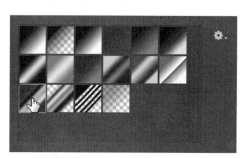

图 6-53　在"渐变编辑器"中选择"色谱"　　　　　　图 6-54　绘制渐变

【Step11】运用 Step7 的方法，为"图层 3"创建蒙版并使用"画笔工具" ▨ 在蒙版中进行涂抹，如图 6-55 所示。将"图层 3"的不透明度设置为 15%，效果如图 6-56 所示。

图 6-55　在蒙版中进行涂抹　　　　　　　　　图 6-56　调整不透明度的效果

3. 制作海报内容

【Step1】将图 6-57 所示的素材"图案素材.png"添加到"【任务 12】公益海报"画布中，调整素材位置，如图 6-58 所示。

图 6-57　素材"图案素材.png"　　　　　　　　　图 6-58　调整素材位置

【Step2】为图案素材添加"外发光"图层样式，并设置"外发光"参数，如图 6-59 所示。添加"外发光"图层样式的效果如图 6-60 所示。

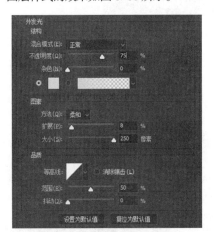

图 6-59　设置"外发光"参数　　　　　　　　　图 6-60　添加"外发光"图层样式的效果

【Step3】选择"横排文字工具" ，输入文字"未来视界"，在"字符"面板中设置参数，如图 6-61 所示，文字效果如图 6-62 所示。

图 6-61　"字符"面板参数设置　　　　　　　　　图 6-62　输入文字并调整

【Step4】继续输入文字"VISION OF THE FUTURE"，设置字体为 Arial、字体样式为 Regular、字体大小

为 146 点，调整文字位置，如图 6-63 所示。

【Step5】输入文字"开启一个虚拟现实的 3D 视界"，设置字体为"方正细圆简体"、字体大小为 108 点、字体颜色为浅蓝色（CMYK：40、10、10、5），得到的文字效果如图 6-64 所示。

图 6-63　输入文字并调整文字位置　　　　　图 6-64　文字效果

【Step6】输入文字"2020 全新 VR 带你打开视界的大门"，设置字体为"微软雅黑"、字体大小为 80 点、字体颜色为蓝色（CMYK：55、30、25、0），得到的文字效果如图 6-65 所示。

图 6-65　输入文字并设置文字参数

【Step7】选择"移动工具" ，选中图案所在的图层、所有文字图层和背景图层，单击其选项栏中的"水平居中对齐"按钮 ，将选中的图层水平居中对齐。

至此，VR 宣传公益海报制作完成，最终效果如图 6-14 所示。

6.3 【任务 13】美容 SPA 商业海报设计

随着人们的审美水平不断提高和对美的不断追求，美容 SPA 越来越受人们青睐。美容 SPA 在受到青睐的同时，各种推广手段也层出不穷，其中常见的方式之一就是海报推广。本任务将设计一幅美容 SPA 商业海报，通过本任务的学习，读者可以掌握"仿制图章工具""内容感知移动工具""修补工具"和"图案图章工具"的使用方法。

6.3.1　任务描述

本次任务是根据"零肌龄"美容 SPA 会所给出的文案，设计一幅商业海报。委托方希望通过海报宣传"爱美丽更爱自己"的主题活动，推广"零肌龄"美容 SPA，并且在海报设计中要体现"零肌龄"美容 SPA 的高雅和与众不同。图 6-66 为美容 SPA 商业海报设计效果。

6.3.2　知识点讲解

1. 仿制图章工具

"仿制图章工具" 是一种复制图像的工具，类似于克隆技术。它可以将一幅图像的全部或部分复制到同一幅图像或另一幅图像中。选择"仿制图章工具"后，其选项栏如图 6-67 所示。

图 6-66　美容 SPA 商业海报设计效果

图 6-67 "仿制图章工具"选项栏

"仿制图章工具"选项栏中的多数参数选项的功能类似于"画笔工具"选项栏中的参数选项，下面仅针对"对齐"和"样本"进行介绍。

- 对齐：用于设置是否在仿制时使用对齐功能。
- 样本：用于设置仿制的样本，分别为"当前图层""当前和下方图层"和"所有图层"。

打开素材"柠檬.jpg"，如图 6-68 所示。选择"仿制图章工具"，将光标定位在图像中需要仿制的位置，按住【Alt】键，光标将变为圆形十字图标 ⊕，此时单击确定取样点，如图 6-69 所示。在画面中合适的位置按住鼠标左键不放进行涂抹，如图 6-70 所示，直至复制出图像，如图 6-71 所示。

图 6-68 素材"柠檬.jpg"

图 6-69 确定取样点

图 6-70 进行涂抹

图 6-71 复制出图像

2. 内容感知移动工具

"内容感知移动工具" ⤧ 可以在移动图像中选中的某个区域时，智能填充原来的位置。使用"内容感知移动工具"时，要先为需要移动的区域创建选区，然后将其拖动到所需位置。选择"内容感知移动工具"，其选项栏如图 6-72 所示。

图 6-72 "内容感知移动工具"选项栏

"内容感知移动工具"选项栏中各选项的介绍如下。

- 模式：在该下拉列表中，可以选择"移动"和"扩展"两种模式。其中，"移动"选项是将选取的区域内容移动到其他位置，并自动填充原来的区域；"扩展"选项是将选取的区域内容复制到其他位置，并自动填充原来的区域。
- 结构：用于设置选择区域保留的严格程度，可以设置 1~7 的整数值。
- 颜色：用于设置允许的颜色适应量。

打开素材"印章.jpg"，如图 6-73 所示。选择"内容感知移动工具"，在其选项栏中将"模式"设置为"移动"，其他选项保持默认设置。为图像中需要移动的区域创建选区，如图 6-74 所示。然后，将光标放在选区内，单击并向画面右侧拖动鼠标，如图 6-75 所示。释放鼠标后，选区内的图像将会被移动到新的位置，原来的位置被智能填充，如图 6-76 所示。

图 6-73　素材"印章.jpg"

图 6-74　创建选区

图 6-75　向画面右侧拖动鼠标

图 6-76　智能填充

脚下留心：使用"内容感知移动工具"无效

　　将内容移出画布时，需要保留一部分内容与背景交叉，如图 6-77 所示。若全部移出，则该工具不起作用。

3. 修补工具

　　"修补工具" ▦ 是用同一图层中非选中区域的像素来修复选中的区域，并将样本像素的纹理、光照和阴影与修复之前的源像素进行匹配。该工具的特别之处是需要用选区来定位修补范围。选择"修补工具"，其选项栏如图 6-78 所示。

图 6-77　保留一部分内容与背景交叉

图 6-78　"修补工具"选项栏

　　"修补工具"选项栏中常用选项的解释如下。

● 源：选中该按钮，可修复选区内图像。将原图像选区拖至其他区域，则其他区域的图像将覆盖原图像区域。

● 目标：选中该按钮，可复制选区内图像。将原图像选区拖至其他区域，则原图像选区内的图像会覆盖其他区域的图像。

● 透明：可以设置所修复图像的透明度。勾选该复选框，选区中的图像将呈现半透明状态。

● 使用图案：创建选区后该按钮将被激活，单击其右侧的下拉按钮，可以在打开的图案列表中选择一种图案，这个图案会将选区填充。

　　打开素材"足球.jpg"，如图 6-79 所示。选择"修补工具"，并在其选项栏中选中"目标"按钮，其他选项保持默认设置。在图像中单击并拖动鼠标绘制选区，如图 6-80 所示。然后，将光标放在选区内，按住鼠标左键并向左拖动即可复制选区内的图像，如图 6-81 所示。按【Ctrl+D】组合键取消选区，修补完成效果如图 6-82 所示。

图6-79　素材"足球.jpg"

图6-80　绘制选区

图6-81　向左拖动鼠标即可复制选区内的图像

图6-82　修补完成效果

4. 定义图案

使用"定义图案"命令可以将图层或矩形选区中的图像定义为图案。定义图案后，可以用"填充"命令将图案填充到整个图层区域或选区中。

打开素材"圆点.psd"，如图6-83所示。执行"编辑→定义图案"命令，会弹出"图案名称"对话框，如图6-84所示。

图6-83　素材"圆点.psd"

图6-84　"图案名称"对话框

单击"图案名称"对话框中的"确定"按钮，即可将当前圆点预设成为图案。

选择需要填充图案的文档，执行"编辑→填充"命令，可弹出"填充"对话框，如图6-85所示。在对话框中选择"内容"为图案，在"自定图案"中选择预设的图案，即可填充预设图案，如图6-86所示。

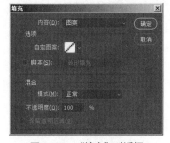

图6-85　"填充"对话框

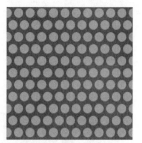

图6-86　填充预设图案

需要注意的是，预设图案的背景通常是透明的，当需要将一个带有背景的图像定义为图案时，首先使用选区工具将背景清除，并适当调整画布大小，或建立一个矩形选区，然后将图像定义为图案。

打开素材"鲜花.jpg"，如图6-87所示。使用"魔棒工具" 和"套索工具" 选中背景，如图6-88所示。右击，在弹出的下拉菜单中选中"羽化"选项，设置"羽化半径"为5像素，按【Ctrl+Shift+I】组合键将选区反向，按【Ctrl+J】组合键复制选区内容，隐藏背景图层，复制的选区内容如图6-89所示。

图 6-87　素材"鲜花.jpg"

图 6-88　选中背景

图 6-89　复制的选区内容

　　执行"编辑→定义图案"命令，将图像定义为图案。新建一个画布，将图案填充到画布中。图案填充效果如图 6-90 所示。

图 6-90　图案填充效果

5. 图案图章工具

　　"图案图章工具" 可以将系统预设或已经定义好的图案复制到图像中。选择"图案图章工具"，其选项栏如图 6-91 所示。

图 6-91　"图案图章工具"选项栏

　　单击"图案" ，将弹出"图案"下拉面板，如图 6-92 所示。

　　在"图案"下拉面板中单击 按钮，弹出快捷菜单，如图 6-93 所示。在快捷菜单中可以选择"新建图案""重命名图案""删除图案"等命令。

图 6-92　"图案"下拉面板

图 6-93　弹出快捷菜单

在"图案图章工具"选项栏中，选择定义好的图案，如图 6-94 所示。然后，在画布中合适的位置单击，并按住鼠标左键不放进行涂抹，即可绘制出定义好的图案，如图 6-95 所示。

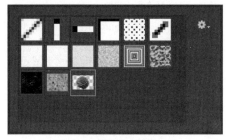

图 6-94 选择定义好的图案

图 6-95 绘制出定义好的图案

6.3.3 任务分析

美容 SPA 的服务对象多以女性为主，因此可以选用女性模特、桃花等素材，以调理肌肤和塑身保养为诉求，强调身体与心灵的完美结合。图 6-96～图 6-99 展示的是本次任务所使用的素材。

图 6-96 本次任务所使用的素材 1

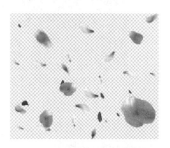

图 6-97 本次任务所使用的素材 2

图 6-98 本次任务所使用的素材 3

图 6-99 本次任务所使用的素材 4

在色彩定位上可以运用黑色作为主色调，以突出美容 SPA 的高雅和与众不同。因为客户提供了较多的文案内容，所以在设计时，对于需要重点突出的文案主题，可以采取加大字号、变换颜色和添加特殊背景色的方式着重强调。

在设计尺寸上，可以直接按照客户既定尺寸制作，大小为 420mm×570mm（4 开纸张大小），出血尺寸为 3mm，海报的总尺寸应为 426mm×576mm。

6.3.4 任务制作

将任务进行分析后，下面我们根据本节所学的知识点来完成制作任务。在制作时，可将任务拆解为 3 个大步骤，依次是制作背景、制作模特素材、添加文字内容。详细步骤如下。

1. 制作背景

【Step1】在 Photoshop 中执行"文件→新建"命令（或按【Ctrl+N】组合键），在弹出的"新建文档"对话框中设置画布参数，如图 6-100 所示。单击"创建"按钮，完成画布的创建。

【Step2】依次在 3mm 和 423mm 的位置创建垂直参考线，在 3mm 和 573mm 的位置创建水平参考线，创建好的参考线如图 6-101 所示。

图 6-100　设置【任务 13】画布参数

图 6-101　创建好的参考线

【Step3】设置前景色为浅绿色（CMYK：5、0、10、0），按【Alt+Delete】组合键填充背景图层。

【Step4】打开素材"绿色背景.jpg"，如图 6-102 所示。选择"内容感知移动工具" ，如图 6-103 所示。按住鼠标左键不放，为图像中需要移动的区域创建选区，如图 6-104 所示。

图 6-102　素材"绿色背景.jpg"

图 6-103　选择"内容感知移动工具"

图 6-104　创建选区

【Step5】将光标 放在选区内，按住左键不放并向画面左侧拖动，将选区移出画布，如图 6-105 所示。按【Enter】键确认操作，素材的水印将被移除，按【Ctrl+D】组合键取消选区。清除水印的效果如图 6-106 所示。

图 6-105　将选区移出画布

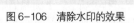

图 6-106　清除水印的效果

【Step6】选择"移动工具" ，将去除水印的素材拖至"【任务 13】商业海报"画布中，调整大小并移至图 6-107 所示位置，得到"图层 1"。

【Step7】使用"钢笔工具"  和"弯度钢笔工具" ，在画布中绘制图 6-108 所示的路径，按【Ctrl+Enter】组合键将路径转化为选区，如图 6-109 所示。

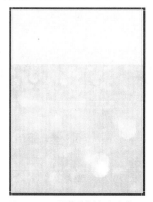
图 6-107　调整素材大小和位置

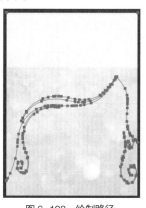
图 6-108　绘制路径

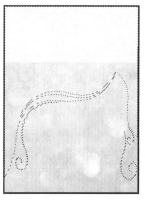
图 6-109　将路径转化为选区

【Step8】按【Ctrl+Shift+Alt+N】组合键新建图层，得到"图层 2"，设置前景色为黑色（CMYK：50、50、50、100），按【Alt+Delete】组合键填充"图层 2"，按【Ctrl+D】组合键取消选区。填充选区的效果如图 6-110 所示。

2．制作模特素材

【Step1】打开素材"雀斑模特.jpg"，如图 6-111 所示。在工具栏中选择"仿制图章工具" ，将光标定位在图 6-112 所示的位置，按住【Alt】键，光标将变为圆形十字图标 ⊕ ，单击鼠标确定取样点。

图 6-110　填充选区的效果

图 6-111　素材"雀斑模特.jpg"

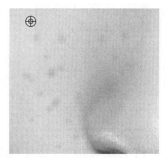
图 6-112　确定取样点

【Step2】在模特面部有雀斑的位置单击，清除雀斑。重复操作，直至雀斑清除完成，如图 6-113 所示。

【Step3】选择"移动工具" ，将其拖至"【任务 13】商业海报"画布中，得到"图层 3"。按【Ctrl+T】组合键，右击选择"水平翻转"命令，并将其移至图 6-114 所示位置。

【Step4】在"图层"面板中，将"图层 3"的排列位置调整到"图层 2"的下方，效果如图 6-115 所示。

图 6-113　雀斑清除完成

图 6-114　翻转并移动位置

图 6-115　调整图层顺序

【Step5】打开素材"花瓣.png"，如图 6-116 所示。执行"编辑→定义图案"命令，将弹出"图案名称"对话框，如图 6-117 所示。单击"确定"按钮，定义选区中的图像为图案。

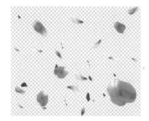

图 6-116　素材"花瓣.png"　　　　　　　　　图 6-117　"图案名称"对话框

【Step6】在工具栏中选择"图案图章工具" ，在其选项栏中单击"图案"按钮 ，弹出图案列表菜单，选择定义好的图案，如图 6-118 所示。

【Step7】单击其选项栏中的"画笔预设选取器"按钮 ，在弹出的对话框中，选择笔刷，并设置笔刷"大小"为 700 像素，"硬度"为 0%，如图 6-119 所示。

【Step8】在选项栏中设置笔刷的"不透明度"为 100%、"流量"为 30%。

【Step9】按【Ctrl+Shift+Alt+N】组合键新建"图层 4"。在画面中合适的位置单击，并按住鼠标左键不放进行绘制，绘制的图案效果如图 6-120 所示。

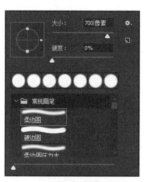

图 6-118　选择定义好的图案　　　　图 6-119　选择并设置笔刷　　　　图 6-120　绘制的图案效果

3. 添加文字内容

【Step1】选择"横排文字工具" ，在左上版块中依次输入文字信息并调整大小和颜色，具体文字信息如图 6-121 所示。

【Step2】选择"矩形工具" ，在画布中绘制一个宽度为 228mm、高度为 26mm 的矩形形状，并填充绿色（CMYK：50、5、100、0），如图 6-122 所示。

图 6-121　具体文字信息　　　　　　　图 6-122　绘制矩形形状并填充绿色

【Step3】选择"横排文字工具" ，在绿色矩形上输入相关文字，设置字体为"方正准圆简体"，字体大小和颜色如图 6-123 所示。

美丽女人节，让我和美丽有个约会！

图 6-123　输入相关文字并设置

【Step4】使用"横排文字工具" ，按住鼠标左键并拖动，在画布中将创建一个图 6-124 所示的段落文本定界框。

【Step5】输入段落文本，设置字体为"华文中宋"，字体大小和颜色等样式如图 6-125 所示。

图 6-124　段落文本定界框	图 6-125　输入段落文本

【Step6】将 Step1～Step5 中的文字进行排列，效果如图 6-126 所示。

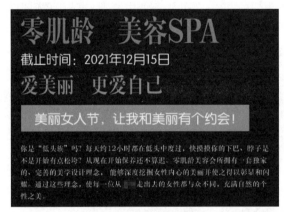

图 6-126　将文字进行排列

【Step7】选择"椭圆工具" ，在画布中绘制一个正圆形状，并填充绿色（CMYK：50、5、100、0），得到"椭圆 1"图层，设置图层"不透明度"为 38%，将该图层移至图 6-127 所示位置。

图 6-127　绘制正圆并填充绿色

【Step8】打开素材"女性轮廓.png"，如图 6-128 所示。选择"移动工具" ，将其拖至"【任务 13】商业海报"画布中，得到"图层 5"，其位置设置如图 6-129 所示。

图 6-128　素材"女性轮廓.png"	图 6-129　移动素材

【Step9】设置"图层 5"的"不透明度"为 15%，调整图像大小至图 6-130 所示样式。

【Step10】选中"椭圆 1"图层，按【Ctrl+J】组合键复制图层，得到"椭圆 1 拷贝"。调整拷贝图层的大小和位置，如图 6-131 所示。

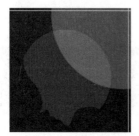

图 6-130　设置图像不透明度并调整大小

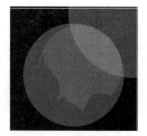

图 6-131　复制椭圆并调整

【Step11】按住【Ctrl】键不放，单击"图层"面板中的"图层 5"缩览图，将其载入选区，如图 6-132 所示。按【Delete】键，删除选区内容，如图 6-133 所示。按【Ctrl+D】组合键取消选区。

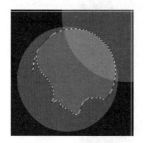

图 6-132　载入选区

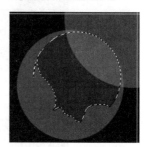

图 6-133　删除选区内容

【Step12】按【Ctrl+S】组合键，将文件保存在指定文件夹内。

至此，商业海报制作完成，最终效果如图 6-66 所示。

6.4　本章小结

本章介绍了海报设计的相关知识，包括海报的分类、构成要素和特点三个模块；使用 3D 的相关命令和一系列基础工具制作了公益海报和商业海报。通过本章的学习，读者可以了解海报设计的相关知识，并掌握创建 3D 模型的基本方法，以及"仿制图章工具""内容感知移动工具"、定义图案等工具和命令的使用技巧。

6.5　课后练习

学习完海报设计的相关内容，下面来完成课后练习吧：

请使用所学知识绘制图 6-134 所示的巨幅公益海报。

图 6-134　巨幅公益海报效果

第 **7** 章

包装设计

学习目标

★ 熟悉包装设计的构成要素，掌握包装设计的方法和技巧。

★ 掌握滤镜库的基本使用方法，能够运用滤镜库中的效果处理图像。

拓展阅读

在 Photoshop 中，滤镜像一位神奇的魔术师，能轻松实现图像中的各种特殊效果，例如云彩、马赛克、素描、模糊、光照、扭曲等。本章将运用 Photoshop 中的滤镜等相关知识，制作两款常见的商品包装设计。

7.1 包装设计简介

包装设计是指对包装商品的容器进行美化装饰设计，它是商品理念、商品特性、消费心理的综合反映，并能直接影响消费者对商品的购买欲。图 7-1～图 7-4 所示为一些常见的商品包装设计。

图 7-1 常见的商品包装设计 1

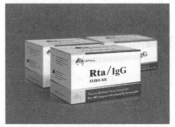

图 7-2 常见的商品包装设计 2

图 7-3 常见的商品包装设计 3

图 7-4 常见的商品包装设计 4

　　除了装饰、美化商品的功能，包装还具有保护商品、传达商品信息、方便使用、方便运输，以及促进销售、提高产品附加值等功能。

7.1.1　包装设计的类型

　　包装通常要集材料、种类、内容、形态为一体，设计者不仅要考虑设计的美观程度，还要考虑成本预算、实现效果、功能等多方面因素。包装设计的类型可按材料分类、按用途分类、按内容分类、按形态分类。下面对包装设计的类型进行具体讲解。

1. 按材料分类

　　按照包装的材料分类，包装通常可以细分为玻璃类包装、金属类包装、纸类包装、塑料类包装等，如图 7-5~图 7-8 所示。包装材料的选择，一般由商品的成本、贮存方式和形态等因素决定。

图 7-5　玻璃类包装

图 7-6　金属类包装

图 7-7　纸类包装

图 7-8　塑料类包装

2. 按用途分类

　　按照商品用途分类，包装可细分为商业包装、工业包装、消费品包装、军需用品包装等。根据商品用途的不同，包装设计深度也不同。

3. 按内容分类

　　按照商品内容分类，包装通常可分为食品包装、医药包装、轻工产品包装、针棉织品包装、家用电器包装和果菜类包装等。图 7-9 和图 7-10 分别为食品类包装和果菜类包装。

图 7-9　食品类包装

图 7-10　果菜类包装

4. 按形态分类

　　形态主要以商品包装的大小来定义，分为小包装、中包装和大包装。

7.1.2 包装设计的构成要素

包装设计的构成要素主要有三大部分，分别为外形要素、构图要素和材料要素，具体介绍如下。

1. 外形要素

外形要素是指商品包装展示面的外形，包括展示面的大小、尺寸和形状。一个新颖的包装外形可以吸引消费者的视觉，使消费者对商品留下深刻的印象。在考虑包装外形要素创新的同时，也要保证外形的美观程度符合大众的审美需求。图7-11～图7-14为一些新颖的包装外形，分别是口香糖创意包装、糖果创意包装、刷子创意包装和饮料创意包装。

图 7-11 口香糖创意包装

图 7-12 糖果创意包装

图 7-13 刷子创意包装

图 7-14 饮料创意包装

2. 构图要素

构图要素是将商品包装展示面的商标、图像、文字和颜色信息组合排列在一起，构成完整的画面信息。构图要素运用得正确、合理，就可以创作出优秀的作品。

3. 材料要素

材料要素是指商品包装所用材料表面的纹理和质感，它可以影响到商品包装的视觉效果。包装用的材料种类有很多，例如纸类材料、塑料类材料等，不同的材料有着不同的效果。运用不同的材料，并妥善地加以组合配置，可以给消费者不一样的感觉。

7.1.3 包装设计的基本原则

我们在购物时总是会对那些包装设计精美的商品多看几眼，无论是快速消费品、化妆品还是食品。优秀的包装设计一定遵循一些基本原则，具体如下。

1. 科学原则

科学原则指的是在商品包装设计上要有科学的态度和研究问题的方式。务实地展开调研、科学地分析研究商品的特性、有序地研发商品的包装设计方案等，都是设计者必须重视和切实执行的原则。

2. 安全原则

安全原则是指设计者在设计时要遵循保护商品、防止商品在流通的过程中遭受损坏的原则。例如，容器包装的各个部位的位置和比例等，都需要根据商品的特质来精心安排。同时，安全原则也要求包装设计考虑对人体的保护功能。例如，设计者对棱角部分的精心设计和处理，可以防止包装刮伤、蹭伤人体的情况发生。

3. 便利原则

便利原则是指包装既能够为商品的运输带来便利，又能够让消费者更轻松地识别、了解和携带。"设计是为人而不是为物"，这是现代设计的精神本质。因此，便利原则的根本是以服务消费者为目标。

4. 整体原则

商品包装设计的整体筹划非常重要，需要处理好整体与局部的关系，保证在设计风格上的协调统一。即便是独立包装也需要注重整体的问题，只有这样才能更好地体现出商品包装的主题。

7.2 【任务 14】CD 包装设计

CD 在我们生活中随处可见，CD 的包装和盘面也是多种多样，它们是光盘内容的一种表现方式。本任务将制作一款 CD 的包装和盘面，通过本任务的学习，读者可以掌握"历史记录画笔工具"的使用方法，并熟悉滤镜库的基本使用方法。

7.2.1　任务描述

本任务是为一款名为"烟雨江南"的中国古典音乐专辑设计包装，包括 CD 的外包装设计和 CD 盘面图案设计。客户要求整体包装以水墨画为主题，突出表现专辑名称"烟雨江南"，整体感觉柔丽清雅，在保证颜色典雅的同时，不失去它自有的特色。图 7–15～图 7–17 分别为 CD 外包装效果图、CD 正面效果图和 CD 反面效果图。

图 7–15　CD 外包装效果图

图 7-16　CD 正面效果图

图 7-17　CD 反面效果图

7.2.2　知识点讲解

1. 历史记录画笔工具

"历史记录画笔工具" ![icon] 可以将图像恢复到编辑过程中的某一步骤状态，或者将部分图像恢复为原样。

需要注意的是，该工具需要在"历史记录"面板中定义一个"源"。

　　例如，打开素材"向日葵（2）.jpg"，如图 7-18 所示。执行"图像→调整→去色"命令，去色效果如图 7-19 所示。

图 7-18　素材"向日葵（2）.jpg"

图 7-19　去色效果

　　打开"历史记录"面板，单击面板中的"创建新快照"按钮 ▣，为去色状态创建一个快照，以作为画笔的源。单击快照前方的 ▨，会显示"设置源"图标 ✎，如图 7-20 所示。接下来选择向日葵最初状态，如图 7-21 所示。

图 7-20　显示"设置源"图标

图 7-21　选择向日葵最初状态

　　选择"历史记录画笔工具"，设置合适的笔尖大小，然后在向日葵上涂抹，即可将涂抹区域恢复到去色状态，效果如图 7-22 所示。

图 7-22　恢复到去色状态

　　若想在去色状态下恢复最初状态，则单击向日葵最初状态前方的"设置源"按钮，然后选择快照这一状态，最后使用"历史记录画笔工具"进行涂抹，同样可得到图 7-22 所示的效果。

　　在实际应用中，"历史记录画笔工具"可以为人物面部磨皮，还可以制作多种效果，图 7-23 和图 7-24 展示的是处理前后的皮肤效果和处理前后的特殊效果。

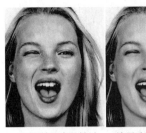

处理前的皮肤效果　　处理后的皮肤效果

图 7-23　处理前后的皮肤效果

处理前的效果　　　　处理后的特殊效果

图 7-24　处理前后的特殊效果

2. 滤镜库

滤镜库是一个整合了"风格化""画笔描边""扭曲""素描"等多个滤镜组的对话框。打开素材"猫.jpg"，执行"滤镜→滤镜库"命令，打开"滤镜库"对话框。"滤镜库"对话框模块展示如图 7-25 所示。

图 7-25　"滤镜库"对话框模块展示

"滤镜库"对话框中各选项的解释如下。

- 预览区：用于预览滤镜效果的区域。
- 缩放区：单击 ⊞ 按钮，可放大预览区的显示比例；单击 ⊟ 按钮，则可缩小预览区的显示比例。
- 滤镜选择区：该区域共包含 6 组滤镜，单击某个滤镜组前的 ▶ 按钮，可以展开该滤镜组，单击滤镜组中的某个滤镜即可使用该滤镜。
- 弹出式菜单：单击 ▾ 按钮，可在打开的下拉菜单中选择一个滤镜。
- 参数设置区：用于显示选中滤镜的参数选项，移动参数滑块或输入数值，可调整滤镜效果。
- 当前使用的滤镜：表示该滤镜为当前选中的滤镜。
- 效果图层：显示当前使用的滤镜，单击"指示效果图层可见性"图标 👁，可以隐藏或显示滤镜效果。
- 滤镜列表：用于存放一系列效果图层的区域。
- 快捷按钮：该区域包含两个快捷按钮，分别是"新建效果图层"按钮 🔳 和"删除效果图层"按钮 🗑。这两个快捷按钮分别用于新建效果图层和删除效果图层。

在"滤镜库"中，选择一个滤镜选项后，该滤镜的名称就会出现在对话框右下方的滤镜列表中。例如，单击"涂抹棒"选项，"涂抹棒"的名称会在滤镜列表中显示，如图 7-26 所示。

单击对话框右下方"新建效果图层"按钮 🔳，创建一个新的效果图层。选择需要的滤镜效果，即可将滤镜应用到创建的效果图层中，如图 7-27 所示。重复此操作可以添加多个滤镜，图像效果也会变得更加丰富。

图 7-26　"涂抹棒"的名称在滤镜列表中显示

图 7-27　将滤镜应用到创建的效果图层中

滤镜效果图层与图层的编辑方法类似，上下拖动效果图层可以调整它们的顺序，如图 7-28 所示。调整效果图层的顺序后，滤镜效果也会发生改变。

3. "画笔描边"滤镜组

图 7-28　调整效果图层顺序

"画笔描边"滤镜组是用画笔和油墨来产生特殊的绘画艺术效果，该滤镜组包括 8 个滤镜。下面介绍常用的"深色线条"滤镜。

"深色线条"滤镜是用长的、白色的线条绘制图像中的亮区域；用短的、密的线条绘制图像中与黑色相近的深色暗区域，从而使图像产生黑色阴影风格的效果。

打开素材"篮球.jpg"，如图 7-29 所示。在"滤镜库"对话框的"画笔描边"滤镜组中选择"深色线条"滤镜，然后设置"深色线条"滤镜的参数，如图 7-30 所示。设置"深色线条"滤镜的效果如图 7-31 所示。

图 7-29　素材"篮球.jpg"

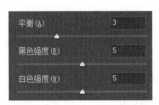

图 7-30　设置"深色线条"滤镜的参数

图 7-31　设置"深色线条"滤镜的效果

4. "纹理"滤镜组

"纹理"滤镜组可为图像增加具有深度感、材质感的外观，该滤镜组包含 6 种不同风格的纹理滤镜。下面介绍常用的"纹理化"滤镜。

"纹理化"滤镜可在图像上应用所选的纹理。

打开素材"房间.jpg"，如图 7-32 所示。在"滤镜库"的"纹理"滤镜组中选择"纹理化"滤镜，然后设置"纹理化"滤镜参数，如图 7-33 所示。设置"纹理化"滤镜的效果如图 7-34 所示。

图 7-32　素材"房间.jpg"　　　图 7-33　设置"纹理化"滤镜的参数　　　图 7-34　设置"纹理化"滤镜的效果

在设置"纹理化"滤镜参数时，有多个参数可以设置，每个参数对应的效果不同。下面对"纹理化"滤镜参数中各选项的解释如下。

- 纹理：用于设置图像粗糙面的纹理类型，包括"砖形""粗麻布""画布"和"砂岩"四种。
- 缩放：用于设置纹理的大小。数值越大，纹理越大。
- 凸现：用于设置纹理凹凸的程度。
- 光照：用于设置阴影效果的光照方向。
- 反相：勾选该复选框，可颠倒图像凹凸部分的纹理。

5. "艺术效果"滤镜组

"艺术效果"滤镜组可以对图像进行多种艺术处理，表现出绘画的效果，该滤镜组包含 15 种不同的滤镜。下面介绍常用的"粗糙蜡笔"滤镜。

"粗糙蜡笔"滤镜可以制作蜡笔绘制的效果。打开素材"花瓶.jpg"，如图 7-35 所示。在"滤镜库"的"艺术效果"滤镜组中选择"粗糙蜡笔"滤镜，然后设置"粗糙蜡笔"滤镜参数，如图 7-36 所示。设置"粗糙蜡笔"滤镜的效果如图 7-37 所示。

图 7-35　素材"花瓶.jpg"　　　图 7-36　设置"粗糙蜡笔"滤镜的参数　　　图 7-37　设置"粗糙蜡笔"滤镜的效果

在设置"粗糙蜡笔"滤镜参数时，有多个参数可以设置，每个参数对应的效果不同。"粗糙蜡笔"滤镜参数中常用选项的解释如下。

- 描边长度：设置蜡笔描边的长度，数值越大，笔触越长。
- 描边细节：设置笔触的细腻程度，数值越大，图像效果越粗糙。

6. "其他"滤镜组

"其他"滤镜组可用来修饰蒙版、调整色彩，以及在图像内移动选区。执行"滤镜→其他"命令，可看到"其他"滤镜组包括 6 种不同风格的滤镜，如图 7-38 所示。

在"其他"滤镜组中，最常用的滤镜为"最小值"，对"最小值"滤镜的介绍如下。

"最小值"滤镜可以向外扩展图像的黑色区域并向内收缩白色区域,从而产生模糊、暗化的效果。

打开素材"荷花.jpg",如图 7-39 所示。执行"滤镜→其他→最小值"命令,弹出"最小值"对话框,如图 7-40 所示。在"最小值"对话框中,设置"半径"的数值可调整像素之间颜色过渡的半径区域。单击"确定"按钮,完成设置。设置"最小值"滤镜的效果如图 7-41 所示。

图 7-38　6 种不同风格的滤镜

图 7-39　素材"荷花.jpg"

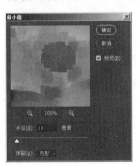

图 7-40　"最小值"对话框

图 7-41　设置"最小值"滤镜的效果

7. "杂色"滤镜组

"杂色"滤镜组包含 5 种滤镜,可以用来添加或去除杂色,以创建特殊的图像效果。下面介绍常用的"添加杂色"滤镜。

执行"滤镜→杂色→添加杂色"命令,弹出"添加杂色"对话框,如图 7-42 所示。该滤镜可以在图像中添加一些细小的颗粒,以产生杂色效果,如图 7-43 所示。

图 7-42　"添加杂色"对话框

图 7-43　"添加杂色"效果

在"添加杂色"对话框中,设置不同的参数会出现不同的杂色效果。"添加杂色"对话框中的"数量""分布"和"单色"选项的解释如下。

● 数量:用于设置杂色的数量。

● 分布:用于设置杂色的分布方式。选择"平均分布",会随机地在图像中添加杂点,效果比较柔和;选择"高斯分布",会沿一条钟形曲线添加杂点,效果较强烈。

● 单色:勾选该复选框,杂点只影响原有像素的亮度,像素的颜色不会改变,如图 7-44 所示。

8. "模糊"滤镜组

"模糊"滤镜组包含 14 种滤镜,它们可以柔化图像、降低相邻像素之间的对比度,使图像产生柔和、平滑的过渡效果。在"模糊"滤镜组中常用的

图 7-44　单色

滤镜有"高斯模糊"滤镜、"动感模糊"滤镜和"径向模糊"滤镜。下面对这 3 个"模糊"滤镜进行讲解。

（1）"高斯模糊"滤镜

"高斯模糊"滤镜可以使图像产生朦胧的雾化效果。打开素材"花.jpg"，如图 7-45 所示，执行"滤镜→模糊→高斯模糊"命令，将弹出"高斯模糊"对话框，如图 7-46 所示。

在图 7-46 所示的对话框中，"半径"用于设置模糊的范围，数值越大，模糊效果越强烈。应用"高斯模糊"后的画面效果如图 7-47 所示。

图 7-45　素材"花.jpg"　　　　图 7-46　"高斯模糊"对话框　　图 7-47　应用"高斯模糊"后的画面效果

（2）"动感模糊"滤镜

"动感模糊"滤镜可以使图像产生速度感效果，类似于给一个移动的对象拍照。打开图 7-48 所示的素材"滑雪.jpg"，执行"滤镜→模糊→动感模糊"命令，弹出"动感模糊"对话框，如图 7-49 所示。

在图 7-49 所示的对话框中，"角度"用于设置模糊的方向，输入数值或拖动滑块可以对模糊方向进行调整；"距离"用于设置像素移动的距离。应用"动感模糊"后的画面效果如图 7-50 所示。

图 7-48　素材"滑雪.jpg"　　　　图 7-49　"动感模糊"对话框　　图 7-50　应用"动感模糊"后的画面效果

（3）"径向模糊"滤镜

"径向模糊"滤镜可以模拟在使用相机拍照时进行缩放或旋转后拍摄照片的模糊效果。打开图 7-51 所示的素材"向日葵.jpg"，执行"滤镜→模糊→径向模糊"命令，弹出"径向模糊"对话框，如图 7-52 所示。

 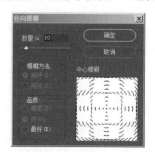

图 7-51　素材"向日葵.jpg"　　　　　　图 7-52　"径向模糊"对话框

在图 7-52 所示的对话框中，"数量"用于设置模糊的强度，数值越大，模糊效果越强烈。"径向模糊"方法有"旋转"和"缩放"两种。其中，"旋转"是围绕一个中心形成旋转的模糊效果，如图 7-53 所示；"缩放"是从模糊中心向四周发射的模糊效果，如图 7-54 所示。

图 7-53　"旋转"效果

图 7-54　"缩放"效果

9. 去色

"去色"命令用于去除图像中的彩色，使图像转换为灰度图像。这种处理图像的方法不会改变图像的颜色模式，只是使图像失去了彩色而变为黑白效果。需要注意的是，图像一般包含多个图层，该命令只作用于被选中的图层。另外，也可以对选中图层中选区的范围进行去色操作。

打开素材"倒影.jpg"，如图 7-55 所示。执行"图像→调整→去色"命令（或按【Ctrl+Shift+U】组合键），将对图像进行去色操作，去色效果如图 7-56 所示。

图 7-55　素材"倒影.jpg"

图 7-56　去色效果

10. 色阶

"色阶"命令是常用的调整命令之一。它不仅可以调整图像的阴影、中间调和高光的强度级别，还可以校正色调范围。

打开素材"贝壳.png"，如图 7-57 所示。执行"图像→调整→色阶"命令（或按【Ctrl+L】组合键），弹出"色阶"对话框，如图 7-58 所示。

图 7-57　素材"贝壳.png"

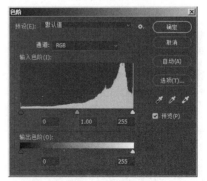

图 7-58　"色阶"对话框

"色阶"对话框中常用的选项有"通道""输入色阶"和"输出色阶"，这些选项的解释如下。

（1）通道

"通道"可单独调整图像中某一种颜色。在"通道"下拉列表中选择其中一个颜色通道，进行调整，图像所对应的颜色会发生变化。例如，在调整 RGB 图像的色阶时，在"通道"下拉列表中选择"蓝"通道，如图 7-59 所示。然后拖动滑块可以对图像中的蓝色进行调整，如图 7-60 所示。单击"确定"按钮完成设置。调整"蓝"通道后的效果如图 7-61 所示。

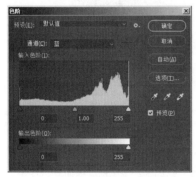
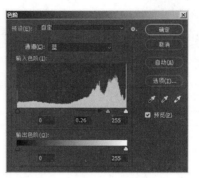

图 7-59　选择"蓝"通道　　　图 7-60　对图像中的蓝色进行调整　　　图 7-61　调整"蓝"通道后的效果

（2）输入色阶

"输入色阶"可用来调整图像的阴影区域、中间调区域和高光区域，从而提高图像的对比度。在"输入色阶"的直方图中，黑色滑块代表图像的暗部，灰色滑块代表图像的中间色调，白色滑块代表图像的亮部，通过拖动滑块或输入数值来调整图像的明暗变化。例如，向左拖动灰色滑块，如图 7-62 所示，与之对应的图像色调会变亮，效果如图 7-63 所示；向右拖动灰色滑块，如图 7-64 所示，与之对应的图像色调会变暗，效果如图 7-65 所示。

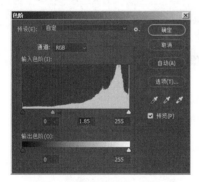

图 7-62　向左拖动灰色滑块　　　　　　　　　图 7-63　图像色调会变亮

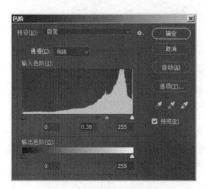

图 7-64　向右拖动灰色滑块　　　　　　　　　图 7-65　图像色调会变暗

（3）输出色阶

"输出色阶"可以限制图像的亮度范围，从而降低对比度，使图像呈现出类似褪色的效果。同样，拖动滑块或者在滑块下面的文本框中输入数值，都可以对图像的输出色阶进行调整，如图 7-66 所示。单击"确定"按钮完成设置。调整"输出色阶"后的效果如图 7-67 所示。

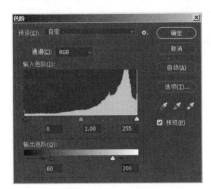

图 7-66　对图像的输出色阶进行调整

图 7-67　调整"输出色阶"后的效果

7.2.3　任务分析

色调、图案、文字、结构是构成包装的基本元素，本任务将从基本色调、封面图案、文字内容、尺寸结构等方面进行设计思路的分析，具体如下。

1. 基本色调

为了体现"烟雨江南"的意境和风格，我们可以运用滤镜库制作一种水墨画的古典效果。由于"江南"题材的局限，在色调方面，比较适宜使用灰色色系。

2. 封面图案

本任务的封面图案由客户提供。封面图案如图 7-68 所示，是一幅青瓦灰墙、小桥流水人家的水乡美景。该封面图案的色调比较单一，要根据基本色调的选择进行适当的调节。

图 7-68　封面图案

3. 文字内容

本任务的文字内容较少，主要是 CD 的专辑名称"烟雨江南"。为了配合水乡的文化气息，文字的设计以中国毛笔字为佳，配以中国独有的篆刻印章效果，浓郁的中国风迎面而来。

4. 尺寸结构

客户要求成品尺寸为 190mm×190mm，根据包装的结构得出设计尺寸为 350mm×190mm，出血尺寸为 3mm，总尺寸为 356mm×196mm。

7.2.4　任务制作

将任务进行分析后，下面我们根据本节所学的知识点来完成制作任务。在制作时，可将任务拆解为 5 个大步骤，依次是制作包装底色、制作包装图案、制作包装细节、制作 CD 光盘正面、制作 CD 光盘反面。详细步骤如下。

1. 制作包装底色

【Step1】在 Photoshop 中执行"文件→新建"命令（或按【Ctrl+N】组合键），在弹出的"新建文档"对话框中设置画布参数，如图 7-69 所示。单击"创建"按钮，完成画布的创建。

【Step2】依次按【Alt】→【V】→【E】键，分别在水平方向的 3mm、23mm、173mm、193mm 的位置以及垂直方向的 3mm、23mm、53mm、203mm、353mm 的位置创建参考线，画面参考线数值如图 7-70 所示。

图 7-69　设置【任务 14】的画布参数

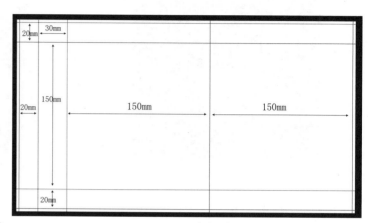

图 7-70　画面参考线数值

【Step3】选择"圆角矩形工具" ▢，绘制一个圆角矩形形状，得到"圆角矩形 1"，如图 7-71 所示。

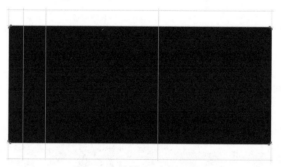

图 7-71　绘制"圆角矩形 1"

【Step4】在"属性"面板中设置圆角矩形的参数，参数设置和效果如图 7-72 所示。

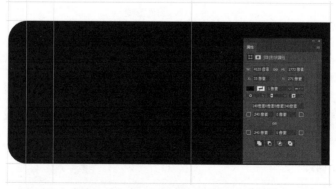

图 7-72　圆角矩形的参数设置和效果

【Step5】继续绘制圆角矩形，在"属性"面板中，设置四个角的半径均为 240 像素，得到"圆角矩形 2"，如图 7-73 所示。

图 7-73 绘制"圆角矩形 2"

【Step6】将"圆角矩形 1"和"圆角矩形 2"图层合并，并将合并的图层重命名为"外皮"。

【Step7】选择"椭圆工具"　，接着选中"外皮"图层，按住【Shift】键，当光标变成┼时，在画布中绘制一个正圆形状，大小和位置如图 7-74 所示。

【Step8】按【Ctrl+N】组合键，打开"新建文档"对话框，在该对话框中设置参数，如图 7-75 所示。单击"确定"按钮，完成画布的创建。

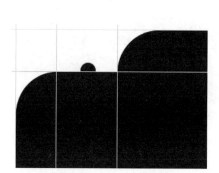

图 7-74 绘制一个正圆形状

图 7-75 设置纹理素材参数

【Step9】设置"前景色"为浅灰色（RGB：225、225、225），按【Alt+Delete】组合键填充前景色，并将图层重命名为"纹理素材"。

【Step10】执行"滤镜→滤镜库"命令，弹出"滤镜库"对话框。选择"纹理化"后，设置"缩放"为 60%、"凸现"为 6，如图 7-76 所示。

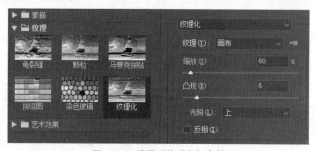

图 7-76 设置"纹理化"参数

【Step11】将"纹理素材"置入"【任务 14】CD 包装设计"画布中。按住【Alt】键，在"图层"面板中，单击"纹理素材"图层和"外皮"图层之间位置，创建剪贴蒙版，效果如图 7-77 所示。

图 7-77　创建剪贴蒙版

2. 制作包装图案

【Step1】打开素材"江南风景大图.jpg"，如图 7-78 所示。执行"图像→调整→去色"命令（或按【Ctrl+Shift+U】组合键），将图像去色，如图 7-79 所示，并将图层重命名为"水墨画"。

图 7-78　素材"江南风景大图.jpg"

图 7-79　图像去色

【Step2】执行"滤镜→滤镜库"命令，弹出"滤镜库"对话框。在该对话框右侧选择"画笔描边"中的"喷溅"选项，设置"喷色半径"为 16、"平滑度"为 9。"喷溅"效果如图 7-80 所示。

图 7-80　"喷溅"效果

【Step3】在"历史记录"面板中新建快照，单击最初状态的江南风景，选择快照，使用"历史记录画笔工具" 在灯笼的位置进行涂抹，还原灯笼颜色，如图 7-81 所示。

图 7-81　还原灯笼颜色

【Step4】按【Ctrl+L】组合键弹出"色阶"对话框，设置"输入色阶"的参数，如图 7-82 所示，单击"确定"按钮，调整后的效果如图 7-83 所示。

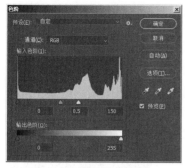

图 7-82　"色阶"对话框

图 7-83　调整后的效果

【Step5】将"水墨画"置入"【任务 14】CD 包装设计"画布中。按【Ctrl+T】组合键调出自由变换定界框，调整大小和位置，如图 7-84 所示，按【Enter】键确定变换。

【Step6】选择"矩形框选工具" 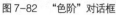，框选出图 7-85 所示区域。

图 7-84　置入"水墨画"

图 7-85　绘制选区

【Step7】在选中"水墨画"图层的情况下，单击"图层"面板底部的"添加图层蒙版"按钮 ，如图 7-86 所示，为"水墨画"图层添加图层蒙版。添加蒙版效果如图 7-87 所示。

图 7-86　为"水墨画"图层添加图层蒙版

图 7-87　添加蒙版效果

【Step8】在"图层"面板中，设置"水墨画"图层的"混合模式"为正片叠底，效果如图 7-88 所示。

图 7-88　正片叠底效果

3. 制作包装细节

【Step1】打开素材"墨迹 1.jpg"，如图 7-89 所示。将素材置入画布中，在"图层"面板中，设置"不透明度"为 5%、"混合模式"为正片叠底，按【Ctrl+T】组合键调出自由变换定界框，调整大小和位置如图 7-90 所示，按【Enter】键确定变换。

【Step2】选择"横排文字工具" ，设置"字体"为叶根友毛笔行书简体，字体颜色为黑色，输入文字内容"烟""雨""江""南"，字体大小和位置如图 7-91 所示。

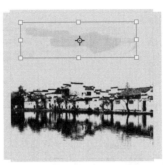

图 7-89　素材"墨迹 1.jpg"　　　　图 7-90　导入墨迹素材　　　　图 7-91　输入文字内容

【Step3】导入素材"小船.png"和"印章.jpg"，如图 7-92 和图 7-93 所示，并调整大小。在"图层"面板中，设置"混合模式"为正片叠底，效果如图 7-94 所示。

图 7-92　素材"小船.png"　　　　图 7-93　素材"印章.jpg"　　　　图 7-94　对导入的素材进行调整

【Step4】在"图层"面板中，同时选择文字与图案图层，如图 7-95 所示，按【Ctrl+G】组合键将 7 个图层编组，并将组命名为"烟雨江南"，如图 7-96 所示。

【Step5】选择"多边形工具" ，在其选项栏中设置"边"为 3，在画布中绘制一个三角形形状，设置"填充颜色"为白色，效果如图 7-97 所示。

图 7-95　选择文字与图案图层　　　图 7-96　将组命名为"烟雨江南"　　　图 7-97　绘制白色三角形

【Step6】选择"横排文字工具" ![T]，设置字体颜色为黑色、字体为"微软雅黑"、字体大小为 10 点，输入文字内容"由此撕开"，将文字旋转并移动至图 7-98 所示位置。

【Step7】打开素材"墨迹 2.jpg"，如图 7-99 所示。将其置入画布中，在"图层"面板中设置"混合模式"为正片叠底、"不透明度"为 40%。调整大小和位置，效果如图 7-100 所示。

图 7-98　输入文字并移动位置　　图 7-99　素材"墨迹 2.jpg"　　　　　　　　　图 7-100　导入墨迹素材并调整

【Step8】在"图层"面板中，选择"烟雨江南"图层组，按【Ctrl+J】组合键复制组，调整大小和位置，效果如图 7-101 所示。

【Step9】选择"矩形工具" ![■]，在包装封面四周绘制一个正方形形状，设置"描边颜色"为白色，描边样式如图 7-102 所示。

图 7-101　复制组并调整大小和位置　　　　　　　　　图 7-102　描边样式

【Step10】按【Ctrl+S】组合键，将文件保存在指定文件夹内。

4. 制作 CD 光盘正面

【Step1】使用"裁剪工具" ![裁剪] 将画面裁剪，如图 7-103 所示。

【Step2】按【Shift+Ctrl+S】组合键，弹出"另存为"对话框，设置"文件名"为"CD 光盘封面"，"保存类型"为"JPG"，将文件另存在指定文件夹。

【Step3】按【Ctrl+N】组合键，弹出"新建文档"对话框，在该对话框中设置参数，如图 7-104 所示。单击"确定"按钮，完成画布的创建。

【Step4】选择"椭圆工具" ![椭圆]，设置"填充颜色"为浅灰色（CMYK：15、10、10、0）、"描边颜色"为灰色（CMYK：25、20、20、0）、"描边宽度"为 8 像素，在画布中绘制一个宽度和高度均为 118mm 的正圆形状，得到"椭圆 1"，效果如图 7-105 所示。

图 7-103　将画面裁剪

图 7-104　"新建文档"对话框

图 7-105　绘制"椭圆 1"

【Step5】打开"CD 光盘封面.jpg"，如图 7-106 所示。

【Step6】在"图层"面板中，将"CD 光盘封面"与"椭圆 1"图层创建剪贴蒙版，效果如图 7-107 所示。

图 7-106　"CD 光盘封面.jpg"

图 7-107　创建剪贴蒙版

【Step7】选择"椭圆工具" ◉，在画布中绘制一个"直径"为 15mm 的正圆形状，设置"填充颜色"为白色、"描边颜色"为浅灰色（CMYK：15、10、10、0）、"描边宽度"为 100 像素、"描边选项"中的"对齐"为外部。"描边选项"设置的具体参数如图 7-108 所示。正圆形状的位置和大小如图 7-109 所示，得到"椭圆 2"。

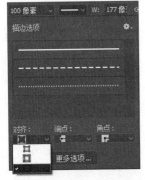

图 7-108　"描边选项"设置的具体参数

图 7-109　"椭圆 2"的位置和大小

【Step8】选中"椭圆 2"图层，单击"图层"面板底部的"添加图层样式" fx，在弹出的菜单中选择"描边"选项,如图 7-110 所示。

【Step9】在"描边"参数面板中,设置"大小"为 20 像素、"位置"为外部、"颜色"为灰色(CMYK: 26、20、20、0),如图 7-111 所示,单击"确定"按钮,完成设置。CD 光盘正面效果如图 7-112 所示。

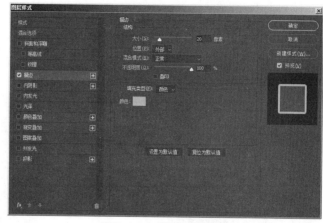

图 7-110 选择"描边"选项   图 7-111 "描边"参数面板

【Step10】按【Ctrl+S】组合键,将文件保存在指定文件夹内。

5. 制作 CD 光盘反面

【Step1】打开文档"CD 光盘正面.psd",如图 7-113 所示。

图 7-112 CD 光盘正面效果   图 7-113 文档"CD 光盘正面.psd"

【Step2】按【Shift+Ctrl+S】组合键,弹出"另存为"对话框,设置"文件名"为"CD 光盘反面""保存类型"为"PSD"格式,将文件另存在指定文件夹。

【Step3】选择"CD 包装封面"图层,单击"图层"面板底部的"删除图层"按钮 🗑,删除图层后的效果如图 7-114 所示。

【Step4】在"椭圆工具"选项栏中,设置"椭圆 1"图层的"填充颜色"为黑色,如图 7-115 所示。

图 7-114 删除图层后的效果   图 7-115 设置"椭圆 1"图层的"填充颜色"为黑色

【Step5】在"图层"面板中，右击"椭圆 1"图层，选择"栅格化图层"命令。

【Step6】在选中"椭圆 1"图层的情况下，执行"滤镜→杂色→添加杂色"命令，弹出"添加杂色"对话框，设置"数量"为 40%，勾选"单色"复选框，如图 7-116 所示，单击"确定"按钮，完成杂色的添加。添加杂色的效果如图 7-117 所示。

图 7-116　"添加杂色"参数设置

图 7-117　添加杂色的效果

【Step7】执行"滤镜→模糊→径向模糊"命令，弹出"径向模糊"对话框，设置"数量"为 10、"模糊方法"为"旋转"，如图 7-118 所示。单击"确定"按钮，完成设置。径向模糊的效果如图 7-119 所示。

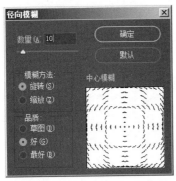

图 7-118　"径向模糊"对话框

图 7-119　径向模糊的效果

【Step8】选择"渐变工具" ，打开"渐变编辑器"，设置一个两边透明、中间白色的渐变，如图 7-120 所示。

【Step9】按【Ctrl+Shift+Alt+N】组合键，新建"图层 1"。在选区内绘制一个图 7-121 所示的线性渐变。

图 7-120　设置渐变

图 7-121　绘制线性渐变

【Step10】按【Ctrl+T】组合键，调出定界框，右击选择"透视"命令，按住【Shift】键的同时，将左上角点拉到左下角点位置，得到交叉高光，效果如图 7-122 所示，按【Enter】键确定。

【Step11】在"图层"面板中，设置"图层 1"的混合模式为"柔光"，效果如图 7-123 所示。

【Step12】按【Ctrl+J】组合键，复制"图层 1"并调整角度，制作出图 7-124 所示的高光效果。

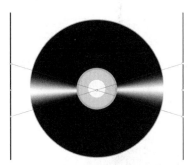

图 7-122　交叉高光

图 7-123　设置"图层 1"的混合模式为"柔光"

图 7-124　高光效果

【Step13】按【Ctrl+S】组合键，将文件保存在指定文件夹内。

至此，CD 外包装和 CD 光盘正、反面设计完成，最终效果如图 7-15～图 7-17 所示。

7.3　【任务 15】艺术画册包装设计

画册包装设计是用流畅的线条、精美的图像、优美的文字等素材，构成一本能够传达品牌精神、内涵情感，并具有收藏价值的作品。本任务将制作一款艺术画册的包装，通过本案例的学习，读者可以掌握"液化"滤镜和"扭曲"滤镜的操作方法，并熟悉智能滤镜的功能和基本使用方法。

7.3.1　任务描述

黄山油画馆的前身是安徽油画博物馆旗下的专业画廊，近十年的历史发展完成了为签约画家创造更好艺术生涯的凤愿。每个年度，黄山油画馆会将上一年度的画馆销售作品集结成册，以此作为画馆和画家宣传的方式之一，也用以承载和记录画馆的发展历史。每一年度的作品集都有一个精美的纸盒包装，这一包装的图案或主题以上一年度销售价格最高的作品作为基础素材内容。本任务将制作 2020 年度画馆作品集的包装盒，艺术画册包装设计的平面效果如图 7-125 所示。

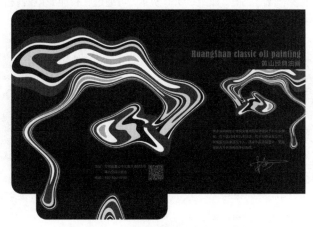

图 7-125　艺术画册包装设计的平面效果

7.3.2　知识点讲解

1. 智能滤镜

智能滤镜是一种非破坏性的滤镜，可以达到与普通滤镜完全相同的效果。智能滤镜与普通滤镜不同的是，它不会真正改变图像中的像素，且可以随时进行修改。

（1）转换为智能滤镜

选择应用智能滤镜的图层，如图 7-126 所示。执行"滤镜→转换为智能滤镜"命令，把图层转换为智能对象，如图 7-127 所示。然后选择相应的滤镜，应用后的滤镜效果会像"图层样式"一样显示在"图层"面板上，"智能滤镜"图层如图 7-128 所示。双击图层中的  图标，弹出"混合选项"对话框，可在该对话框中设置滤镜效果，如图 7-129 所示。

图 7-126　选择应用智能滤镜的图层

图 7-127　转换为智能对象

图 7-128　"智能滤镜"图层

图 7-129　"混合选项"对话框

（2）排列智能滤镜

当对一个图层应用了多个智能滤镜，如图 7-130 所示，可通过在智能滤镜列表中上下拖动滤镜，重新排列它们的顺序。图 7-131 展示的是将"径向模糊"放置在"滤镜库"下方的效果。

图 7-130　应用多个智能滤镜的图层

图 7-131　将"径向模糊"放置在"滤镜库"下方的效果

将智能滤镜重新排列后，图像效果也会发生改变。

（3）遮盖智能滤镜

智能滤镜包含一个智能蒙版，编辑蒙版可以有选择性地遮盖智能滤镜，使滤镜只影响图像的一部分。智能蒙版操作原理与图层蒙版完全相同，使用黑色隐藏图像，使用白色显示图像，使用灰色来产生一种半透明效果，智能蒙版如图 7-132 所示。应用智能蒙版后的图像效果如图 7-133 所示。

图 7-132　智能蒙版

图 7-133　应用智能蒙版后的图像效果

（4）显示与隐藏智能滤镜

如果要隐藏单个滤镜，可以单击该智能滤镜前面的"指示图层可见性"图标 来实现，如图 7-134 所示。

如果要隐藏应用于智能对象图层的所有智能滤镜，则单击"智能滤镜"图层旁边的"指示图层可见性"图标 隐藏所有智能滤镜，如图 7-135 所示。

图 7-134　隐藏单个滤镜

图 7-135　隐藏所有滤镜

如果要重新显示智能滤镜，可在滤镜的"指示图层可见性"图标 处单击。

2. "风格化"滤镜组

"风格化"滤镜组通过置换图像像素并查找和增加图像中的对比度，产生各种不同的风格效果。该滤镜组包括 9 种不同风格的滤镜。下面介绍常用的 2 个"风格化"滤镜。

（1）"等高线"滤镜

"等高线"滤镜主要用于查找亮度区域的过渡，使其产生勾画边界的线描效果。打开素材"卡通狐狸.jpg"，如图 7-136 所示。执行"滤镜→风格化→等高线"命令，弹出"等高线"对话框，如图 7-137 所示。

图 7-136　素材"卡通狐狸.jpg"

图 7-137　"等高线"对话框

在"等高线"对话框中，"色阶"用于设置边缘线的色阶值；"边缘"用于设置图像边缘的位置，包括"较低"和"较高"两个选项。设置好这些参数后，单击"确定"按钮，效果如图 7-138 所示。

（2）"风"滤镜

"风"滤镜可以使图像产生细小的水平线，以达到不同的"风"效果。打开素材"树.jpg"，如图 7-139 所示。执行"滤镜→风格化→风"命令，弹出"风"对话框，如图 7-140 所示。

图 7-138　"等高线"效果

在"风"对话框中，"方法"用于设置风的作用形式，包括"风""大风"和"飓风"三种形式；"方向"用于设置风源的方向，包括"从右"和"从左"两个方向。设置好这些参数后单击"确定"按钮，完成设置。图 7-141 展示的是设置参数分别为"风"和"从右"的效果。

图 7-139　素材"树.jpg"

图 7-140　"风"对话框

图 7-141　设置参数分别为"风"和"从右"的效果

3."液化"滤镜

"液化"滤镜具有强大的变形和创建特效的功能。执行"滤镜→液化"命令（或按【Shift+Ctrl+X】组合键），弹出"液化"对话框，如图 7-142 所示。

图 7-142　"液化"对话框

"液化"对话框中各选项的解释如下。

● 工具按钮：用于调整图像效果，包括液化的各种工具。其中，"向前变形工具"通过在图像上拖动，向前推动图像而产生变形；"重建工具"通过绘制变形区域，能够部分或全部恢复图像的原始状态；

"冻结蒙版工具" 将不需要液化的区域创建为冻结的蒙版；"解冻蒙版工具" 可以擦除冻结的蒙版区域；"脸部工具" 可以直接在预览区粗略地调整人物的脸部和五官的状态。

- 工具选项：用于设置当前工具的各种属性。
- 人脸识别：用于精确地调整人物脸部和五官的参数，包含眼睛、鼻子、嘴唇和脸部形状四个参数。
- 蒙版选项：用于设置蒙版的创建方式。其中，单击"全部蒙住"按钮冻结整个图像；单击"全部反相"按钮反相所有的冻结区域。
- 视图选项：定义当前图像、蒙版以及背景图像的显示方式。
- 重建选项：通过下拉列表可以选择重建液化的方式。其中，单击"重建"按钮可以将未冻结的区域逐步恢复为初始状态；单击"恢复全部"按钮可以一次性恢复全部未冻结的区域。

使用"液化"滤镜可以对图像很方便地进行变形和扭曲，勾选对话框中的"显示网格"复选框可以更清晰地显示扭曲效果，如图 7-143 所示。

图 7-143　勾选"显示网格"复选框

4. "扭曲"滤镜组

"扭曲"滤镜组包含 9 种滤镜，它们可以对图像进行几何变形，创建 3D 或其他扭曲效果。下面介绍常用的 4 种"扭曲"滤镜。

（1）"波浪"滤镜

"波浪"滤镜可以在图像上创建波状起伏的图案，生成波浪效果。执行"滤镜→扭曲→波浪"命令，弹出"波浪"对话框，如图 7-144 所示。

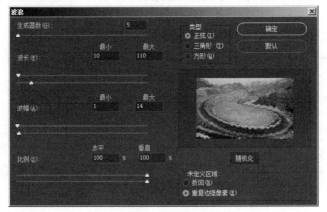

图 7-144　"波浪"对话框

"波浪"对话框中常用选项的解释如下。

- 生成器数：用来设置波的多少，数值越大，图像越复杂。
- 波长：用来设置相邻两个波峰的水平距离。
- 波幅：用来设置最大和最小的波幅。
- 比例：用来控制水平和垂直方向的波动幅度。
- 类型：用来设置波浪的形态，包括"正弦""三角形""方形"。

设置好"波浪"滤镜的相应参数，单击"确定"按钮，画面中即可出现"波浪"效果。图 7-145 和图 7-146 所示为使用"波浪"滤镜前后的对比效果。

图 7-145　使用"波浪"滤镜前

图 7-146　使用"波浪"滤镜后

（2）"波纹"滤镜

"波纹"滤镜与"波浪"滤镜的工作方式相同，但提供的选项较少，只能控制波纹的数量和大小。"波纹"对话框和使用"波纹"滤镜后的效果如图 7-147 和图 7-148 所示。

（3）"极坐标"滤镜

"极坐标"滤镜以坐标轴为基准，可以将图像从平面坐标转换为极坐标，或从极坐标转换为平面坐标。执行"滤镜→扭曲→极坐标"命令，弹出"极坐标"对话框，如图 7-149 所示。

图 7-147　"波纹"对话框

图 7-148　使用"波纹"滤镜后的效果

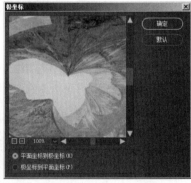

图 7-149　"极坐标"对话框

选择"平面坐标到极坐标"选项，可以将图像从平面坐标转换为极坐标；选择"极坐标到平面坐标"选项，可以将图像从极坐标转换为平面坐标。转换前的效果和转换后的效果分别如图 7-150 与图 7-151 所示。

图 7-150　转换前的效果

图 7-151　转换后的效果

（4）"旋转扭曲"滤镜

"旋转扭曲"滤镜可以使图像产生旋转的风轮效果，旋转围绕图像中心进行，且中心旋转的程度比边缘大。执行"滤镜→扭曲→旋转扭曲"命令，弹出"旋转扭曲"对话框，在该对话框中设置"角度"为 360 度，如图 7-152 所示。

拖动"角度"滑块或输入数值，可控制"旋转扭曲"的程度。图 7-153 和图 7-154 展示的是使用"旋转扭曲"滤镜前后的对比效果。

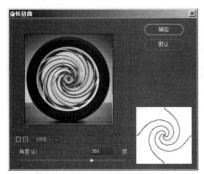

图 7-152　"旋转扭曲"对话框　　图 7-153　使用"旋转扭曲"滤镜前　　图 7-154　使用"旋转扭曲"滤镜后

7.3.3　任务分析

黄山油画馆提供了本次画馆艺术画册的文案内容，如图 7-155 所示。其中，画册封底内容需要增加二维码信息，如图 7-156 所示。

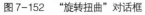

封面：
HuangShan Classic Oil Painting
黄山经典油画

黄山油画馆的前身是安徽油画博物馆旗下的专业画廊，在中国已经有九年历史，位于安徽省黄山市。画馆签约画家超过十人，画家作品远销国外，更是被国内外各博物馆争相典藏。

封底：
地址：安徽省黄山市江南大道888号第六空间大都会
电话：400-600-8800

图 7-155　文案内容

图 7-156　二维码信息

在 2020 年度，黄山油画馆销售价格最高的油画作品为安安先生的系列作品《舞》，如图 7-157 所示。

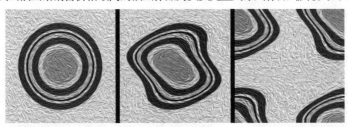

图 7-157　作品《舞》

作品《舞》是一组几何抽象画系列作品，分别用圆圈的形式表现舞者的律动和速度，画家以俯视表现独具的视角，用大量的肌理和笔触堆叠出由规则到不规则的形状。作品《舞》中的颜色、造型、意境都可以作为本任务包装的设计素材。

由于该作品的肌理并不适合直接作为图案应用在包装设计上，故而提取了油画的"形"和"色"。在"形"的方面，继续对《舞》的"形"做扭曲和抽象，以此为基本图案；在"色"的方面，提取作品《舞》中的基本色彩，并辅以一个深紫色（CMYK：60、100、60、30）作为包装的主色调。

客户提供的画册成品尺寸为 210mm×285mm×10mm，以此尺寸计算出外包装尺寸为 470mm×325mm，出血尺寸为 3mm，包装的总尺寸应为 476mm×331mm。

7.3.4 任务制作

将任务进行分析后，下面我们根据本节所学的知识点来完成制作任务。在制作时，可将任务拆解为 3 个大步骤，依次是制作底色、制作图案和添加文案，详细步骤如下。

1. 制作底色

【Step1】在 Photoshop 中执行"文件→新建"命令（或按【Ctrl+N】组合键），在弹出的"新建文档"对话框中设置画布参数，如图 7-158 所示。单击"创建"按钮，完成画布的创建。

【Step2】按【Ctrl+R】组合键调出标尺，创建参考线，四周参考线与画布间距为 3mm，参考线具体数值如图 7-159 所示。

图 7-158 设置【任务 15】画布参数

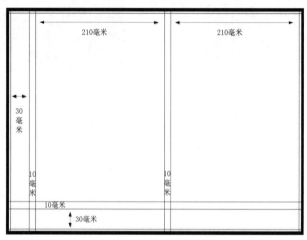

图 7-159 参考线具体数值

【Step3】选择"圆角矩形工具"，绘制一个圆角矩形形状，在"属性"面板中，设置圆角矩形的"左上角半径"和"左下角半径"为 200 像素、"右上角半径"和"右下角半径"为 0 像素，如图 7-160 所示，得到"圆角矩形 1"。

【Step4】继续绘制圆角矩形，在"属性"面板中，设置"左上角半径"和"右上角半径"为 0 像素、"左下角半径"和"右下角半径"为 200 像素，得到"圆角矩形 2"。

【Step5】将"圆角矩形 1"和"圆角矩形 2"合并图层，设置"填充颜色"为紫色（CMYK：60、100、60、30），大小和位置如图 7-161 所示，并将图层重命名为"外皮"。

图 7-160 "属性"面板

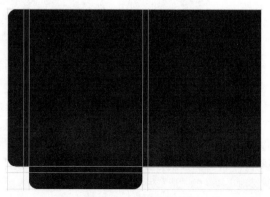

图 7-161 合并圆角矩形

【Step6】选择"椭圆工具" ，在画布中绘制一个正圆形状，设置"填充颜色"为白色、描边颜色为粉色（CMYK：30、100、40、0）、"描边宽度"为 190 像素、"描边选项"中"对齐"为外部，大小和位置如图 7-162 所示，得到"椭圆 1"。

【Step7】在圆中继续绘制一个正圆，设置"填充颜色"为浅黄色（CMYK：10、10、50、0）、"描边颜色"为紫色（CMYK：60、100、60、30），样式效果如图 7-163 所示，得到"椭圆 2"。

图 7-162　绘制"椭圆 1"　　　　　　　图 7-163　绘制"椭圆 2"

【Step8】在圆中继续绘制一个正圆，设置"填充颜色"为白色、"描边颜色"为粉色（CMYK：30、100、40、0），样式效果如图 7-164 所示，得到"椭圆 3"。

【Step9】在圆中继续绘制一个正圆，设置"填充颜色"为黄色（CMYK：10、40、90、0），样式效果如图 7-165 所示，得到"椭圆 4"。

图 7-164　绘制"椭圆 3"　　　　　　　图 7-165　绘制"椭圆 4"

【Step10】在"图层"面板中，选择"椭圆 1"～"椭圆 4"图层，右击选择"转化为智能对象"命令。

【Step11】按【Ctrl+J】组合键，复制图层，按【Ctrl+T】组合键，调出定界框，调整大小和位置，并按【Ctrl+E】组合键，合并所有圆圈图层，效果如图 7-166 所示。

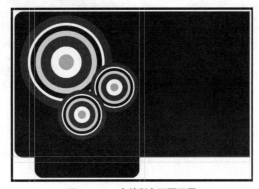

图 7-166　合并所有圆圈图层

2. 制作图案

【Step1】对合并的圆圈图层执行"滤镜→扭曲→波浪"命令，弹出"波浪"对话框，设置参数具体如图 7-167 所示。设置"波浪"滤镜前后的对比效果如图 7-168 所示。

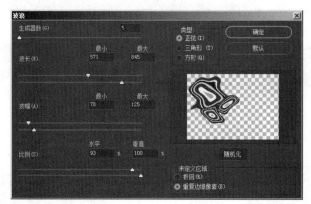

图 7-167　"波浪"对话框

【Step2】执行"滤镜→扭曲→旋转扭曲"命令，弹出"旋转扭曲"对话框，设置"角度"为 368 度，如图 7-169 所示。

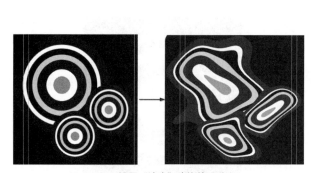

图 7-168　设置"波浪"滤镜前后对比

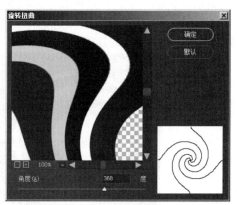

图 7-169　"旋转扭曲"对话框

【Step3】在"图层"面板中，将"波浪"滤镜拖动到"旋转扭曲"滤镜下方，此时图案效果如图 7-170 所示。

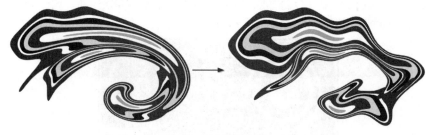

图 7-170　图案效果

【Step4】执行"滤镜→液化"命令，弹出"液化"对话框，运用"向前变形工具" 图 ，如图 7-171 所示。在左侧预览区中进行反复涂抹，使用"液化"滤镜的效果如图 7-172 所示，并将图层重命名为"扭曲 1"。

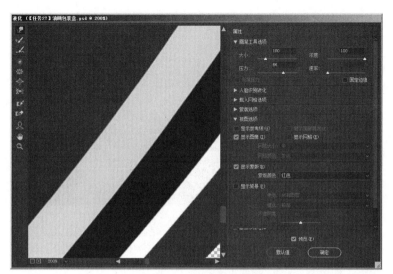

图 7-171 "液化"对话框

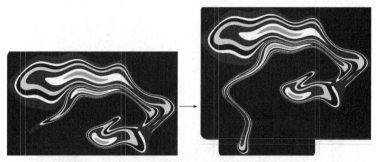

图 7-172 使用"液化"滤镜的效果

【Step5】按【Ctrl+J】组合键，复制图层，按【Ctrl+T】组合键，调出定界框，右击选择"水平翻转"命令，并调节大小，得到效果如图 7-173 所示，将图层重命名为"扭曲 2"。

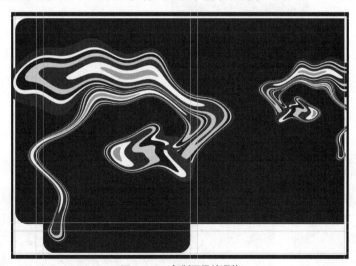

图 7-173 复制图层并调整

【Step6】按【Ctrl+J】组合键，再次复制图层，执行"滤镜→液化"命令，完成效果如图 7-174 所示，将图层重命名为"扭曲 3"。

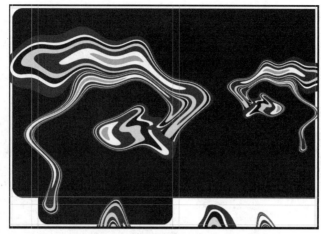

图 7-174　再次复制图层并液化

【Step7】在"图层"面板中，选择"扭曲 1""扭曲 2"和"扭曲 3"图层，右击选择"转化为智能对象"命令，将合并的图层命名为"图案"，并与"外皮"图层创建剪贴蒙版，效果如图 7-175 所示。

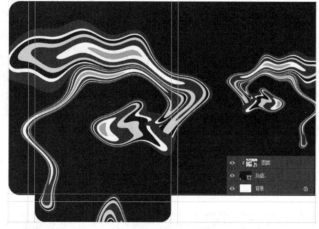

图 7-175　创建剪贴蒙版

3. 添加文案

【Step1】选择"矩形工具"，在画布右边上面部分绘制一个矩形形状，设置"填充颜色"为紫色（CMYK：60、100、60、30），位置如图 7-176 所示，按【Enter】键确定。

【Step2】选择"横排文字工具"，设置字体为"Bernard MT Condensed Regular"、字体颜色为浅粉色（CMYK：30、80、25、0），字体大小、内容和位置如图 7-177 所示。

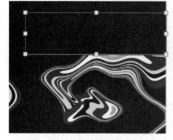

图 7-176　绘制矩形形状

图 7-177　添加文字

【Step3】继续输入标题文字信息，并在其选项栏中设置字体为"方正兰亭中黑"、字体颜色为浅粉色

（CMYK：30、80、25、0），字体大小、内容和位置如图 7-178 所示，完成标题文字的绘制。

【Step4】在标题文字下方继续输入文案，在选项栏中设置字体为"微软雅黑"、颜色为浅粉色（CMYK：30、80、25、0），输入素材"文案.txt"中的内容，文案字体大小和位置如图 7-179 所示。

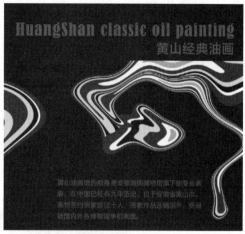

图 7-178　添加标题文字　　　　　　　　　　　　　　　图 7-179　添加文案

【Step5】打开素材"签名.png"，如图 7-180 所示，将其移至图 7-181 所示位置。

图 7-180　素材"签名.png"　　　　　　　　　　　　图 7-181　移动素材位置

【Step6】在画布左侧添加地址和电话信息，在选项栏中设置字体为"微软雅黑"、颜色为浅粉色（CMYK：30、80、25、0），字体大小和内容如图 7-182 所示。

图 7-182　添加地址和电话信息

【Step7】打开素材"二维码.png"，如图 7-183 所示，将其置入"【任务 15】艺术画册包装设计"画布中，并移至图 7-184 所示位置。

图 7-183　素材"二维码.png"　　　　　　　　　　图 7-184　置入素材并移动位置

【Step8】按【Ctrl+S】组合键，将文件保存在指定文件夹内。

至此，艺术画册包装设计完成，最终效果图如图 7-125 所示。

7.4　本章小结

本章介绍了包装设计的相关知识，包括包装设计的类型、构成要素和基本原则三个模块；使用一系列滤镜制作了 CD 包装和艺术画册包装。通过本章的学习，读者可以了解包装设计的相关知识，并熟悉一系列滤镜的应用效果，掌握滤镜的设置技巧。

7.5　课后练习

学习完包装设计的相关内容，下面来完成课后练习吧：

请使用所学知识绘制图 7-185 所示的摄像头包装效果。

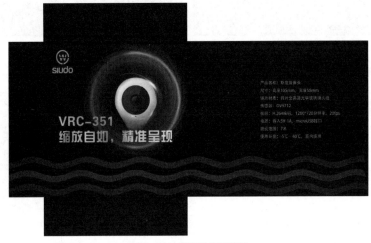

图 7-185　摄像头包装效果

第 8 章

数码后期

学习目标

★ 了解数码后期的内容，能够针对图像进行调整。

★ 掌握一系列修复工具的使用，能够对存在瑕疵的人像进行修复。

★ 掌握一系列调色命令，能够对图像进行调色。

Photoshop 提供了多种色彩调节、修复等命令和工具，这些命令和工具大多可用于数码后期调整人像。本章将运用 Photoshop 中的色彩调节命令以及一系列修复工具，对照片进行调整。

8.1 数码后期简介

数码后期指通过数码相机或扫描仪将数码照片输入计算机，并在计算机中对数码照片进行色彩平衡、尺寸大小等再处理，从而实现人像的美化，最终完成拍摄者的艺术表达。图 8-1 所示为人像处理前后的对比。

人像处理前　　　　　人像处理后

图 8-1　人像处理前后的对比

数码后期通常会通过调整图像的构图、曝光和色彩等操作，来实现图像的美化处理。数码后期的内容一般包括构图调整、曝光调节、色彩调节、瑕疵修复等。下面对数码后期的内容进行介绍。

1. 构图调整

若原图像的构图不太合理，我们可参照一定的构图方法，通过裁剪画布来实现画面的二次构图。二次构图前后对比如图 8-2 所示。

二次构图前　　　　　　　　　　　　　　　二次构图后
图 8-2　二次构图前后对比

若想正确地调整构图，就需要了解常用的构图手法。常用的构图手法有很多，下面以三分法构图、填充构图为例进行讲解。

（1）三分法构图

三分法是在摄影中经常使用的一种构图手法，有时也称井字构图法。三分法构图是指用直线把画面的水平方向和垂直方向各分成三份，这样就可以得到 4 个交叉点，此处称这 4 个交叉点为"兴趣点"，每条直线为"三分线"。三分法构图图示如图 8-3 所示。

一般情况下，每一个兴趣点上都可放置主体。当主体为线时，可以将其放置在三分线上。

（2）填充构图

填充构图是指让主体充满画面，进而产生视觉冲击力，图 8-4 展示的是填充构图的画面。

● 兴趣点
—— 三分线

图 8-3　三分法图示

图 8-4　填充构图的画面

填充构图可以引导观众关注主体而不受其他因素干扰，而且能够清楚地看到主体的细节。

值得一提的是，当我们对原图像进行二次构图时，需要注意图像的比例，只有符合一定的比例，才能保证二次构图的美观性。人眼观察较为舒适的比例有 1:1、3:2、4:3、16:9 等，如图 8-5 所示。

2. 曝光调节

曝光调节是指对原图像的曝光进行调整。曝光分为曝光不足、曝光过度和正常曝光。其中，曝光不足是指光线不足，进而看不清暗部的细节；曝光过度是

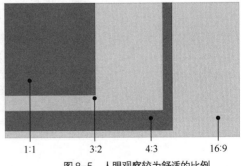

1:1　　　3:2　　　4:3　　　16:9
图 8-5　人眼观察较为舒适的比例

指光线太亮，进而看不清亮部的细节；正常曝光是正常光线，通常可以看清亮部和暗部的细节。三种曝光的效果如图 8-6 所示。

曝光不足　　　　　　　　　　　曝光过度　　　　　　　　　　　正常曝光

图8-6　三种曝光的效果

在调节曝光时，若需要将图像调整至正常曝光，则需要为曝光不足的图像添加曝光，为曝光过度的图像减少曝光。

3. 色彩调节

色彩是能引起我们审美愉悦的、最为敏感的形式要素。它可以直接影响人们的感情。因此在数码后期中，色彩调节是很重要的一个流程。色彩调节通常包括改变图像的色相和校正偏色的图像。

改变图像的色相是指改变图像原有的色调，给图像赋予另一种情感。改变色调的前后对比如图8-7所示。

改变色调前　　　　　　　　　　　　　　改变色调后

图8-7　改变色调的前后对比

校正偏色的图像是指将受到环境光或相机白平衡设置等因素的影响，照片整体偏向于某种色调的图像，恢复为正常的色调。图8-8所示为校正偏色图像前后的对比。

校正偏色前　　　　校正偏色后
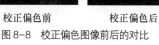
图8-8　校正偏色图像前后的对比

4. 瑕疵修复

当图像中的人物存在斑点、眼袋或皱纹等，或者环境中存在杂点、污渍或杂物等情况时，我们就需要对图像这些瑕疵进行修复。图 8-9 所示为瑕疵修复的前后对比。

瑕疵修复前   瑕疵修复后

图 8-9 瑕疵修复的前后对比

8.2 【任务 16】时尚周刊人像修饰

时尚周刊在我们生活中随处可见，它是定期出版的刊物，属于生活服务类。本任务将对时尚周刊中的人像进行修饰，通过本案例的学习，读者可以掌握"污点修复画笔工具""修复画笔工具"等工具的使用技巧。

8.2.1 任务描述

本任务是对一个《国潮风尚》周刊封面中的人像进行修饰，并根据客户提供的封面元素制作周刊封面。客户要求封面以清新风格为主，图 8-10 为时尚周刊封面的最终效果图。

8.2.2 知识点讲解

1. 污点修复画笔工具

"污点修复画笔工具" ![icon] 可以快速去除图像中的杂点或污点。选择该工具后，只需在图像中有污点的地方单击，即可快速修复污点。

图 8-10 时尚周刊封面的最终效果图

"污点修复画笔工具"可以自动从所修复区域的周围取样来进行修复，不需要设计者选取样本。选择"污点修复画笔工具"，其选项栏如图 8-11 所示。

图 8-11 "污点修复画笔工具"选项栏

在"污点修复画笔工具"选项栏中，确定样本像素的类型有"内容识别""创建纹理"和"近似匹配"三种，它们的解释如下。

- 内容识别：选择该选项时，系统自动根据污点周围的像素进行取样，对污点进行修复。
- 创建纹理：选择该选项时，系统根据污点周围的像素生成一个纹理，对污点进行修复时使用纹理对污点进行覆盖。

● 近似匹配：该选项与选区有关，若未对污点建立选区，则样本自动采用污点周围的像素；如果为污点建立选区，则样本采用选区周围的像素。

打开素材"美女.jpg"，如图 8-12 所示。选择"污点修复画笔工具"，在其选项栏中选择一个比需要修复的区域稍大一点的笔刷大小，其他选项保持默认设置。将光标放在污点处，如图 8-13 所示。然后，使用鼠标单击，污点即被去除，效果如图 8-14 所示。

图 8-12　素材"美女.jpg"　　　　图 8-13　将光标放在污点处　　　　图 8-14　污点即被去除

2. 修复画笔工具

"修复画笔工具"  是通过从图像中取样，达到修复图像的目的。与"污点修复画笔工具" 不同的是，使用"修复画笔工具"时需要按住【Alt】键进行取样，从而控制样本来源。选择"修复画笔工具"，其选项栏如图 8-15 所示。

图 8-15　"修复画笔工具"选项栏

"修复画笔工具"选项栏中各选项的解释如下。

● 取样：选中该选项，可以从图像中取样来修复有瑕疵的图像。
● 图案：选中该选项，可以使用图案填充图像，并且根据周围的像素来自动调整图案的色彩和色调。
● 对齐：用于设置是否在复制时使用对齐功能。
● 样本：用于设置修复的样本，分别为"当前图层""当前和下方图层"和"所有图层"。

打开素材"眼睛.png"，如图 8-16 所示。选择"修复画笔工具"，在其选项栏中选择一个柔和的笔尖，其他选项保持默认设置。将光标放在眼角附近没有皱纹的皮肤上，按住【Alt】键，光标将变为圆形十字图标 ⊕，此时单击进行取样，如图 8-17 所示。然后，释放【Alt】键，在眼角的皱纹处单击并拖动鼠标进行修复，如图 8-18 所示。修复后的图像效果如图 8-19 所示。

图 8-16　素材"眼睛.png"　　　图 8-17　单击进行取样　　　图 8-18　单击并拖动鼠标进行修复　　　图 8-19　修复后的图像效果

3. 色相/饱和度

"色相/饱和度"命令可以对图像的色相、饱和度和明度进行调整，使图像的色彩更加丰富、生动。执行"图像→调整→色相/饱和度"命令（或按【Ctrl+U】组合键），弹出"色相/饱和度"对话框，如图 8-20 所示。

"色相/饱和度"对话框中常用选项的解释如下。

- 全图：该下拉列表用于设置调整范围，包括"全图""红色""黄色"等 7 个选项，选择其中一个选项，可以针对该选项对应的颜色区域进行相应的调节。
- 色相：用于改变图像的颜色。
- 饱和度：用于调整图像的饱和度。
- 明度：用于调整图像的明度。
- 着色：选中该复选框，可将彩色图像变为单一颜色的图像，拖动参数滑块对图像整体颜色进行调整。

打开素材"泡泡糖.jpg"，如图 8-21 所示。按【Ctrl+U】组合键调出"色相/饱和度"对话框，拖动滑块可以调整图像中所有颜色的色相、饱和度和明度，如图 8-22 所示。调整"全图"色相的效果如图 8-23 所示。

图 8-20　"色相/饱和度"对话框

图 8-21　素材"泡泡糖.jpg"

图 8-22　调整"全图"色相

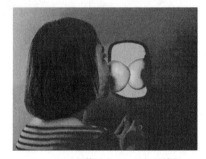

图 8-23　调整"全图"色相的效果

使用"色相/饱和度"命令既可以调整图像中所有颜色的色相、饱和度和明度，也可以针对单种颜色进行调整。

依旧以图 8-21 所示的素材"泡泡糖.jpg"为例，在"色相/饱和度"对话框中的"全图"下拉列表中选择"黄色"选项，拖动滑块即可针对画面中黄色的色相、饱和度和明度进行调整，如图 8-24 所示。调整"黄色"色相的效果如图 8-25 所示。

图 8-24　调整"黄色"色相

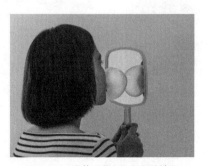

图 8-25　调整"黄色"色相的效果

4. 亮度/对比度

"亮度/对比度"命令可以快速地调节图像的亮度和对比度。执行"图像→调整→亮度/对比度"命令，弹出"亮度/对比度"对话框，如图 8-26 所示。

图 8-26 "亮度/对比度"对话框

"亮度/对比度"对话框中各选项的解释如下。

● 亮度：拖动该滑块，或在文本框中输入数字（-150～150），即可调整图像的明暗。向左拖动滑块，数值显示为负值，图像亮度降低；向右拖动滑块，数值显示为正值，图像亮度增加。

● 对比度：拖动该滑块，或在文本框中输入数字（-50～100），即可调整图像颜色的对比程度。向左拖动滑块，数值显示为负值，图像对比度降低；向右拖动滑块，数值显示为正值，图像对比度增加。

● 使用旧版：新版本对"亮度/对比度"的调整算法进行了改进，能够保留更多的高光和细节。如果需要使用旧版本的算法，可以勾选"使用旧版"复选框。

打开素材"房间.jpg"，如图 8-27 所示。执行"图像→调整→亮度/对比度"命令弹出"亮度/对比度"对话框，在对话框中的"亮度"文本框中输入"55"、"对比度"文本框中输入"14"，如图 8-28 所示。单击"确定"按钮，调整后的房间效果如图 8-29 所示。

图 8-27 素材"房间.jpg"

图 8-28 输入数值

图 8-29 调整后的房间效果

5. 红眼工具

"红眼工具" 🔴 可以去除拍摄照片时产生的红眼。选择"红眼工具"，其选项栏如图 8-30 所示。

图 8-30 "红眼工具"选项栏

在"红眼工具"选项栏中，可以设置瞳孔的大小和暗度。"红眼工具"的使用方法非常简单。打开素材"红眼美女.png"，如图 8-31 所示。选择"红眼工具"，然后在图像中有红眼的位置单击，如图 8-32 所示，即可去除红眼。去除红眼的效果如图 8-33 所示。

图 8-31 素材"红眼美女.png"

图 8-32 在图像中有红眼的位置单击

图 8-33 去除红眼的效果

6. 减淡工具

"减淡工具" 🔍 可以加亮图像的局部区域，通过提高图像选区的亮度来校正曝光。因此"减淡工具"

常被用来修饰图像。选择"减淡工具"（或按【O】键），待光标变为○状时在图像上涂抹，即可减淡图像的颜色，如图 8-34 所示。

原图　　　　　　　　　　　　　　　使用减淡工具

图 8-34　减淡图像的颜色

"减淡工具"的选项栏如图 8-35 所示，其中"范围""曝光度"和"保护色调"这三项比较常用，对它们的具体介绍如下。

图 8-35　"减淡工具"选项栏

● 范围：可以选择需要修改的色调，分为"阴影""中间调"和"高光"三个选项。其中，"阴影"选项可以处理图像的暗部色调，"中间调"选项可以处理图像的中间色调，"高光"选项则处理图像的亮部色调。

● 曝光度：可以为减淡工具指定曝光度。数值越大，效果越明显。

● 保护色调：勾选该复选框，保护图像的色调不发生变化。

7. 加深工具

"加深工具" 和"减淡工具"恰恰相反，可以变暗图像的局部区域。右击"减淡工具"，在弹出的选项组中选择"加深工具"，如图 8-36 所示。

选择"加深工具"后，在图像上反复涂抹，即可将涂抹的区域变暗，如图 8-37 所示。

原图　　　　　　　　　　　　　　　使用加深工具

图 8-36　选择"加深工具"　　　　　　　　图 8-37　将涂抹的区域变暗

同"减淡工具"一样，通过指定"加深工具"选项栏中的"曝光度"，也可以设置加深的效果，数值越大，效果越明显。

8. 混合器画笔工具

"混合器画笔工具" 可以混合像素，它能模拟真实的绘画技巧。例如，混合画布上的颜色、组合画笔的颜色，以及在描边过程中使用不同的画笔湿度。混合器画笔有两个绘画色管（一个储槽和一个拾取器）。储槽存储最终应用于画布的颜色，拾取器接收来自画布的油彩。图 8-38 所示为"混合器画笔工具"的选项栏。

当前画笔载入　有用的混合画笔组合　　　载入　混合　　　　　　　对所有图层取样

每次描边后载入/清理画笔　　　潮湿

图 8-38　"混合器画笔工具"选项栏

下面对"混合器画笔工具"的相关选项进行讲解。

● 当前画笔载入：单击 ▽ 按钮弹出下拉菜单，有"载入画笔""清理画笔"和"只载入纯色"三个选项。使用"混合器画笔工具"时，需要按住【Alt】键单击图像，将光标下方的颜色载入储槽。其中，"载入画笔"选项可以拾取光标下方的图像，此时画笔笔尖可反映出取样区域中的任何颜色变化；"清理画笔"选项可清除画笔中的油彩；"只载入纯色"选项可拾取图像中的单色。

● 每次描边后载入/清理画笔：单击 ✕ 按钮，可以使光标下的颜色与前景色混合；单击 ✕ 按钮，可以清理画笔上的油彩。

● 有用的混合画笔组合：提供了"干燥""潮湿"等预设的画笔组合。

● 潮湿：可设置从画布拾取的油彩量，较高的设置会产生较长的画笔笔触。

● 载入：用来指定储槽中载入的油彩量，载入速率较低时，绘画描边干燥的速度也会更快。

● 混合：用来控制画布油彩量同储槽油彩量的比例。比例为 100% 时，所有油彩将从画布中拾取；比例为 0% 时，所有油彩都来自储槽。

● 对所有图层取样：拾取所有图层中的画布颜色。

打开素材"杯子.jpg"，如图 8-39 所示。使用"混合器画笔工具"并设置合适的笔触，按住【Alt】键的同时，单击画面取样。然后，根据预期涂抹效果的混合方向，在需要混合的区域进行混合涂抹即可。"混合器画笔工具"涂抹效果如图 8-40 所示。

图 8-39　素材"杯子.jpg"

图 8-40　"混合器画笔工具"涂抹效果

9. 颜色替换工具

"颜色替换工具"可以用前景色替换图像中的颜色。将光标定位在"画笔工具"上并右击，即可选择"颜色替换工具" ▨。值得注意的是，该工具不能用于位图、索引或多通道颜色模式的图像。"颜色替换工具"选项栏如图 8-41 所示。

图 8-41　"颜色替换工具"选项栏

图 8-41 中展示了"颜色替换工具"的相关选项，对它们的具体介绍如下。

● 模式：用来设置替换的颜色属性，包括"色相""饱和度""颜色"和"明度"。默认状态为"颜色"模式，它表示可以同时替换色相、饱和度和明度。

● 取样：用来设置颜色取样的方式。单击"连续"按钮 ▨，在拖动鼠标时可连续对颜色取样；单击"一次"按钮 ▨，只替换包括第一次单击的颜色区域中的目标颜色；单击"背景色板"按钮 ▨，只替换包含当前背景色的区域。

● 限制：单击该选项，会弹出下拉列表，在下拉列表中包括"不连续""连续"和"查找边缘"。选择"不连续"时，可以替换光标所处位置的样本颜色；选择"连续"时，可以替换色彩相近的颜色；选择"查找边缘"时，可替换包含样本颜色的连接区域，同时保留形状边缘的锐化程度。

● 容差：用来设置工具的容差。"颜色替换工具"只替换鼠标单击点颜色容差范围内的颜色，该值越大，包含的颜色范围越大。

● 消除锯齿：勾选该复选框，可以为校正的区域定义平滑的边缘。

打开素材"气球.jpg"，如图 8-42 所示。设置前景色为天蓝色，使用"颜色替换工具"并设置合适的笔尖，即可在气球上涂抹进行颜色的替换，效果如图 8-43 所示。

图 8-42　素材"气球.jpg"

图 8-43　在气球上涂抹进行颜色的替换

8.2.3　任务分析

本任务主要是对周刊封面中的人像进行修饰，客户提供了人像素材和制作周刊封面的元素，分别如图 8-44 和图 8-45 所示。

图 8-44　人像素材

图 8-45　制作周刊封面的元素

从图 8-45 所示的人像中可发现人物偏色严重，并且面部存在多个斑点，修饰这两项内容是我们在处理人像时最重要的工作。在调整人像时，可以先将颜色调整至舒服状态，然后再去除面部的斑点。

8.2.4　任务制作

将任务进行分析后，下面我们根据本节所学的知识点来完成制作任务。在制作时，可将任务拆解为 2 个大步骤，分别是修饰人像和制作周刊效果。详细步骤如下。

1. 修饰人像

【Step1】使用 Photoshop 打开素材"封面人物.jpg"，如图 8-46 所示。

【Step2】选择"红眼工具" ，在眼睛的红眼处单击，消除红眼，消除红眼前后对比如图 8-47 所示。

图 8-46　素材"封面人物.jpg"

　　消除红眼前　　　　　　　消除红眼后
图 8-47　消除红眼前后对比

【Step3】执行"图像→调整→色相/饱和度"命令，弹出"色相/饱和度"对话框，如图 8-48 所示。

【Step4】在"色相/饱和度"对话框中设置"色相"值为 35、"饱和度"为 9，单击"确定"按钮，完成设置。调色后的人像效果如图 8-49 所示。

图 8-48　"色相/饱和度"对话框　　　　　　　图 8-49　调色后的人像效果

【Step5】执行"图像→调整→亮度/对比度"命令，弹出"亮度/对比度"对话框，在对话框中设置"亮度"为 43，"对比度"为 18，然后单击"确定"按钮。参数设置和效果如图 8-50 所示。

图 8-50　参数设置和效果

【Step6】选择"污点修复画笔工具" ，将光标定位在脸上污点所在的位置，依次进行单击和涂抹，污点修复前后对比如图 8-51 所示。

污点修复前　　　　　　　　　　　污点修复后

图 8-51　污点修复前后对比

【Step7】选择"减淡工具"，在其选项栏中设置笔刷大小为 100 像素、"硬度"为 0%，在人像的鼻梁、眼眶、眼球、嘴唇和头发的高光等处进行涂抹，减淡后的效果如图 8-52 所示。

【Step8】选择"修复画笔工具"，将光标放置在右侧眼袋下方，按住【Alt】键，当光标变成 ⊕ 时单击，进行取样，接着在眼部皱纹处进行涂抹，修复皱纹前后对比如图 8-53 所示。

图 8-52　减淡后的效果　　　　　　　　图 8-53　修复皱纹前后对比

【Step9】将前景色设置为黑色，使用"颜色替换工具"，在其选项栏中设置"限制"为"不连续"、"容差"为 60%，在蓝色的眼球上进行涂抹，涂抹后的眼球效果如图 8-54 所示。

【Step10】使用"套索工具"，在其选项栏中设置"羽化"为 20 像素，沿着嘴唇边缘绘制选区，如图 8-55 所示。

【Step11】按【Ctrl+Shift+Alt+N】组合键新建"图层 1"，将前景色设置为粉色（RGB：255、78、140），按【Alt+Delete】组合键填充前景色，如图 8-56 所示。

图 8-54　涂抹后的眼球效果　　　　图 8-55　绘制选区　　　　　图 8-56　填充前景色

【Step12】按【Ctrl+D】组合键取消选区，设置"图层 1"的混合模式为"正片叠底"，嘴唇效果如图 8-57 所示。

【Step13】选择"橡皮擦工具"，在其选项栏中设置笔刷大小为 250 像素、"硬度"为 0%，在嘴唇边缘进行擦除，擦除的效果如图 8-58 所示。

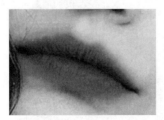 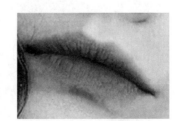

图 8-57　嘴唇效果　　　　　　　　图 8-58　擦除的效果

【Step14】按【Ctrl+Shift+S】组合键，将图像名称设置为"调整人像"，格式设置为 JPG 进行保存。

2. 制作周刊效果

【Step1】在 Photoshop 中执行"文件→新建"命令（或按【Ctrl+N】组合键），在弹出的"新建文档"对话框中设置画布参数，如图 8-59 所示。单击"创建"按钮，完成画布的创建。

　　【Step2】将"调整人像.jpg"置入"【任务 16】时尚周刊人像修饰"画布中，调整位置和大小，如图 8-60 所示。

图 8-59　设置【任务 16】画布参数

图 8-60　调整大小

　　【Step3】将素材"封面元素.png"置入"【任务 16】时尚周刊人像修饰"画布中，调整位置。

　　至此，时尚周刊人像修饰完成，最终效果如图 8-10 所示。

8.3　【任务 17】婚纱照修饰

　　婚纱照是年轻人为纪念爱情、确立婚姻的标志性照片作品。拍摄婚纱照的整个过程由造型、摄影、后期组成。当摄影环节出现各种问题时，例如曝光不足、偏色或穿帮，可用 Photoshop 对照片进行修饰。本任务将以某张婚纱照为例进行修饰，通过本任务的学习，读者可以掌握曲线、曝光度等工具的使用方法，以及"通道"的基本操作。

8.3.1　任务描述

　　本任务是为巴黎婚纱摄影馆提供的一张婚纱照进行修饰，并将它作为相册中的第一页进行展示。该摄影馆要求设计者结合摄影馆的特点和理念，将婚纱照修饰得精美且大气。图 8-61 为婚纱照修饰后的效果。

图 8-61　婚纱照修饰后的效果

8.3.2　知识点讲解

1. 曲线

"曲线"命令用来调节图像的整个色调范围，它和"色阶"命令相似，但比"色阶"命令对图像的调节更加精密，因为曲线中的任意一点都可以进行调节。执行"图像→调整→曲线"命令（或按【Ctrl+M】组合键），弹出"曲线"对话框，如图 8-62 所示。

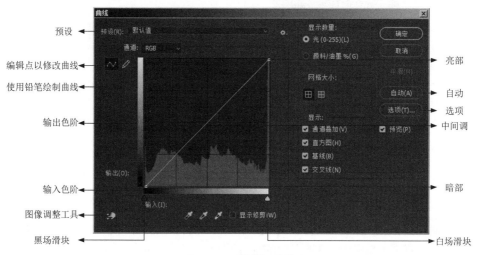

图 8-62　"曲线"对话框

"曲线"对话框中常用的选项解释如下。

● 预设：包含了 Photoshop 中提供的各种预设调整文件。选择"预设"选项可直接调整图像，还可将调整过的曲线恢复为默认值。

● 编辑点以修改曲线 ∿：打开"曲线"对话框时，"编辑点以修改曲线"按钮默认为选中状态。在曲线中添加控制点可以改变曲线形状，从而调节图像。

● 使用铅笔绘制曲线 ✐：选中"使用铅笔绘制曲线"按钮后，可以通过绘制自由曲线来调节图像。

● 图像调整工具 ⬟：单击"图像调整工具"按钮后，将光标放在图像上，曲线上会出现一个空的图形 ⬚，它代表了光标处的色调在曲线上的位置，单击并拖动鼠标可添加控制点并调整相应的色调。

● 自动：单击该按钮，可以对图像应用"自动校正颜色""自动对比度"或"色阶"。

● 选项：单击该按钮，可以打开"自动颜色校正选项"对话框。

使用"曲线"进行调节时，可以添加多个控制点，从而对图像的色彩进行精确的调整，具体操作如下。

打开素材"麦田.png"，如图 8-63 所示。按【Ctrl+M】组合键，弹出"曲线"对话框，在曲线上单击添加控制点，拖动控制点调节曲线的形状，如图 8-64 所示。单击"确定"按钮即可完成图像色调和颜色的调节，调整后的效果如图 8-65 所示。

图 8-63　素材"麦田.png"

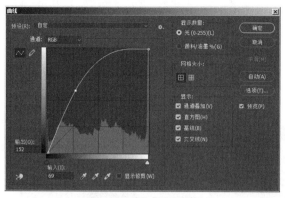

图 8-64　调节曲线的形状

图 8-65　调整后的效果

需要注意的是，如果图像是 CMYK 模式，那么当曲线向上弯曲时，图像会变暗，向下弯曲时图像会变亮，这种情况恰好与 RGB 颜色模式相反。

2.　"通道"面板

"通道"面板可以对所有的通道进行管理和编辑。当打开一个图像时，Photoshop 会自动创建该图像的颜色信息通道，如图 8-66 所示。

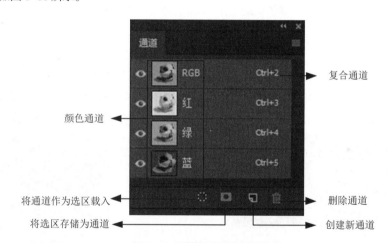

图 8-66　图像的颜色信息通道

在图 8-66 中，颜色通道是图像各种颜色的通道，包含 RGB 的"复合通道"、"红"通道、"绿"通道和"蓝"通道。RGB 复合通道是"红""绿""蓝"三个通道的组合通道。当单击某一个单独的颜色通道时，画布中会显示单一颜色的画面。

在"通道"面板中还包含一些工具按钮，包括将通道作为选区载入 ，将选区存储为通道 ，创建新通道 和删除通道 ，下面对这些工具按钮进行介绍。

- 将通道作为选区载入 ：单击该按钮，可以载入所选通道内的选区。
- 将选区存储为通道 ：单击该按钮，可以将图像中的选区保存在通道内。
- 删除通道 ：单击该按钮，可以删除当前选择的通道。
- 创建新通道 ：单击该按钮，可以创建新的 Alpha 通道。

3.　通道的基本操作

通道的基本操作包括创建新通道、复制通道和删除通道。下面对这些基本操作进行讲解。

（1）创建新通道

在编辑图像的过程中，可以创建新通道。打开素材后，单击"通道"面板右上方的 按钮，将弹出如

图 8-67 所示的面板菜单。选择"新建通道"命令，弹出"新建通道"对话框，如图 8-68 所示。单击"确定"按钮，即可创建一个新通道，默认名为"Alpha 1"，如图 8-69 所示。

图 8-67　面板菜单　　　　　图 8-68　"新建通道"对话框　　　　　图 8-69　创建一个新通道

另外，单击"通道"面板下方的"创建新通道"按钮 ，也可以创建一个新通道。

（2）复制通道

"复制通道"命令用于将现有的通道进行复制，以产生相同属性的多个通道。单击"通道"面板右上方的 按钮，在弹出的面板菜单中选择"复制通道"命令，弹出"复制通道"对话框，如图 8-70 所示。单击"确定"按钮，即可复制出一个新通道，如图 8-71 所示。

图 8-70　"复制通道"对话框　　　　　　　　图 8-71　复制出一个新通道

（3）删除通道

可以将不需要的通道删除，以免影响操作。单击"通道"面板右上方的 按钮，在弹出的面板菜单中选择"删除通道"命令，即可将通道删除。

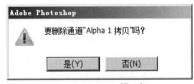

另外，单击"通道"面板下方的"删除通道"按钮 ，将弹出提示框，如图 8-72 所示。

图 8-72　提示框

在提示框中单击"是"按钮，即可将通道删除。或者将通道直接拖动到"删除通道"按钮 上进行删除。

多学一招：认识Alpha通道

Alpha 通道是通道的重要组成部分，使用 Alpha 通道不仅可以保存选区，还可以将选区存储为灰度图像。然后，可以使用画笔、加深、减淡等工具，以及各种滤镜，通过编辑 Alpha 通道来修改选区。另外，还可以通过 Alpha 通道载入选区。

　　在 Alpha 通道中，白色代表了可以被选择的区域，黑色代表了不能被选择的区域，灰色代表了可以被部分选择的区域。用白色画笔涂抹 Alpha 通道可以扩大选区的范围；用黑色画笔涂抹 Alpha 通道则会收缩选区；用灰色画笔涂抹可以增加羽化的范围。

　　打开素材"松鼠.png"，如图 8-73 所示。在 Alpha 通道中，使用"渐变工具"创建一个呈现灰度阶梯的选区，如图 8-74 所示。单击"通道"面板下方的"将通道作为选区载入"按钮，可以载入通道的选区，如图 8-75 所示。按【Ctrl+D】组合键取消选区，并使用黑色画笔涂抹 Alpha 通道，如图 8-76 所示。此时，将通道作为选区载入，通道内的选区将会收缩，如图 8-77 所示。

图 8-73　素材"松鼠.png"

图 8-74　呈现灰度阶梯的选区

图 8-75　载入通道的选区

图 8-76　使用黑色画笔涂抹 Alpha 通道

图 8-77　通道内的选区将会收缩

4. 通道与调色

　　通道是一种重要的图像处理方法，它主要用来存储图像的色彩信息。接下来，将对调色命令与通道的关系、颜色通道和通道调色进行具体讲解。

　　（1）调色命令与通道的关系

　　图像的颜色信息均保存在通道中。因此，使用任何一个调色命令调整图像颜色时，都是通过通道来影响色彩的。图 8-78 所示为一个 RGB 文件和它的通道，使用"色相/饱和度"命令调整它的整体颜色时，可以看到"红""绿""蓝"通道都发生了改变，如图 8-79 所示。

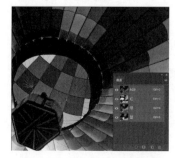

图 8-78　RGB 文件和它的通道

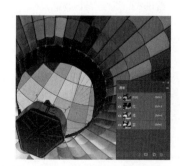

图 8-79　"红""绿""蓝"通道都发生了改变

　　由此可见，使用调色命令调整图像颜色时，其实是 Photoshop 在内部处理颜色通道，使之变亮或者变暗，从而实现色彩的变化。

（2）颜色通道

　　颜色通道就像是摄影胶片，它们记录了图像内容和颜色信息。图像的颜色模式不同，颜色通道的数量也不相同。RGB 图像通道包含"红""绿""蓝"和一个用于编辑图像内容的"复合通道"，如图 8-80 所示。CMYK 图像包含"青色""洋红""黄色""黑色"和一个 CMYK 的"复合通道"，如图 8-81 所示。

图 8-80　RGB 图像通道

图 8-81　CMYK 图像通道

（3）通道调色

　　在颜色通道中，灰色代表了一种颜色的含量，明亮的区域表示有大量对应的颜色，暗的区域表示对应的颜色较少。如果要在图像中增加某种颜色，可以将相应的通道调亮；如果要减少某种颜色，就将相应的通道调暗。

　　"色彩"和"曲线"对话框中都包含"通道"选项，可以从中选择一个通道，调亮它的明度，从而影响颜色。具体操作如下。

　　打开素材"房间.png"，如图 8-82 所示。按【Ctrl+M】组合键，弹出"曲线"对话框。在"通道"下拉列表中选择"红"，将红色通道调亮，如图 8-83 所示。单击"确定"按钮，可以看到图像中的红色色调增加，如图 8-84 示。将红色通道调暗时，图像中的红色色调减少，如图 8-85 所示。

图 8-82　素材"房间.png"

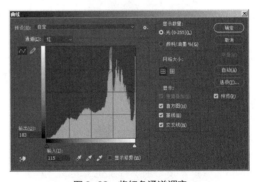

图 8-83　将红色通道调亮

图 8-84　红色色调增加

图 8-85　红色色调减少

5. 色彩平衡

"色彩平衡"命令通过调整色彩的色阶来校正图像中的偏色现象，从而使图像达到一种平衡。执行"图像→调整→色彩平衡"命令（或按【Ctrl+B】组合键），弹出"色彩平衡"对话框，如图 8-86 所示。

"色彩平衡"对话框中的各选项的解释如下。

● 色彩平衡：用于添加过渡色来平衡色彩效果。在"色阶"文本框中输入合适的数值或者拖动滑块，都可以调整图像的色彩平衡。如果需要添加哪种颜色，就将滑块向所要添加颜色的方向拖动即可。

● 色调平衡：用于选取图像的色调范围，主要通过"阴影""中间调"和"高光"进行设置。勾选"保持明度"复选框，可以在调整色调平衡的过程中保持图像整体亮度不变。

打开素材"水果.png"，如图 8-87 所示。执行"图像→调整→色彩平衡"命令（或按【Ctrl+B】组合键），弹出"色彩平衡"对话框，拖动滑块增加画面中的红色，如图 8-88 所示。单击"确定"按钮，"色彩平衡"效果如图 8-89 所示。

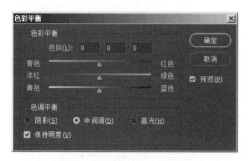

图 8-86 "色彩平衡"对话框

图 8-87 素材"水果.png"

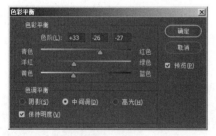

图 8-88 拖动滑块增加画面中的红色

图 8-89 "色彩平衡"效果

6. 曝光度

拍摄照片时，有时曝光度过度导致图像偏亮，或者曝光不足使图像看起来偏暗。"曝光度"命令可以使图像的曝光度恢复正常。

打开素材"树.png"，如图 8-90 所示。执行"图像→调整→曝光度"命令，弹出"曝光度"对话框，如图 8-91 所示。

图 8-90 素材"树.png"

图 8-91 "曝光度"对话框

"曝光度"对话框中各选项的解释如下。

● 曝光度：用于设置图像的曝光程度，通过增强或减弱光照强度使图像变亮或变暗。设置正值或向右拖动滑块，可以使图像变亮。例如，设置曝光度为 1，效果如图 8-92 所示。设置负值或向左拖动滑块，可以使图像变暗。例如，设置曝光度为-1，效果如图 8-93 所示。

图 8-92　设置曝光度为 1　　　　　　　　　　图 8-93　设置曝光度为-1

● 位移：用于设置阴影或中间调的亮度，取值范围是-0.5～0.5。设置正值或向右拖动滑块，可以使阴影或中间调变亮，但对高光的影响很轻微。

● 灰度系数校正：使用简单的乘方函数来设置图像的灰度系数。可以通过拖动滑块或在文本框中输入数值校正图像的灰色系数。

7. 内容识别填充

"内容识别填充"命令能够有效地去除素材中的水印。"内容识别填充"命令通常与选区工具搭配使用。

打开素材"小鸟.jpg"，如图 8-94 所示。在图像上绘制选区，框住水印，如图 8-95 所示。执行"编辑→填充"命令（或按【Shift+F5】组合键），可弹出"填充"对话框，如图 8-96 所示。

  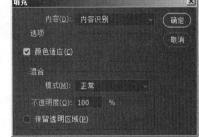

图 8-94　素材"小鸟.jpg"　　　　图 8-95　框住水印　　　　　图 8-96　"填充"对话框

在图 8-96 所示的对话框中，"内容"代表选区将要填充的元素，单击"内容"可弹出下拉菜单，包括前景色、背景色、颜色、内容识别、图案等选项。"内容"的下拉菜单如图 8-97 所示。

在"内容"的下拉菜单中选择"内容识别"选项，单击"确定"按钮，选区内的水印消失，按【Ctrl+D】组合键取消选区。去除水印的效果如图 8-98 所示。

另外，使用选区工具绘制选区之后，在选中"选区工具"的状态下，右击，会弹出菜单，在菜单中选择"填充"选项，如图 8-99 所示，同样会弹出"填充"对话框。

图 8-97 "内容"的下拉菜单

图 8-98 去除水印的效果

图 8-99 选择"填充"选项

8.3.3 任务分析

本任务主要是为婚纱照素材进行修饰,客户提供了婚纱照素材以及装饰元素,如图 8-100 和图 8-101 所示。

图 8-100 婚纱照素材

图 8-101 装饰元素

从图 8-100 所示的婚纱照中可发现,婚纱照整体较灰,缺乏视觉冲击力,并且右下角存在时间水印。为婚纱照调色和去除时间水印这两项内容是我们在处理婚纱照时主要的工作。在处理时,可以先去除右下角的水印,再使用一些调色命令对婚纱照整体进行调整。

8.3.4 任务制作

将任务进行分析后,下面我们根据本节所学的知识点来完成制作任务。在制作时,可将任务拆解为 2 个大步骤,分别是调整婚纱照色彩和添加元素。详细步骤如下。

1. 调整婚纱照色彩

【Step1】在 Photoshop 中打开素材"婚纱照.jpg",按【Ctrl+J】组合键复制婚纱照,得到"图层 1"。

【Step2】按【Ctrl+Shift+S】组合键,将文档另存为"【任务 17】婚纱照修饰",保存到指定文件夹内。

【Step3】使用"矩形选区工具" ▦,在时间水印处绘制一个矩形选区,如图 8-102 所示。

【Step4】执行"编辑→填充"命令(或按【Shift+F5】组合键)调出"填充"对话框,如图 8-103 所示,单击对话框中的"确定"按钮,去除选区。按【Ctrl+D】组合键取消选区。

【Step5】执行"图像→调整→曲线"命令(或按【Ctrl+M】组合键)调出"曲线"对话框,在对话框中设置"通道"为"红",调整"红"通道曲线,如图 8-104 所示。

图 8-102　绘制一个矩形选区

图 8-103　"填充"对话框

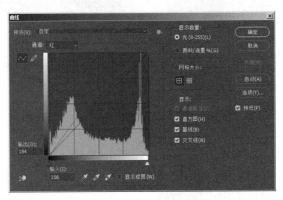

图 8-104　调整"红"通道曲线

【Step6】设置"通道"为蓝，调整"蓝"通道曲线，如图 8-105 所示。单击"确定"按钮完成设置。调整"曲线"后的画面效果如图 8-106 所示。

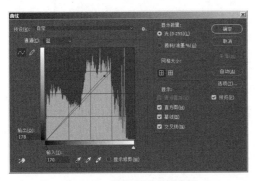

图 8-105　调整"蓝"通道曲线

图 8-106　调整"曲线"后的画面效果

【Step7】执行"图像→调整→曝光度"命令，弹出"曝光度"对话框，在该对话框中设置参数，如图 8-107 所示。单击"确定"按钮完成设置。调整曝光度的画面效果如图 8-108 所示。

图 8-107　设置"曝光度"参数

图 8-108　调整曝光度的画面效果

2. 添加元素

【Step1】打开素材"白云.jpg"，如图 8-109 所示。使用"裁剪工具" ，将图像裁剪至图 8-110 所示的样式。

图 8-109　素材"白云.jpg"

图 8-110　将图像裁剪

【Step2】打开"通道"面板，选中"红"通道，如图 8-111 所示。将"红"通道拖至"创建新通道"按钮 上，复制通道，得到"红 拷贝"。

【Step3】选中"红 拷贝"通道，按【Ctrl+M】组合键调出"曲线"对话框，在"曲线"面板中调整曲线，如图 8-112 所示。单击"确定"按钮完成设置。

图 8-111　选中"红"通道

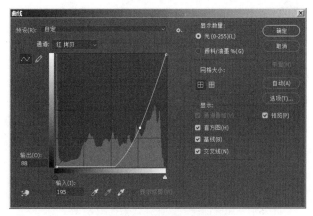

图 8-112　"曲线"对话框

【Step4】按住【Ctrl】键的同时单击"通道"面板中的"红"通道，将其载入选区，如图 8-113 所示。

图 8-113　载入选区

【Step5】选中复合通道，回到"图层"面板，按【Ctrl+J】组合键复制选区内容，得到"图层 1"。

【Step6】使用"移动工具" ，将"图层 1"拖动到"【任务 17】婚纱照修饰"画布中，得到"图层 2"，调整其位置和大小，如图 8-114 所示。

【Step7】使用"橡皮擦工具" ，设置大小和笔刷硬度，擦除遮挡主体的多余云彩。擦除多余云彩的效果如图 8-115 所示。

图 8-114　调整"图层 2"的位置和大小　　　　　图 8-115　擦除多余云彩的效果

【Step8】按【Ctrl+E】组合键将白云所在的图层与婚纱照所在的图层合并。

【Step9】选择"裁剪工具" ，在选项栏中勾选"内容识别"复选框，将画布进行裁剪，如图 8-116 所示。裁剪后的效果如图 8-117 所示。

图 8-116　进行裁剪　　　　　　　　　　图 8-117　裁剪后的效果

【Step10】将素材"装饰元素.png"置入画布"【任务 17】婚纱照修饰"中。

至此，婚纱照修饰完成，最终效果如图 8-61 所示。

8.4　【任务 18】电影宣传图制作

电影宣传图是在电影宣传网站中宣传某部电影的图像。美观的电影宣传图可以吸引消费者前去观看电影。本任务将制作一个电影宣传图，通过本任务的学习，读者可以掌握调整图层、选择并遮住、创建路径文字等命令的使用技巧。

8.4.1　任务描述

本任务是为某电影宣传网站制作电影《树语者》的宣传图像，客户要求图像中要有一定的虚幻效果。图 8-118 所示为电影宣传图的最终效果。

8.4.2　知识点讲解

1. 创建调整图层

创建调整图层可以将颜色和色调调整应用于图像，而不会影响原图像的像素值。在"图层"

图 8-118　电影宣传图的最终效果

面板中单击"创建新的填充或调整图层"按钮  ，可弹出如图 8-119 所示的下拉菜单，包括纯色、渐变、图案，以及一系列调节色彩的命令。在菜单中选择其中一个选项，可在原图像所在图层的上方创建一个对应的调整图层。例如，在菜单中选择"曲线"命令，会自动创建一个"曲线"的调整图层，如图 8-120 所示。而且在"属性"面板中会弹出曲线的相关参数，如图 8-121 所示。

图 8-119　下拉菜单　　　　　　图 8-120　"曲线"的调整图层 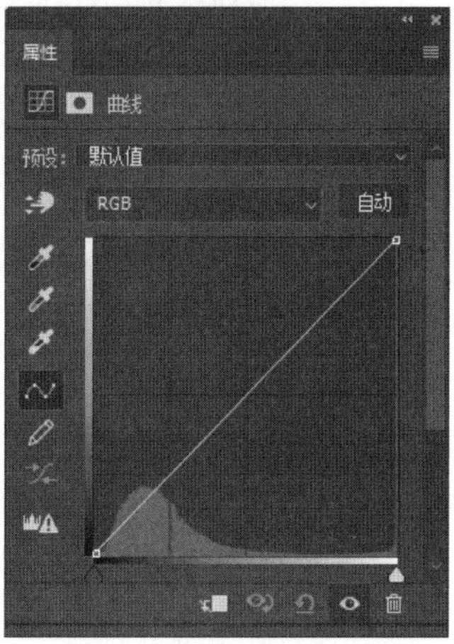　　　　图 8-121　曲线的相关参数

在"属性"面板中调整曲线，如图 8-122 所示。此时可看到画面效果，当隐藏调整图层时，可发现原图像效果并没有改变。

2. 使用"选择并遮住"命令

"选择并遮住"命令通常用来抠取复杂的边缘，例如人物头发、动物毛发等。打开素材"贵宾犬.jpg"，如图 8-123 所示。

图 8-122　调整曲线　　　　　　　　　图 8-123　素材"贵宾犬.jpg"

执行"选择→选择并遮住"命令（或按【Ctrl+Alt+R】组合键）可进入调整区域，如图 8-124 所示。

图 8-124 的调整区域共包含三个部分，分别是工具选择区域、工具选项区域和参数设置区域，下面对这三个区域进行介绍。

图 8-124　调整区域

（1）工具选择区域

工具选择区域包含六个工具，依次是"快速选择工具" 、"调整边缘画笔工具" 、"画笔工具" 、
"套索工具" 、"抓手工具" 和"缩放工具" ，其中最常用的是"快速选择区域"和"调整边缘画笔
工具"。"快速选择区域"可以根据颜色和纹理相似性快速选择图像中的区域；"调整边缘画笔工具"可以更
精确地抠取图像中主体的边缘。

（2）工具选项区域

工具选项区域可以针对某一个工具的参数进行调整，可以通过该区域对工具进行进一步设置。例如，选
择"快速选择工具"时，其选项区域如图 8-125 所示。

图 8-125　"快速选择工具"选项区域

在图 8-125 所示的选项区域中，"添加到选区"和"从选区减去"这两个选项与"选区工具"选项栏
中的对应功能一致，此处不作过多讲解；单击"选择主体"选项，软件可以自动分析出图像中的主体，然
后自动选择。

（3）参数设置区域

参数设置区域可以调整选区细节，包含"视图模式""边缘检测""全局调整""输出设置"四个模块，
如图 8-126 所示。接下来对这四个模块进行简单介绍。

● 视图模式：主要用于设置选区的显示样式。在"视图"下拉列表中选择视图，可以更好地观察选区
效果。勾选"显示边缘"复选框可以显示选区边缘；勾选"显示原稿"复选框可以查看原始选区；勾选"高
品质预览"复选框可以查看高品质的图像效果。

● 边缘检测：可以调整选区边缘的宽度。设置"半径"时，若图像主体边缘较为锐利，可将半径调小；
若图像主体边缘较为柔和，可将半径调大。勾选"智能半径"复选框时，系统可根据主体自动调整选区边缘
的宽度。值得注意的是，只有勾选"显示边缘"复选框才能看到选区的边缘。

● 全局调整：可针对图像中的选区边缘进行综合调整，该模块中包含"平滑""羽化""对比度"和"移
动边缘"四个滑块。"平滑"用于平滑选区边缘，若选区边缘凹凸不平或参差不齐，可调整"平滑"的值使

边缘变平滑。"羽化"用于控制选区边缘的虚实程度，若选区边缘较锐利，那么调整"羽化"值可适当模糊选区与周围像素之间的过渡效果。"对比度"与"羽化"相反，用于将选区边缘变得更清晰。"移动边缘"用于移动选区的边缘，当值为负数时，边框向内移动；当值为正数时，边框向外移动。向内移动有助于移除不想要的背景。

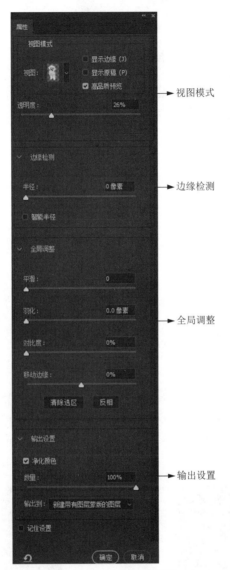

图 8-126　参数设置区域

● 输出设置：用于设置输出选项，包括"净化颜色"和"输出到"两个选项。前者是将选区边缘不符合选中像素的颜色替换成选中像素的颜色，下方的滑块可以调整颜色替换程度，默认为最大强度 100%；后者可决定是否生成一个新的图层或文档以创建选区或蒙版。

了解了"选择并遮住"相关参数的功能，我们继续对素材"贵宾犬.jpg"进行调整。为了方便查看选区效果，首先在参数设置区域中，设置"视图"为"叠加"，并调整叠加的不透明度为 100%。然后使用"快速选择工具"在主体上进行绘制，如图 8-127 所示。接着选择"调整边缘画笔工具"在边缘处进行涂抹，效果如图 8-128 所示。最后在参数设置区域勾选"净化颜色"复选框，并设置"输出到"为"新建带有图层蒙版的图层"，净化颜色后的效果如图 8-129 所示。

图 8-127　在主体上进行绘制　　　　图 8-128　在边缘处进行涂抹　　　　图 8-129　净化颜色后的效果

3. 创建路径文字

　　路径文字是指创建在路径上的文字，文字会沿着路径形状进行排列，如图 8-130 所示。改变路径形状时，文字的排列方式也会随之改变，如图 8-131 所示。

图 8-130　文字会沿着路径形状进行排列　　　　图 8-131　文字的排列方式会随路径形状改变

　　打开素材"水母.jpg"，选择"钢笔工具" ，在图像窗口中创建一条曲线路径，如图 8-132 所示。选择"横排文字工具" ，移动光标至曲线路径上，当光标变为 形状时，单击确定插入点并输入文字，文字即沿曲线路径进行排列，如图 8-133 所示。按【Ctrl+H】组合键可隐藏路径。

图 8-132　创建一条曲线路径　　　　图 8-133　文字沿路径进行排列

　　在"椭圆工具""圆角矩形工具""自定形状工具"等闭合的路径中，不仅可在路径上创建路径文字，还可以在路径的内部创建路径文字，将光标放在路径内部，当光标变成 时，单击确定插入点并输入文字，文字可在路径内部进行排列。文字在路径内部排列如图 8-134 所示。

图 8-134　文字在路径内部排列

脚下留心：可输入文字的区域短

若在输入文字之前不单击"左对齐文本"按钮，则可输入文字的区域会很短，输入的文字会显示不全（当终点处的 ○ 变成 ⊕ 时，表示文字未显示完整），如图 8-135 所示。

扩大文字输入区域有两种方法：一种是在文字输入的过程中对其进行调整；另一种是在文字输入完成之后对其进行调整。具体解释如下。

（1）在文字输入过程中

图 8-135　输入的文字显示不全

在文字输入未完成时，按住【Ctrl】键，向后拖动 ⊕ ，可将终点向后移动，也就是扩大了文字的输入区域。

（2）在文字输入完成后

在文字输入完成后，选择"路径选择工具" ▶ 或"直接选择工具" ▶ ，将光标置在路径上，当光标变成 ▮ 样式时，向后拖动鼠标即可。值得注意的是，当文字输入完毕时，须单击"提交所有当前编辑"按钮 ✓（或按【Ctrl+Enter】组合键）完成输入。

4. 变形文字

变形文字是系统对文字进行变形处理所得的文字效果。在画布中输入文字后，在"文字工具"选项栏中单击"创建文字变形"按钮 ▮ ，可弹出"变形文字"对话框，如图 8-136 所示。

"变形文字"对话框中包括扇形、拱形、旗帜、波浪、鱼形等常用效果。打开素材"变形文字.psd"，如图 8-137 所示。

图 8-136　"变形文字"对话框　　　　　　　　　　　图 8-137　素材"变形文字.psd"

在"图层"面板中，选中文字图层。在"文字工具"选项栏中单击"创建文字变形"按钮 ，即可调出"变形文字"对话框，在"样式"列表中，有 15 种变形样式，对应的效果如图 8-138 所示。

在"变形文字"对话框中，还包含了其他可调整的参数，可以针对某一个效果单独进行调整，具体解释如下。

图 8-138　15 种变形样式对应的效果

- 样式：在该选项的下拉列表中可以选择 15 种不同的变形样式。
- 水平/垂直：选择"水平"，文本扭曲的方向为水平方向；选择"垂直"，文本扭曲的方向为垂直方向。
- 弯曲：用来设置文本的弯曲程度。
- 水平扭曲/垂直扭曲：可以让文本产生透视扭曲效果。

创建变形文字后，在没有栅格化或转化为形状时，都可以通过"变形文字"对话框重置变形参数或取消变形。

8.4.3　任务分析

本任务要制作虚幻效果的电影宣传图，因此图中所用的元素应与电影中的部分内容相关，例如场景、人物等。客户提供了一系列素材，如图 8-139～图 8-143 所示。

图 8-139　素材 1

图 8-140　素材 2

图 8-141　素材 3

图 8-142　素材 4

图 8-143　素材 5

观察这些素材发现，若将这些素材进行合成，会出现两个问题，其一是色调不一致，其二是有的素材存在背景像素。因此，我们在进行制作时，需要将色调统一且抠出含有背景像素的素材中的主体。

8.4.4　任务制作

将任务进行分析后，下面我们根据本节所学的知识点来完成制作任务。在制作时，可将任务拆解为 4 个大步骤，分别是调整背景色调、置入人物主体、制作光照效果和添加文字效果。详细步骤如下。

1. 调整背景色调

【Step1】打开素材"乌云.jpg"，如图 8-144 所示。

【Step2】按【Ctrl+Shift+S】组合键，将文档另存为"【任务 18】电影宣传图.psd"，保存到指定文件夹中。

【Step3】按【Ctrl+Shift+Alt+N】组合键，新建"图层 1"，设置前景色为黑色。选择"渐变工具" ，
绘制透明色到黑色的径向渐变，效果如图 8-145 所示。

图 8-144　素材"乌云.jpg"　　　　　　　　图 8-145　透明色到黑色的径向渐变

【Step4】打开素材"森林.png"，如图 8-146 所示。选择"移动工具" ，将其拖至"【任务 18】电影
宣传图"画布中，并按【Ctrl+T】组合键，调整图像大小，效果如图 8-147 所示。

图 8-146　素材"森林.png"　　　　　　　　图 8-147　调整"森林"素材

【Step5】按【Ctrl+U】组合键，调出"色相/饱和度"对话框，调整图像的"饱和度"和"明度"，具体
参数设置如图 8-148 所示，调整后的森林效果如图 8-149 所示。

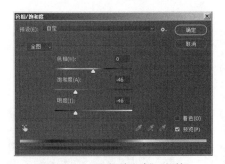

图 8-148　"色相/饱和度"对话框　　　　　　图 8-149　调整后的森林效果

【Step6】在"图层"面板中，单击"创建新的填充或调整图层"按钮 ，会弹出菜单选项，选择"曲
线"选项，如图 8-150 所示。此时会弹出"曲线"的"属性"面板，如图 8-151 所示。

【Step7】单击"RGB"选项下拉列表框，在弹出的下拉列表中选择"红"选项，如图 8-152 所示。此时
"曲线"的"属性"面板会变成红色，调整曲线至图 8-153 所示样式。

图 8-150　选择"曲线"选项

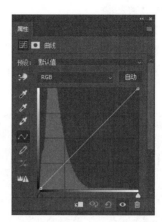

图 8-151　"曲线"的"属性"面板

图 8-152　选择"红"选项

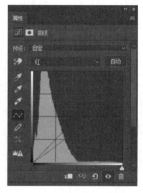

图 8-153　调整"红"通道曲线

【Step8】运用 Step7 中的方法，分别调整"绿"通道曲线和"蓝"通道曲线，如图 8-154 和图 8-155 所示，通道调色效果如图 8-156 所示。

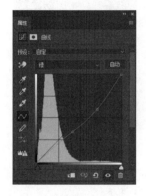

图 8-154　调整"绿"通道曲线

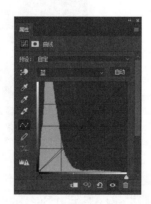

图 8-155　调整"蓝"通道曲线

图 8-156　通道调色效果

【Step9】在"图层"面板中，单击"创建新的填充或调整图层"按钮 ，在弹出的菜单中选择"渐变映射"选项。在"渐变映射"的"属性"面板中设置黑色到白色的渐变，如图 8-157 所示。

【Step10】在"图层"面板中，设置图层混合模式为"柔光"，如图 8-158 所示。设置"柔光"的效果如图 8-159 所示。

图 8-157 设置黑色到白色的渐变　　　图 8-158 "图层"面板　　　图 8-159 设置"柔光"的效果

【Step11】打开素材"月亮.jpg",如图 8-160 所示。选择"移动工具" ,将其拖至"【任务 18】电影宣传图"画布中,得到"图层 3",并调整其图层顺序在"图层 2"之下,效果如图 8-161 所示。

图 8-160 素材"月亮.jpg"　　　　　　　图 8-161 调整图层顺序

【Step12】隐藏"森林"所在图层,选择"橡皮擦工具" ,设置一个较柔和的笔尖,擦除"图层 3"生硬的边缘,使两个图层之间过渡自然,擦除边缘的前后对比如图 8-162 所示。显示"森林"所在图层。

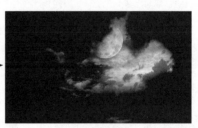

擦除边缘前　　　　　　　　　　　　擦除边缘后

图 8-162 擦除边缘的前后对比

2. 置入人物主体

【Step1】打开素材"巫师.jpg",如图 8-163 所示。

【Step2】按【Ctrl+Alt+R】组合键进入"选择并遮住"的调整区域。在调整区域中,设置"视图"为"洋葱皮"。

【Step3】使用"快速选择工具"在主体上进行绘制,如图 8-164 所示。

【Step4】将画笔调小,按住【Alt】键,在多余的背景上进行涂抹,直至抠出主体,如图 8-165 所示。

图 8-163　素材"巫师.jpg"

图 8-164　在主体上进行绘制

图 8-165　抠出主体

【Step5】将"视图"设置为"叠加"，并设置"不透明度"为 100%，查看选区效果。局部效果如图 8-166 所示。

【Step6】在"全局调整"模块中，设置"平滑"为 18、"移动边缘"为-50%，调整后的局部效果如图 8-167 所示。

【Step7】在"输出设置"模块中，设置"输出到"为"新建带有图层蒙版的图层"选项，如图 8-168 所示。单击"确定"按钮完成设置。

图 8-166　局部效果

图 8-167　调整后的局部效果

图 8-168　设置"输出到"选项

【Step8】回到"图层"面板，在面板中右击蒙版，在弹出的菜单中选择"应用图层蒙版"选项，如图 8-169 所示。

【Step9】选择"移动工具" ，将透明的巫师所在图层拖至"【任务 18】电影宣传图"画布的最上方图层。按【Ctrl+T】组合键，调整图像大小和方向。添加巫师的效果如图 8-170 所示。

图 8-169　应用图层蒙版

图 8-170　添加巫师的效果

【Step10】选择"图像→调整→亮度/对比度"命令，在弹出的对话框中调整图像的"亮度"和"对比度"，具体参数设置如图 8-171 所示。单击"确定"按钮调整"亮度/对比度"的效果如图 8-172 所示。

图 8-171　"亮度/对比度"对话框

图 8-172　调整"亮度/对比度"的效果

【Step11】按【Ctrl+U】组合键，在弹出的"色相/饱和度"对话框中调整图像的"饱和度"和"明度"，具体参数设置如图 8-173 所示。单击"确定"按钮。调整"色相/饱和度"的效果如图 8-174 所示。

图 8-173　"色相/饱和度"对话框

图 8-174　调整"色相/饱和度"的效果

【Step12】按【Ctrl+Shift+Alt+N】组合键，新建"图层 5"。选择"画笔工具"，设置一个柔和的笔尖，为人物添加投影，效果如图 8-175 所示。设置"图层 5"的"不透明度"为 85%。

【Step13】打开素材"手提灯.png"，如图 8-176 所示。选择"移动工具"，将其拖至画布中，并按【Ctrl+T】组合键，调整图像的大小和位置，效果如图 8-177 所示。

图 8-175　为人物添加投影

图 8-176　素材"手提灯.png"

图 8-177　调整图像的大小和位置

【Step14】按【Ctrl+Shift+Alt+N】组合键，新建图层，并重命名为"灯光"。设置前景色为黄色（RGB：250、200、0），选择"画笔工具"，绘制黄色柔和灯光，如图 8-178 所示。设置"灯光"的"不透明度"为 60%，如图 8-179 所示。

图 8-178　绘制黄色柔和灯光

图 8-179　设置"不透明度"为 60%

【Step15】为"灯光"添加"外发光"的图层样式，具体参数设置如图 8-180 所示。单击"确定"按钮，灯光效果如图 8-181 所示。

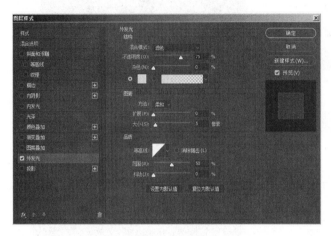

图 8-180　为"灯光"添加"外发光"的图层样式　　　　　图 8-181　灯光效果

3. 制作光照效果

【Step1】按【Ctrl+Shift+Alt+N】组合键，新建图层，将其重命名为"光照"，并排列在所有图层之上。设置前景色为浅黄色（RGB：255、235、150），使用"画笔工具" ，在画布上绘制图 8-182 所示样式。

【Step2】在"图层"面板中，单击"图层混合模式"下拉按钮，在下拉列表中选择"叠加"选项，效果如图 8-183 所示。

图 8-182　使用画笔绘制浅黄色像素　　　　　图 8-183　"叠加"效果

【Step3】按【Ctrl+J】组合键，复制得到"图层 7 拷贝"，使叠加的光照更明显，如图 8-184 所示。

【Step4】选择"橡皮擦工具" ，在光照所在的图层上进行擦除，调整光照效果的强弱，最终效果如图 8-185 所示。

图 8-184　复制图层效果　　　　　图 8-185　调整光照效果

【Step5】重复 Step3 和 Step4 的操作，使画面对比更强烈，如图 8-186 所示。

4. 添加文字效果

【Step1】选择"横排文字工具" T，在画布中输入文字内容"树语者"。设置字体大小为 21 点、颜色为深黄色（RGB：155、135、60）、字体为"华康饰艺体"，效果如图 8-187 所示。

图 8-186 重复操作   图 8-187 输入深黄色文字

【Step2】为文字图层"树语者"添加"斜面和浮雕"的图层样式，具体参数设置如图 8-188 所示。

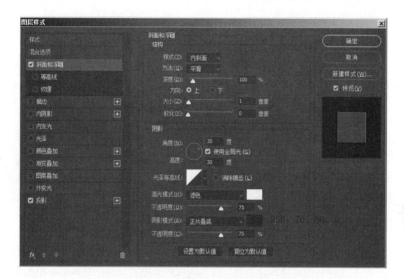

图 8-188 为文字图层"树语者"添加"斜面和浮雕"图层样式

【Step3】勾选"投影"图层样式，不作任何修改，单击"确定"按钮，效果如图 8-189 所示。

【Step4】在画布中输入英文字母"S"，设置字体大小为 70 点、字体为"创意繁标宋"，效果如图 8-190 所示。

图 8-189 添加"投影"效果   图 8-190 输入英文字母"S"

【Step5】在"S"所在的图层上右击，在弹出的菜单中选择"转换为形状"选项，将其转换为形状。

【Step6】使用"横排文字工具" T，将光标放在 S 内部，当光标变成 ⚡ 时，输入文字，隐藏 S 形状，并将文字填充为白色，得到的路径文字如图 8-191 所示（此处不提供文字素材）。

【Step7】继续输入文字"HUYUZHE"，字体为"创意繁标宋"、颜色为深黄色（RGB：155、135、60）。

【Step8】在文字图层"树语者"上右击，选择"拷贝图层样式"，在英文文字图层上右击，选择"粘贴图层样式"，效果如图 8-192 所示。

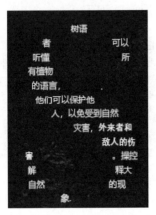

图 8-191　路径文字

图 8-192　拷贝粘贴图层样式

至此，电影宣传图制作完成，最终效果如图 8-118 所示。

8.5　【任务 19】批量添加水印

通常情况下，水印是指一种半透明标识，主要用于明确图像版权，防止非法使用。我们在浏览图像时，通常会看到图像上有一些水印信息，如图 8-193 所示。

本节将为某网店的图像批量添加水印，通过本任务的学习，读者可以掌握"动作"与"批处理"命令的使用方法。

图 8-193　水印信息

8.5.1　任务描述

本任务是为"萌幻数码"淘宝店铺的一系列耳麦图像添加水印，客户要求添加的水印以"萌幻数码"的拼音首字母为图案，且不能轻易被其他软件去除，以达到保护原图的目的。图 8-194 和图 8-195 所示为添加水印前后的对比效果。

图 8-194　添加水印前的效果

图 8-195　添加水印后的效果

8.5.2　知识点讲解

1. "动作"面板

在 Photoshop 中，"动作"是一个非常重要的功能，可以详细记录处理图像的全过程，并应用到其他图像中。执行"窗口→动作"命令（或按【Alt+F9】组合键）即可打开"动作"面板。在"动作"面板中，可以对动作进行创建、播放、修改和删除等操作。"动作"面板如图 8-196 所示。

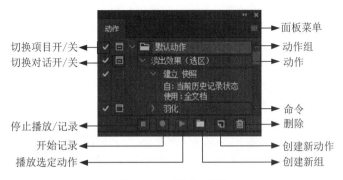

图 8-196　"动作"面板

在图 8-196 所示的"动作"面板中，主要包括"动作组""动作""命令"和一些可设置的工具按钮。其中，"动作组"是一系列动作的集合，"动作"是一系列操作命令的集合，"命令"是我们在 Photoshop 中的每一步操作。单击命令前方的展示按钮 ，可以展开命令列表，显示命令的具体参数，如图 8-197 所示。

图 8-197　显示命令的具体参数

下面对面板中的各个按钮进行解释。

（1）面板菜单

除了通过"动作"面板中的按钮编辑动作，还可以通过面板菜单编辑动作或载入预设动作。单击"动作"面板右上角的"菜单"按钮 ，弹出面板菜单，如图 8-198 所示。面板菜单包含了 Photoshop 预设的一些动作和一些操作。选择一个动作选项即可将其动作载入面板中，如选择"流星"选项，"动作"面板中即可出现"流星"动作，如图 8-199 所示。

图 8-198　面板菜单

图 8-199　"流星"动作

（2）切换项目开/关

用于切换动作的执行状态，主要包括选中和未选中两种：选中时，动作组、动作或命令前会显示对钩 ，表示该动作组、动作或命令可以被执行；未选中时，动作组、动作或命令前不显示对钩，表示该动作组、动作或命令不可以被执行。

需要注意的是，当在命令前取消选中对钩后，动作和动作组前方的对钩会变成红色 ，这个红色的对钩表示动作组或动作中的命令没有被全部选中（即部分命令不可被执行），若想该动作组内所有动作都不被执行，则在动作组前方取消选中即可。

（3）切换对话开/关

主要用于设置动作的暂停，当需要手动设置命令的参数时，我们需要将动作设置为暂停，在命令前方单击"切换对话开/关"按钮 ，则执行到该命令时自动暂停，进行相应的手动操作后，单击"播放"按钮 继续播放动作即可。

需要注意的是，若在动作前单击"切换对话开/关"选项 ，则执行该动作中的每个命令时都会暂停；若在命令前取消或选中"切换对话开/关"选项，就表示该命令会被暂停。此时，动作和动作组前方的"切换对话开/关"按钮会变成 。在 Photoshop 中，系统默认为不可自动编辑的命令（例如设置选区、画笔绘制等）前不能设置暂停。

若需要在 Photoshop 中为不可编辑的命令设置暂停，我们可以利用插入停止的方法，即在面板菜单中选择"插入停止"选项，在弹出的"记录停止"对话框中插入相关信息，如图 8-200 所示。

当执行到插入停止的命令时，会弹出"信息"对话框，显示提示信息，如图 8-201 所示。

图 8-200　"记录停止"对话框

图 8-201　"信息"对话框

注意：

当有命令出现错误或者缺少步骤，导致计算机执行不了动作时，会弹出该命令不可执行的对话框，选择继续执行命令后，得到的结果会缺少该命令的相关操作。

（4）停止播放/记录

单击"停止播放/记录"按钮 可以停止记录动作和播放动作。在记录动作时，由于某种需求需要停止记录，单击"停止播放/记录"按钮即可停止记录；在播放动作时，若想观察某个命令被执行后的效果，也可单击该按钮停止播放动作。

（5）开始记录

一切准备就绪后，单击"开始记录"按钮 即可开始录制，此时"开始记录"按钮变为红色 。单击该按钮后，任意一步操作都会被记录下来。

（6）播放选定动作

若想单独执行某个动作，选中一个动作后，单击"播放选定动作"按钮 则可以执行该动作中的命令。

（7）创建新组

需要单独的动作组时，单击"创建新组"按钮 ，在弹出的"新建组"对话框中设置组名，如图 8-202 所示，单击"确定"按钮，即可以创建一个动作组。

（8）创建新动作

单击"创建新动作"按钮，打开"新建动作"对话框，如图 8-203 所示。

图 8-202　"新建组"对话框　　　　　　　　图 8-203　"新建动作"对话框

单击"记录"按钮就可以创建一个新的动作，并开始记录动作。需要注意的是，新建动作时，若"动作"面板中有动作组，则可以在"组"下拉选项处选择组，若没有动作组，则创建动作时会自动创建动作组。

（9）删除

在录制过程中，若出现录制错误的情况，单击"停止播放/记录"按钮■停止录制后，单击"删除"按钮🗑，可以删除选中的动作组、动作和命令。

2. 命令的编辑

当我们将动作录制完成后发现里面存在不可更改的错误命令，我们可以将错误命令删除，再重新录制一个新的命令；当存在可修改、调整的命令时，可以对命令进行编辑，例如修改、重排、复制等。命令的编辑方法具体如下。

（1）命令的修改

当我们想调整某个命令的参数时，双击该命令，即可弹出相应的对话框，在对话框中设置参数即可。例如修改"色彩平衡"命令，双击该命令即可弹出"色彩平衡"对话框，在对话框中对参数进行修改即可。调整"色彩平衡"命令的参数如图 8-204 所示。

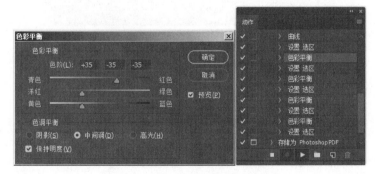

图 8-204　调整"色彩平衡"命令的参数

▌▌ 注意：

只有在 Photoshop 中默认为可编辑的命令才能调整参数。

（2）命令的重排

当我们想把命令的顺序进行调换时，直接选中命令，按住鼠标左键将其拖曳到相应位置，当鼠标箭头变为🖐时，松开鼠标即可完成拖曳，如图 8-205 所示。

（3）命令的复制

当我们想将某个命令重复执行时，不需要再次进行录制，只需按住【Alt】键，拖曳命令则可以复制该命令。

图 8-205　把命令的顺序进行调换

3. 指定回放速度

由于计算机在播放动作执行命令的时候，速度非常快，当我们想观察每一步操作后的效果时，需要设置回放速度。在"动作面板"中，单击"菜单"按钮▤，在菜单中选择"回放选项"命令，可弹出"回放选项"对话框，在对话框中可以设置动作的播放速度，如图 8-206 所示。

图 8-206　"回放选项"对话框

"回放选项"对话框中的各选项具体解释如下。

● 加速：该选项为默认选项，可快速播放动作。

● 逐步：用于显示每个命令的处理结果，然后再继续下一个命令，动作的播放速度较慢。

● 暂停：选中该选项，并设置时间，可以指定播放动作时各个命令的间隔时间。

4. 使用"批处理"命令

批处理主要是将录制好的动作应用于目标文件夹内的所有图像，利用"批处理"命令，可以帮助我们完成大量的重复性动作，从而提升效率。例如，我们要改变 1000 张图像的大小，则可以将其中一张照片的处理过程录制为动作，然后使用"批处理"命令来完成。执行"文件→自动→批处理"命令，弹出"批处理"对话框，如图 8-207 所示。

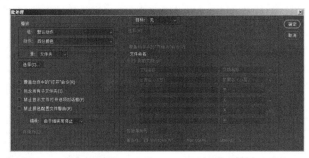

图 8-207　"批处理"对话框

在"批处理"对话框中设置相应参数，单击"确定"按钮，即可完成批处理。下面对"批处理"对话框中常用的参数进行介绍。

（1）播放

用于选择播放的动作组和动作，单击右侧的倒三角按钮▾，在下拉菜单中选择组和动作即可。

（2）源

用于指定要处理的文件或文件夹，单击右侧的倒三角按钮▾，可以弹出"源"的下拉菜单，如图 8-208 所示。

"源"的下拉菜单中包含了"文件夹""导入""打开的文件"和"Bridge"四个选项，通常情况下选择"文件夹"选项。当选择"文件夹"选项时，单击下方的"选择"按钮 选择(C)... 选择文件夹。

（3）目标

用于选择文件处理后的存储方式，单击右侧的倒三角按钮▾，可以弹出"目标"的下拉菜单，如图 8-209 所示。

图 8-208　"源"的下拉菜单

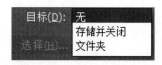

图 8-209　"目标"的下拉菜单

在"目标"的下拉菜单中包括"无""存储并关闭"和"文件夹"三个选项，具体解释如下。

- "无"：选择该选项，表示不存储文件，文件窗口不关闭。
- "存储并关闭"：选择该选项，是将文件保存在原文件夹中，并覆盖原文件。
- "文件夹"：选择该选项，表示选择文件处理后的存储位置，单击下方的"选择"按钮 选择(C)... ，选择文件夹即可。

值得注意的是，当选择后两个选项中的任意一个时，若动作中有"存储为"命令，则需要勾选"目标"下方的"覆盖动作中的'存储为'命令"复选框，这样在播放动作时，动作中的"存储为"命令就会引用批处理文件的存储位置，而不是动作中指定的位置。

在批处理命令中，虽然支持暂停命令的执行以方便我们手动操作，却不支持"插入停止"命令的执行。当在 Photoshop 中默认不可编辑的命令处插入停止时，执行批处理命令就会弹出图 8-210 所示的提示框：单击"继续"按钮，继续处理下一个文件，而当前处理的图像不能继续被处理；单击"停止"按钮，Photoshop软件会停止下一张图像的处理，继续当前图像的处理。

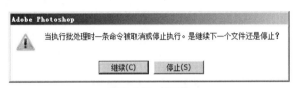

图 8-210 提示框

注意：

进行批处理之前，为了避免不小心毁坏原文件，最好将原文件备份，并且再创建一个文件夹，用于放置处理后的文件。

多学一招：导出和载入外部动作

动作的导出和载入可以帮助我们将录制好的动作应用到其他计算机上，下面对导出和载入的方法进行讲解。

（1）导出

在"动作"面板中，选中想要导出的动作，单击面板菜单中的"存储动作"选项，在弹出的"另存为"对话框中，选择指定位置，单击"保存"按钮即可，如图 8-211 所示。

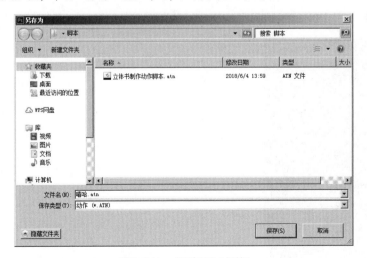

图 8-211 "另存为"对话框

由图 8-211 可知，保存的动作是一个后缀名为".atn"的文件。

（2）载入

在"动作"的面板菜单中选择"载入动作"选项，打开"载入"对话框，选择对应的动作，如图 8-212 所示。单击"载入"按钮即可将外部动作载入"动作"面板中，如图 8-213 所示。

图 8-212　"载入"对话框　　　　　　　　　　图 8-213　将外部动作载入"动作"面板中

8.5.3　任务分析

客户没有提供水印素材，因此我们需要创建水印。创建好水印后，在为一张图像添加水印时，我们需要将动作录制下来，以应用到其他图像中，最后执行"批处理"命令即可。值得注意的是，在执行"批处理"命令前，需要在"批处理"面板中设置好参数。

8.5.4　任务制作

将任务进行分析后，下面我们根据本节所学的知识点来完成制作任务。在制作时，可将任务拆解为 3 个大步骤，分别是制作水印、录制动作和批处理。详细步骤如下。

1. 制作水印

【Step1】在 Photoshop 中执行"文件→新建"命令（或按【Ctrl+N】组合键），在弹出的"新建文档"对话框右侧的"预设详细信息"中设置画布参数，如图 8-214 所示。单击"创建"按钮，完成画布的创建。

【Step2】使用"横排文字工具" $\boxed{\text{T}}$ ，输入文字"@meng"，并设置字体为"Adorable"、字体大小为 26 点、颜色为浅灰色（RGB：196、196、196），效果如图 8-215 所示。

【Step3】按【Ctrl+T】组合键，调出定界框，将文字旋转成图 8-216 所示的倾斜角度。

图 8-214　设置【任务 19】画布参数　　图 8-215　输入文字并设置　　图 8-216　倾斜文字角度

【Step4】执行"编辑→定义图案"命令，将文字定义为图案。关闭该文档。

2. 录制动作

【Step1】打开素材"01.jpg"，如图 8-217 所示。

【Step2】执行"窗口→动作"命令（或按【Alt+F9】组合键）打开"动作"面板。单击"创建新组"按钮 ，在弹出的"新建组"对话框中将其命名，如图 8-218 所示，单击"确定"按钮。

图 8-217　素材"01.jpg"　　　　　　　　图 8-218　"新建组"对话框

【Step3】单击"创建新动作"按钮 ，在弹出的"新建动作"对话框中将其命名，如图 8-219 所示，单击"记录"按钮开始录制动作。

图 8-219　"新建动作"对话框

【Step4】执行"编辑→填充"命令，在弹出的"填充"对话框中，选择"图案"，如图 8-220 所示，在"自定图案"选项中，选择刚刚制作的水印图案，单击"确定"按钮，填充水印图案的效果如图 8-221 所示。

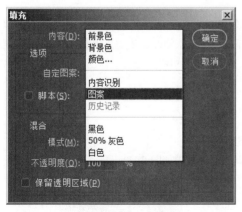

图 8-220　"填充"对话框　　　　　　　　图 8-221　填充水印图案的效果

【Step5】在"图层"面板中，将水印图案所在图层的不透明度设置为 60%，设置不透明度的效果如图 8-222 所示。

【Step6】在"图层"面板中，将水印图案所在图层的图层混合模式设置为"正片叠底"，"正片叠底"效果如图 8-223 所示。

图 8-222　设置不透明度的效果　　　　　　　图 8-223　"正片叠底"效果

【Step7】按【Ctrl+Shift+S】组合键，将其另存为 JPG 格式的图像，保存至指定文件夹内，关闭该文档。

【Step8】单击"动作"面板中的"停止播放/记录"按钮 ▉，停止录制。

3. 批处理

执行"文件→自动→批处理"命令，在"批处理"对话框中选择"组"和"动作"后，选择需要进行批处理的文件夹，具体如图 8-224 所示。

图 8-224　"批处理"对话框

至此，为图像批量添加水印完成，最终效果如图 8-195 所示。

8.6　本章小结

本章介绍了数码后期的相关知识，包括构图调整、曝光调节、色彩调节和瑕疵修复；使用一系列修复工具、色彩调节命令和与"动作"相关的知识完成了四个任务。通过本章的学习，读者可以掌握数码后期的相关知识，以及一系列修复工具、色彩调节命令和"动作"相关知识的用法。

8.7　课后练习

学习完数码后期的相关内容，下面来完成课后练习吧：

请使用所学工具将图 8-225 所示的素材进行调整，调整后的效果如图 8-226 所示。

图 8-225　素材　　　　　　　　　　　　　　图 8-226　调整后的效果

第 **9** 章

实战项目——阳光国际幼儿园设计应用

拓展阅读

阳光国际幼儿园本着以幼儿为中心的理念,善于激发幼儿的好奇心和探究欲望,发展幼儿的认知能力,是幼儿的乐园,也是幼儿启蒙知识的摇篮。阳光国际幼儿园想更换一套宣传幼儿园的视觉识别系统,包括幼儿园的 logo、网站首页、联系手册封面和招生海报。本章将应用前面章节学习的相关知识完成这一套设计。

9.1 logo 制作

9.1.1 分析

阳光国际幼儿园的宗旨是保持幼儿的纯真状态,使幼儿们在快乐中成长,在生活中实践。幼儿园名字的寓意是将幼儿园自身视为太阳,让太阳散发的光芒照耀每个幼儿。通过对信息的整合,可选择向日葵、太阳等元素作为阳光国际幼儿园的 logo 图案。色调选择方面可以采用黄色、橙色等代表热情、阳光的色调。此处我们结合前面学过的知识制作一个大小为 1440 像素 × 500 像素的 logo,阳光国际幼儿园 logo 效果如图 9-1 所示。

9.1.2 制作

图 9-1 阳光国际幼儿园 logo 效果

将 logo 进行分析后,在制作时我们可以将其拆解为 3 个大步骤,分别是制作 logo 图案外围效果、制作 logo 图案卡通笑脸和制作 logo 文字效果。详细步骤如下。

1. 制作 logo 图案外围效果

【Step1】在 Photoshop 中执行"文件→新建"命令(或按【Ctrl+N】组合键),在弹出的"新建文档"对话框中设置画布参数，如图 9-2 所示。单击"创建"按钮，完成画布的创建。

【Step2】使用"椭圆工具" 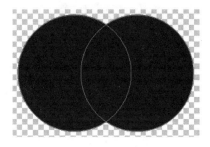 ，绘制一个正圆，并按【Ctrl+J】组合键复制正圆，两个正圆的位置关系如图 9-3 所示。

图 9-2　设置阳光国际幼儿园 logo 的画布参数　　图 9-3　两个正圆的位置关系

【Step3】将两个正圆所在的图层合并，单击"形状工具"选项栏中的"路径操作"按钮 ，在弹出的菜单中选择"与形状区域相交"选项，如图 9-4 所示。得到的相交形状如图 9-5 所示。

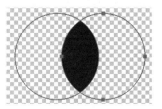

图 9-4　选择"与形状区域相交"选项　　　　　　图 9-5　得到的相交形状

【Step4】再次调出图 9-4 所示的菜单，在菜单中选择"合并形状组件"选项，合并形状。

【Step5】按【Ctrl+T】组合键将形状适当拉长，如图 9-6 所示。

【Step6】执行"编辑→首选项→工具"命令，在弹出的"首选项"对话框中勾选"在使用'变换'时显示参考线"复选框。

【Step7】选中路径，按【Ctrl+T】组合键调出定界框，移动中心点，如图 9-7 所示。

【Step8】将形状旋转 45°，确认变换。接着多次按【Ctrl+Shift+Alt+T】组合键，进行多次复制变换，得到图 9-8 所示的形状。

图 9-6　将形状适当拉长　图 9-7　移动中心点　　　　图 9-8　多次复制变换

【Step9】将该形状填充为橙黄色（RGB：255、180、61）。

【Step10】按【Ctrl+J】组合键复制该形状，变换角度并填充为黄色（RGB：255、222、0），logo 图案外围效果如图 9-9 所示。

2. 制作 logo 图案卡通笑脸

【Step1】绘制一个正圆形，将其填充为橙色（RGB：255、159、33），如图 9-10 所示。

【Step2】继续绘制白色和棕色（RGB：79、56、41）的正圆形，作为卡通笑脸的眼睛，如图 9-11 所示。

图 9-9　logo 图案外围效果　　　图 9-10　绘制正圆形并填充橙色　　　图 9-11　卡通笑脸的眼睛

【Step3】复制卡通笑脸的眼睛，向右移动，位置如图 9-12 所示。

【Step4】将前景色设置为红色（RGB：209、54、12），使用"圆角矩形工具" 绘制圆角矩形，并利用形状的布尔运算得到图 9-13 所示的"嘴"的形状。

【Step5】移动"嘴"的位置并倾斜"嘴"的角度，如图 9-14 所示。

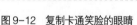

图 9-12　复制卡通笑脸的眼睛　　　图 9-13　"嘴"的形状　　图 9-14　移动"嘴"的位置并倾斜"嘴"的角度

【Step6】绘制椭圆形状，如图 9-15 所示。按【Ctrl+Alt+G】组合键创建剪贴蒙版，如图 9-16 所示。

图 9-15　绘制椭圆形状　　　　　　　　　　图 9-16　创建剪贴蒙版

【Step7】按照 Step6 的方法，绘制粉色（RGB：254、105、70）的"舌头"部分，如图 9-17 所示。

【Step8】利用形状的布尔运算，绘制棕色的"眉毛"部分，效果如图 9-18 所示。

【Step9】选中所有图层，按【Ctrl+G】组合键进行编组，并命名为"图案"。

图 9-17　绘制粉色的"舌头"部分　　　　图 9-18　绘制棕色的"眉毛"部分

3. 制作 logo 文字效果

【Step1】使用"横排文字工具" T 输入文字"阳光国际幼儿园"，并将其填充为橙黄色（RGB：255、180、61），如图 9-19 所示。

【Step2】按照 Step1 的方法，继续输入英文文字，如图 9-20 所示。

图 9-19　输入文字并填充为橙黄色　　　　　　图 9-20　输入英文文字

【Step3】按【Ctrl+S】组合键将文档保存至指定文件夹内。按【Ctrl+Shift+S】组合键将文档另存为 PNG 格式。

至此，阳光国际幼儿园 logo 制作完成，最终效果如图 9-1 所示。

9.2　网站首页制作

9.2.1　分析

制作前对任务进行分析有助于理顺我们的思路，下面从风格、布局、尺寸和色彩 4 方面进行分析。

（1）风格

幼儿园的官方网站在一定程度上反映了幼儿园的风格和态度，一个充满阳光的幼儿园一定是"活泼可爱"的，只有"活泼可爱"的幼儿园才能容纳一群活泼可爱的孩子们。因此我们在设计官方网站首页时，需要添加一系列活泼、可爱的元素为网站增添一些活泼可爱的气息。

（2）布局

一个完整的网站首页可能会包含很多模块，总体来说可以将其分为头部、banner、内容和版权信息四个区域。其中，头部主要包括 logo 和导航；banner 和内容是用于放置园方想要突出展示的模块，在园方的要求下，banner 能体现出幼儿园的风格和态度，内容主要展示"特色课程"和"超强师资"两个模块；底部则简单地放置版权信息即可。图 9-21 为阳光国际幼儿园网站首页的布局模块。

（3）尺寸

通常情况下，在设计网站页面时，宽度为 1920 像素，高度自定。我们在设计幼儿园网站首页时，可以将宽度设置为 1920 像素，版心宽度设置为 1200 像素；导航栏的宽度与版心等宽，高度设置为 120 像素。

（4）色彩

色彩不同的网页给人感觉会有很大差异，在网页设计中色彩是影响人们视觉最重要的因素。网页的色彩搭配得好，可以锦上添花，达到事半功倍的效果。幼儿园网站采用 logo 的橙色作为主色调，能够突出幼儿园的热情与活泼；可以采用青色为辅助色，给访问者更加欢快、明亮的感觉。

阳光国际幼儿园网站首页的效果图如图 9-22 所示。

图 9-21　阳光国际幼儿园网站首页的布局模块　　　　　图 9-22　阳光国际幼儿园网站首页的效果图

9.2.2　制作

将网站首页进行分析后，为了更有条理地设计，我们可将网站首页制作拆解为 5 个大步骤，分别是制作导航栏模块、制作 banner 模块、制作特色课程模块、制作超强师资模块和制作版权信息模块，详细步骤如下。

1. 制作导航栏模块

【Step1】在 Photoshop 中执行"文件→新建"命令（或按【Ctrl+N】组合键），在弹出的"新建文档"对话框中设置画布参数，如图 9-23 所示。单击"创建"按钮，完成画布的创建。

【Step2】在画布垂直方向的 360 像素、1560 像素和水平方向的 120 像素、748 像素、1286 像素处创建参考线，创建好的参考线如图 9-24 所示。

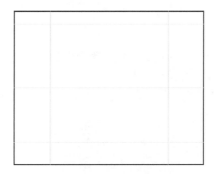

图 9-23　设置"阳光国际幼儿园网站首页"画布参数　　　　图 9-24　创建好的参考线

【Step3】使用"矩形工具" ▣ 绘制一个 1920 像素 × 748 像素的矩形，并填充为黄色（RGB：251、196、

43），如图 9-25 所示。

【Step4】新建一个 146 像素 × 100 像素的透明文档，使用"直线工具" 绘制图案，绘制好的图案如图 9-26 所示。

图 9-25　绘制矩形并填充黄色

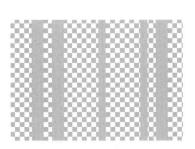

图 9-26　绘制好的图案

【Step5】执行"编辑→定义图案"命令，将绘制好的图案命名为"图案"，关闭文档。

【Step6】在"阳光国际幼儿园网站首页"画布中新建图层，得到"图层"1，填充定义好的图案如图 9-27 所示。

【Step7】调整图案的角度和大小，并与下方的矩形图层创建剪贴蒙版，如图 9-28 所示。

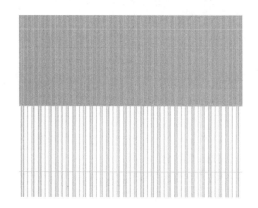

图 9-27　填充定义好的图案

图 9-28　调整图案的角度和大小

【Step8】新建图层，得到"图层 2"，使用"画笔工具" 绘制装饰，绘制好的装饰如图 9-29 所示。

图 9-29　绘制好的装饰

【Step9】按【Ctrl+J】组合键复制"图层 2"得到"图层 2 拷贝"，将"图层 2 拷贝"垂直、水平翻转，放在合适的位置，如图 9-30 所示。

【Step10】选中"图层 2"，清除"图层 2"中处于版心内的像素，如图 9-31 所示。

图 9-30　调整拷贝图层

图 9-31　清除"图层 2"中处于版心内的像素

【Step11】使用"圆角矩形工具"█和"椭圆工具"◎绘制导航栏形状，然后将这两个形状图层进行合并。绘制好的导航栏形状如图 9-32 所示。

图 9-32　绘制好的导航栏形状

【Step12】置入阳光国际幼儿园的 logo，并输入导航信息。将导航栏中的内容进行编组，并为组重命名为"导航栏"。

【Step13】导航栏制作完成，导航栏的效果如图 9-33 所示。

图 9-33　导航栏的效果

2. 制作 banner 模块

【Step1】使用"横排文字工具"█，依次输入"健康""自信""快乐""感恩"四组文字，字体为"尔雅胖丁体"，字体大小和位置如图 9-34 所示。

图 9-34　输入文字并调整大小和位置

【Step2】为"健康"添加"渐变叠加"图层样式，"渐变叠加"的参数设置如图 9-35 所示。

图 9-35　"渐变叠加"参数设置

【Step3】复制图层样式，为"快乐"所在的图层粘贴图层样式。添加完蓝色渐变的效果如图 9-36 所示。

图 9-36　添加完蓝色渐变的效果

【Step4】按照 Step3 的方法为"自信"和"感恩"添加"渐变叠加"图层样式，"渐变叠加"的参数设置如图 9-37 所示。添加图层样式的效果如图 9-38 所示。

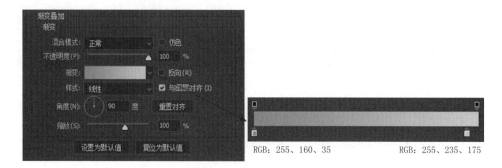

图 9-37　"渐变叠加"参数设置

图 9-38　添加图层样式的效果

【Step5】为文字图层编组，命名为"banner 文字"，复制"banner 文字"组，得到"banner 文字 拷贝"。

【Step6】为"banner 文字"组依次添加"描边"和"颜色叠加"图层样式，"描边"和"颜色叠加"参数设置分别如图 9-39 和图 9-40 所示。

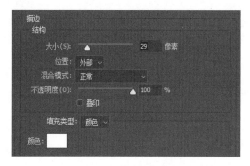

图 9-39　"描边"参数设置

图 9-40　"颜色叠加"参数设置

【Step7】为"banner 文字 拷贝"组添加"外发光"图层样式，"外发光"参数设置如图 9-41 所示。添加完图层样式的文字效果如图 9-42 所示。

图 9-41　"外发光"参数设置

图 9-42　添加完图层样式的文字效果

【Step8】新建图层，使用"画笔工具" ✎ 绘制高光，文字高光效果如图 9-43 所示。

图 9-43　文字高光效果

【Step9】再次使用"横排文字工具" T，输入"是每个孩子一生最宝贵的礼物"，文字大小和位置如图 9-44 所示。

图 9-44　文字大小和位置

【Step10】依次将素材"粉气球.png""橙气球.png"和"蓝气球.png"置入画布中，调整这三个气球的大小和位置，如图 9-45 所示。

图 9-45　气球的大小和位置

【Step11】使用"画笔工具" ✎ 绘制白色圆点装饰，如图 9-46 所示。将圆点装饰的图层不透明度设置为 20%。

图 9-46　绘制白色圆点装饰

【Step12】将素材"小朋友.png"置入画布中，调整"小朋友"的大小和位置，如图 9-47 所示。

图 9-47　置入素材并调整素材位置

【Step13】将除背景图层和"导航栏"组外的所有图层编组，并将组重命名为"banner"。

【Step14】banner 制作完成，banner 的效果如图 9-48 所示。

图 9-48　banner 的效果

3. 制作特色课程模块

【Step1】使用"自定形状工具"绘制一个云朵形状，并为其添加"内阴影"和"渐变叠加"图层样式，"内阴影"和"渐变叠加"的参数设置分别如图 9-49 和图 9-50 所示。

图 9-49　"内阴影"参数设置

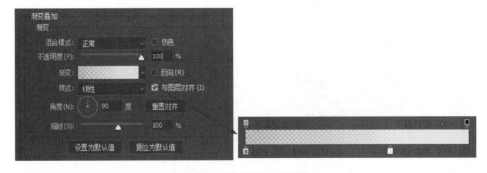

图 9-50　"渐变叠加"参数设置

【Step2】使用"横排文字工具" <u>T</u> 依次输入中文和英文文字，设置字体为"萌趣芋圆体"、颜色为青色（RGB：82、215、252），如图 9-51 所示。

【Step3】将前景色设置为橙黄色（RGB：251、196、43），选择"圆角矩形工具" ▣，在其选项栏中设置半径为 200 像素，绘制一个圆角矩形，并对其进行布尔运算和合并形状操作，得到半圆形状，如图 9-52 所示。

【Step4】按照 Step3 的方法绘制小一点的半圆形状，如图 9-53 所示。

图 9-51　输入中文和英文文字　　　　　　图 9-52　半圆形状　　　　　图 9-53　绘制小一点的半圆形状

【Step5】使用"横排文字工具" 输入标题文字和标题对应的英文文字，字体、颜色和大小如图 9-54 所示。

【Step6】使用"直线工具" ，在中、英文文字中间绘制一条虚线，样式如图 9-55 所示。

【Step7】继续使用"横排文字工具" 输入剩余的文字信息，如图 9-56 所示。

图 9-54　输入标题文字和标题对应的英文文字　　　图 9-55　绘制一条虚线　　　图 9-56　输入剩余的文字信息

【Step8】选中 Step3~Step7 中的所有图层，按【Ctrl+G】组合键对它们进行编组，并命名为"课程 1"。

【Step9】复制两次"课程 1"组，将其移动至合适位置，选中这三个图层组，将它们水平分布，并更改中间椭圆的颜色为青色（RGB：82、215、252），效果如图 9-57 所示。

图 9-57　复制图层组

【Step10】将这部分内容进行编组，并将组命名为"特色课程"。

4. 制作超强师资模块

【Step1】使用"裁剪工具" 裁剪画布，裁剪后的画布如图 9-58 所示。

图 9-58　裁剪后的画布

【Step2】选中背景图层，绘制一个 1920 像素 × 628 像素的青色（RGB：82、215、252）矩形。

【Step3】复制"图层 2 拷贝"图层，并调整其角度和位置，调整后的图案如图 9-59 所示。

【Step4】复制"特色课程"组，将组重命名为"超强师资"，并将其向下移动。

【Step5】更改标题的文字为"超强师资"和"EXCELLENT TEACHERS"，并将颜色设置为橙黄色（RGB：251、196、43），如图 9-60 所示。

图 9-59　复制"图层 2 拷贝"图层并调整角度和位置　　　　　　　　　图 9-60　更改文字内容和颜色

【Step6】选中云朵形状，更改"渐变叠加"的参数设置，如图 9-61 所示。

图 9-61　更改"渐变叠加"的参数设置

【Step7】删除标题下面的"课程 1""课程 1 拷贝"和"课程 1 拷贝 2"这三个组。

【Step8】绘制四个 256 像素×330 像素的等距图框，如图 9-62 所示。

【Step9】打开人物素材"1.jpg"，如图 9-63 所示。利用"选择→选择并遮住"命令，进入调整区域，在调整区域中去除灰底。完成调整后，得到"背景 拷贝"。

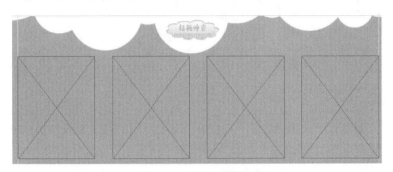 

图 9-62　绘制四个等距图框　　　　　　　　图 9-63　人物素材"1.jpg"

【Step10】在背景图层的上方新建图层，将新建的图层填充为白色，将"背景 拷贝"与新建图层合并，然后使用"移动工具" ✛ 将其拖动到"阳光国际幼儿园网站首页"画布中。

【Step11】在"图层"面板中，移动人物素材所在的图层至"图框 1"图层上，如图 9-64 所示。

【Step12】在编辑区中调整人物素材大小，如图 9-65 所示。

【Step13】打开人物素材"2.jpg"，如图 9-66 所示。去除素材中的水印，然后按照 Step10～Step12 的方法，将其拖至"阳光国际幼儿园网站首页"画布中的第二个图框上，调整人物大小。

图 9-64　移动人物素材所在的图层　　　　图 9-65　调整人物大小　　图 9-66　人物素材"2.jpg"

【Step14】打开人物素材"3.jpg"，如图 9-67 所示。去除人物的红眼和雀斑后，将其拖至"阳光国际幼儿园网站首页"画布中的第三个图框上，调整人物大小。

【Step15】打开人物素材"4.jpg"，如图 9-68 所示。为图像矫正颜色，然后将其拖至"阳光国际幼儿园网站首页"画布中的第四个图框上，调整人物大小。

图 9-67　人物素材"3.jpg"　　　　　　　　图 9-68　人物素材"4.jpg"

【Step16】新建图层，在新建的图层上绘制云朵图案，如图 9-69 所示。

图 9-69　绘制云朵图案

【Step17】将这部分内容进行编组，并将组命名为"超强师资"。

5. 制作版权信息模块

【Step1】使用"钢笔工具" ，绘制一个橙黄色（RGB：251、196、43）的形状，如图 9-70 所示。

图 9-70　绘制一个橙黄色形状

【Step2】在合适的位置输入版权信息相关的文字，如图 9-71 所示。

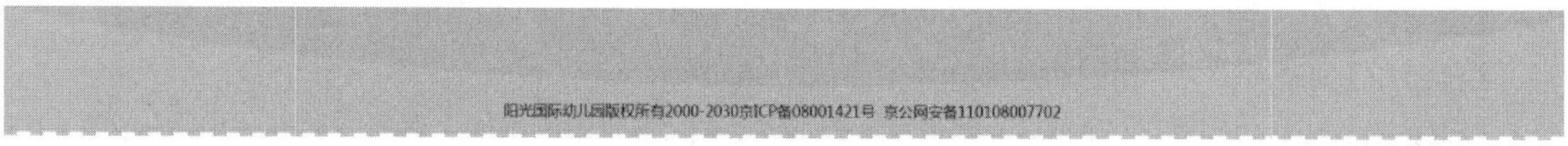

阳光国际幼儿园版权所有2000-2030京ICP备08001421号 京公网安备110108007702

图 9-71　输入版权信息相关的文字

【Step3】将素材"小树.png"置入画布中，调整位置，并对其进行复制、移动、缩放等操作，对版权信息模块进行装饰，如图 9-72 所示。

阳光国际幼儿园版权所有2000-2030京ICP备08001421号 京公网安备110108007702

图 9-72　置入并复制小树

【Step4】将多余部分裁剪，然后为这部分内容进行编组，并将组命名为"版权信息"，各图层组的排列顺序如图 9-73 所示。

至此，阳光国际幼儿园网站首页制作完成，最终效果如图 9-22 所示。

图 9-73　各图层组的排列顺序

9.3　联系手册封面和封底制作

9.3.1　分析

在设计联系手册任务之前，需要对任务进行分析，下面从联系手册的风格和色调、尺寸两方面进行分析。

1. 风格和色调

为了能够体现是同一家企业的视觉设计，我们在设计幼儿园家校联系手册封面、封底的时候，尽可能地将封面、封底的风格和色调与网站保持一致，因此依旧保持"活泼可爱"的风格，继续采用橙黄色和青色进行搭配设计。

2. 尺寸

园方要求做一个正度 32 开的封面和封底，那么我们在设计封面和封底的平面图时，需要选择正度 16 开（185mm×260mm）进行设计。园方声明，联系手册的内容只包含学校教师和同班家长的联系方式，包括微信、电话、住址等信息，不会超过 10 张纸。因此，我们可以不预留书脊的宽度，加上出血，最终我们得出来的尺寸为 191mm×266mm。

阳光国际幼儿园家校联系手册封面和封底的平面图效果如图 9-74 所示。

图 9-74　阳光国际幼儿园家校联系手册封面和封底的平面图效果

9.3.2　制作

在对联系手册进行分析后，我们可将联系手册的制作拆解为 2 个大步骤，分别是制作封面和制作封底。详细步骤如下。

1. 制作封面

【Step1】在 Photoshop 中执行"文件→新建"命令（或按【Ctrl+N】组合键），在弹出的"新建文档"对话框中设置画布参数，如图 9-75 所示。单击"创建"按钮，完成画布的创建。

【Step2】分别在画布垂直方向的 3mm、133mm、263mm 和水平方向的 3mm、188mm 的位置创建参考线。

【Step3】将背景填充为橙黄色（CMYK：5、29、84、0）。新建图层，然后为其填充 9.2 节定义好的图案，并对图案进行旋转等操作，将图案的不透明度设置为 60%。绘制好的背景图案如图 9-76 所示。

图 9-75　设置联系手册画布参数

图 9-76　绘制好的背景图案

【Step4】使用"自定形状工具"  绘制一个邮票形状，并将形状填充白色，如图 9-77 所示。

【Step5】使用"横排文字工具" ，依次输入"幼""儿""园""家""校""联""系""手""册"文字，并设置文字的字体为"萌趣软糖体"、颜色分别为青色（CMYK：58、0、7、0）和橙黄色（CMYK：5、29、84、0）。文字效果如图 9-78 所示。

图 9-77　绘制邮票形状并填充白色

图 9-78　文字效果

【Step6】将输入的文字进行编组，将组命名为"文字"，复制"文字"组，将复制的组重命名为"文字投影"，然后将"文字投影"组放置在"文字"组下方，如图 9-79 所示。

【Step7】为"文字投影"组添加"投影"图层样式，"投影"参数设置如图 9-80 所示。对应的文字效果如图 9-81 所示。

图 9-79　将"文字投影"组放置在"文字"组下方

图 9-80　"投影"参数设置

图 9-81　对应的文字效果

【Step8】为"文字投影"组添加图层蒙版，调整投影区域，调整后的文字效果如图 9-82 所示。

【Step9】在文字下方绘制一条路径，并输入"JIA XIAO LIAN XI SHOU CE"路径文字，如图 9-83 所示。

【Step10】置入幼儿园的 logo，放到封面的右上角，logo 的位置如图 9-84 所示。

图 9-82　调整后的文字效果

图 9-83　输入路径文字

图 9-84　logo 的位置

【Step11】将图 9-85 所示的素材"跑道.png"置入，调整其角度和大小。在"图层"面板中，将其放在邮票形状图层上方，创建剪贴蒙版。封面的跑道效果如图 9-86 所示。

图 9-85　素材"跑道.png"

图 9-86　封面的跑道效果

【Step12】将图 9-87 所示的素材"校车.png"置入，调整其大小和位置，如图 9-88 所示。

图 9-87　素材"校车.png"

图 9-88　调整素材的大小和位置

【Step13】使用"自定形状工具" ✖ 绘制一个皇冠，放在"儿"的上方，并调整图层顺序至最上方。皇冠效果如图 9-89 所示。

【Step14】依次置入素材"气球.png"和"烟花.png"，调整素材的大小和位置，如图 9-90 所示。

【Step15】输入文字"小一班"，文字在封面中的效果如图 9-91 所示。

图 9-89　皇冠效果

图 9-90　置入素材并调整其大小和位置

图 9-91　文字在封面中的效果

【Step16】将除背景和"图层 1"外的所有图层编组，并命名为"封面"。

2. 制作封底

【Step1】复制邮票形状和跑道所在的图层，将它们向左侧移动，如图 9-92 所示。

【Step2】将跑道所在的图层水平翻转，并适当移动，如图 9-93 所示。

图 9-92　复制图层并移动

图 9-93　水平翻转并移动

【Step3】置入素材"星星装饰.png"，调整素材的大小和位置，并与邮票形状所在的图层创建剪贴蒙版，如图 9-94 所示。

【Step4】置入素材"二维码.png"，调整其大小和位置，如图 9-95 所示。

图9-94　置入素材"星星装饰.png"

图9-95　置入素材"二维码.png"

【Step5】新建图层，使用"画笔工具" 绘制彩色块，如图9-96所示。将彩色块所在的图层与二维码所在的图层创建剪贴蒙版，创建剪贴蒙版的二维码效果如图9-97所示。

【Step6】在二维码下方输入文字，文字样式如图9-98所示。

图9-96　绘制彩色块　　图9-97　创建剪贴蒙版的二维码效果　　图9-98　文字样式

【Step7】依次置入素材"大树.png""小树.png""小元素装饰.png"和"小朋友.png"，如图9-99～图9-102所示，在画布中调整这些素材的大小和位置，如图9-103所示。

图9-99　"大树.png"　　图9-100　"小树.png"　　图9-101　"小元素装饰.png"

【Step8】将封底中的内容进行编组，并将组命名为"封底"。

至此，阳光国际幼儿园家校联系手册封面和封底制作完成，最终效果图如图9-74所示。

图9-102　"小朋友.png"　　图9-103　在画布中调整素材的大小和位置

9.4　招生海报制作

9.4.1　分析

在制作海报之前，需要对海报的风格、色调和布局及尺寸进行分析，具体分析如下。

1. 风格、色调和布局

在风格和色调方面，继续与网站和联系手册保持一致，即"活泼可爱"风与橙黄色和青色搭配的设计。在布局方面，园方提供了一些文案和想法，具体如下。

（1）文案
- 主题：阳光国际幼儿园招生啦!
- 标语：健康、自信、快乐、感恩、交往。
- 详细内容：幼儿园共开设 3 个班，招生对象为 3～6 岁幼儿，人数为 90，报名时间是 6 月 8 日—8 月 10 日。为了避免幼儿的焦虑情绪，幼儿园推出可先预约体验再交学费入学的政策。预约电话是 13300000000。

（2）想法

园方希望在海报中能突出"招生"这一主题，并且提供一些稍详细的内容给有意向的家长阅览，因此最终我们确定的海报布局如图 9-104 所示。

2. 尺寸

我们采用 600mm×800mm 这一常用的海报尺寸进行设计，为了避免在印刷时裁减掉有用区域，将四边各设置 3mm 的出血，因此在设计海报时总尺寸应设置为 606mm×806mm。

阳光国际幼儿园招生海报效果图如图 9-105 所示。

图 9-104　海报布局

图 9-105　阳光国际幼儿园招生海报效果图

9.4.2　制作

将招生海报进行分析后，我们可将招生海报设计拆解为 2 个大步骤，分别是制作广告语部分和制作内容部分，详细步骤如下。

1. 制作广告语部分

【Step1】在 Photoshop 中执行"文件→新建"命令（或按【Ctrl+N】组合键），在弹出的"新建文档"对话框中设置参数，如图 9-106 所示。单击"创建"按钮，完成画布的创建。

【Step2】将背景填充为浅黄色（CMYK：4、5、38、0）。

【Step3】运用"椭圆工具"  和形状的布尔运算功能绘制橙黄色（CMYK：5、29、84、0）的背景图案，如图 9-107 所示。

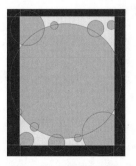

图 9-106　设置阳光国际幼儿园招生海报参数　　　　图 9-107　绘制背景图案

【Step4】为背景图案添加"内阴影"图层样式，"内阴影"参数设置如图 9-108 所示。

【Step5】新建图层，使用"画笔工具" 绘制白色块，如图 9-109 所示。

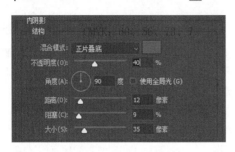

图 9-108　"内阴影"参数设置

图 9-109　绘制白色块

【Step6】复制白色块所在的图层，将其适当放大并置入选区，缩小选区，删除选区内像素，得到白色块的外框，如图 9-110 所示。

【Step7】依次输入文字"阳""光""国""际""幼""儿""园"，文字样式如图 9-111 所示。

图 9-110　制作白色块的外框

图 9-111　文字样式

【Step8】选中"阳"文字图层，为其添加"渐变叠加"图层样式，"渐变叠加"参数设置如图 9-112 所示。

图 9-112　"渐变叠加"参数设置

【Step9】在"图层"面板中复制图层样式，依次粘贴到"光""国""际""幼""儿""园"图层上，文字的渐变叠加效果如图 9-113 所示。

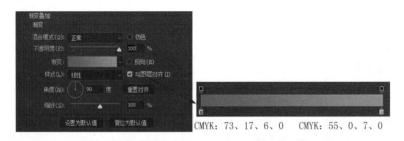

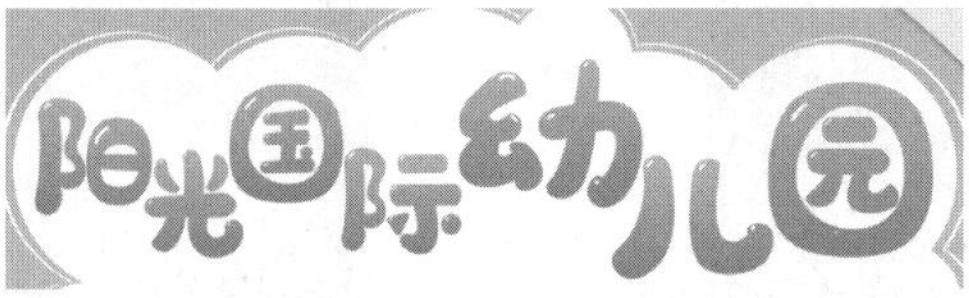

图 9-113　文字的渐变叠加效果

【Step10】按照 Step7～Step9 的方法，输入"招""生""啦"，添加"渐变叠加"图层样式，"渐变叠加"参数设置如图 9-114 所示。设置好的文字效果如图 9-115 所示。

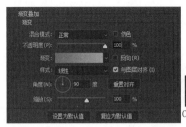

CMYK: 0、59、92、0　　CMYK: 5、22、89、0

图 9-114　"渐变叠加"参数设置

【Step11】新建图层，绘制青色和橙黄色的圆点装饰。并复制 Step4 的"内阴影"图层样式，将其粘贴到圆点装饰所在的图层上，添加"内阴影"的圆点装饰效果如图 9-116 所示。

【Step12】新建图层，在白色外框的外面绘制白色圆点装饰，如图 9-117 所示。

图 9-115　设置好的文字效果　　图 9-116　添加"内阴影"的圆点装饰效果　　图 9-117　绘制白色圆点装饰

【Step13】将幼儿园的 logo 置入画布中，为 logo 添加图层蒙版，遮盖住文字部分，如图 9-118 所示。

【Step14】选中除背景和背景图案外的所有图层，对它们进行编组，并将组命名为"广告语"。

2．制作内容部分

【Step1】在标语的下方绘制白色的正圆形，为其粘贴"内阴影"图层样式，接着再绘制一个稍小的黄色（CMYK: 5、22、89、0）正圆，最后输入文字"健康"，得到一个圆形的图案，如图 9-119 所示。将圆形图案中的内容进行编组，将组命名为"标语 1"。

图 9-118　置入幼儿园的 logo　　　　　　图 9-119　圆形的图案

【Step2】复制 4 次"标语 1"组，依次重命名为"标语 2""标语 3""标语 4"和"标语 5"，移动它们的位置，然后将小圆的颜色更改为橙黄色（CMYK: 1、28、91、0）和橙色（CMYK: 0、58、91、0），文字也随即更改。幼儿园的标语展示如图 9-120 所示。

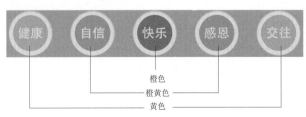

图 9-120　幼儿园的标语展示

【Step3】在标语展示的下方绘制三个矩形，并在矩形上方依次输入内容文字，如图 9-121 所示。

【Step4】绘制一个圆角矩形，粘贴"内阴影"图层样式，然后在上方输入相关文字，如图 9-122 所示。

图 9-121　绘制矩形并输入内容文字　　　　　　　　　　图 9-122　绘制圆角矩形并输入文字

【Step5】置入素材"小博士.png"，调整其大小和位置，然后在后面输入体验预约电话信息，如图 9-123 所示。

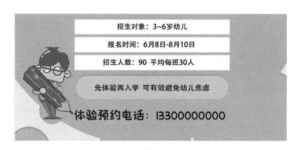

图 9-123　置入素材并输入文字

至此，阳光国际幼儿园招生海报制作完成，最终效果如图 9-105 所示。

9.5　本章小结

本章结合第 1~8 章的知识制作了一套幼儿园的视觉标识系统，包括 logo、网站首页、联系手册封面和招生海报的设计四个任务。通过本章的学习，读者可以灵活地运用所学知识，制作企业统一风格的视觉标识系统。